SARAH WIENER

Bienenleben

aufbau

SARAH WIENER

Bienenleben

Vom Glück, Teil der Natur zu sein

aufbau

Bearbeitet von Manuela Runge

Mit 24 Abbildungen

MIX
Papier aus verantwortungsvollen Quellen
FSC® C083411

ISBN 978-3-351-03769-7

Aufbau ist eine Marke der Aufbau Verlag GmbH & Co. KG

1. Auflage 2019

Einbandgestaltung zero-media.net, München
Satz und Reproduktion LVD GmbH, Berlin
Druck und Binden CPI books GmbH, Leck, Germany
Printed in Germany

www.aufbau-verlag.de

Inhaltsverzeichnis

Anhang

Für Norbert Poeplau, Freund und Mentor, der den Bienen und ihrer Stärke vertraut und auch nie das Vertrauen in die schwierige Spezies Mensch verliert.

Vorwort. Von den Bienen lernen

Wie kommt es, dass die Bienen plötzlich in aller Munde sind? Ihr mögliches Aussterben beklagt wird? Petitionen verfasst, politische Entscheidungen zu ihrem Schutz getroffen werden, wie das EU-Verbot von Pestiziden, die Hummeln, Bienen und Schmetterlinge töten? Dass große Pharmakonzerne sogar eigene Abteilungen unterhalten, in denen die Auswirkungen von Pestiziden auf die Bienen untersucht werden (nicht ohne Eigennutz versteht sich; kann man beweisen, dass es den Bienen zum Beispiel trotz Glyphosat gut geht, drohen keine finanziellen Einbußen, Klagen oder gar Verbote).

Ältere Semester, wie ich eines bin, sind mit Wochenendfahrten im VW Käfer und der Ente aufgewachsen, wobei man alle fünfzig Kilometer an eine Tankstelle heranfahren musste, um die völlig verschmierte Windschutzscheibe zu reinigen. Man konnte nichts mehr erkennen vor lauter toten Insekten, darunter kleine und große Flatschen in gelb, rot und braun, von Faltern, Schmetterlingen, Käfern, Libellen, Wildbienen und Wespen. Die Scheibe wurde damals noch vom Tankwart gesäubert. Tanken, Scheibenwischen, nach dem Öl schauen. Trinkgeld geben und danken. Heute undenkbar.

Als Kind spielte ich auf den Wiesen im Wiener Prater im Zweiten Bezirk, eine Schnellbahnstation von meiner Wohnung entfernt. Ich liebte es als kleines Mädchen, hin und her zu rennen, um die zahlreichen Heuschrecken zum Hüpfen zu bringen. Nun kann ich mich nicht erinnern, wann ich das letzte Mal einen Grashüpfer in meiner unmittelbaren Umgebung gesehen habe. Auch den obligatorischen Blumenstrauß (mit viel zu kurz abgerissenen Stängeln) für meine Mutter mit all den Wiesenblumen kann ich heute nicht mehr pflücken; es gibt kaum Wildblumenwiesen mehr an meinem Wohnort.

Unser derzeitiger Fokus in der Nahrungsmittelindustrie liegt auf der normierten Reproduzierbarkeit, Lagerfähigkeit und Effizienz (also z. B. Ertrag). Wir wollen alles jederzeit verfügbar haben, sagt der Handel. Wir wollen mehr. Zuhause lassen wir die Fächer im Kühlschrank und in den Regalen überquellen, um alle paar Tage Verdorbenes und Angeschrumpeltes in einer Art innerer Reinigung und Erleichterung in den Müll zu werfen, um dann gleich wieder loszuziehen und alles wieder vollzumachen.

Dieses Mehr erreichen wir vor allem durch zusätzliche Flächenversiegelung, durch Kunstdünger und Kraftfutter, durch das Ignorieren der Bedürfnisse unserer Mitlebewesen und nicht zuletzt durch Medikamente und Hormone.

Früher war es gang und gäbe, den Vögeln und anderen Tieren mindestens zehn Prozent an Früchten, Getreide und Gemüse zu überlassen. Zum einen ergab sich das aus der manuellen Ernte von selbst, zum anderen war es ein christlicher Standpunkt, seine Ernte mit anderen zu teilen oder ihnen zumindest vom Reichtum etwas abzugeben. Wir waren uns im Klaren, dass wir Teil der Natur sind und nur mit ihr zusammen gesund und zufrieden bleiben würden.

Das Miteinander löst sich auf. Stattdessen erobert der Kampf gegen die Natur die Welt. Sie muss gezwungen werden, uns zu dienen. Viele haben eine Sehnsucht nach Verwurzelung und Einfachheit. Nach einem Essen, das Jahrtausende lang unsere Lebensbasis war, nach Landschaften, die dem Auge schmeicheln und die Nase glücklich machen. So ist auch eine Bewegung entstanden, bei der die Biene zur Sympathieträgerin wurde, weil sie symptomatisch zeigt, wie sehr wir uns schon von unseren Wurzeln entfernt haben.

Man kann jedoch nicht ein Insekt schützen wollen und die anderen ignorieren. Kein Insekt, kein Lebewesen überlebt im leeren Raum. So wie wir die Natur zum Überleben brauchen, Luft und frisches Wasser, so trifft dies auch auf die Insekten zu. Wir alle brauchen das Lebendige. Man kann nicht Insektenvernichtungsmittel streuen und es als Schutz deklarieren. Insektengift ist genau das: ein Gift. Gerade Wildbienen mit ihren zahlreichen erstaunlichen Fähigkeiten und Strategien, wie überhaupt alle Insekten, werden von den meisten Menschen immer noch kaum bestaunt und als schützenswert betrachtet. Wir erleben Insekten höchstens als lästig oder gar gefährlich. Kaum einer von uns nimmt sich die Zeit, diese kleinen Dinger genau anzusehen und zu beobachten. Jemand, dem wir nur schwer ins Aug schauen wollen und können, berührt meist nicht unsere Seele.

Anders ist es bei der Honigbiene, die wir meistens meinen, wenn wir von Bienen sprechen. Ihre Lobby wächst von Jahr zu Jahr. Und das ist gut so, denn sie hilft – so hoffe ich jedenfalls – langfristig auch dem Schutz aller Insekten. Wer kennt nicht »Die Biene Maja und ihre Abenteuer«, Waldemar Bonsels Buch, das 1912 seinen Siegeszug um die Welt antrat und in über vierzig Sprachen übersetzt ist, oder die Zeichentrickfilm- und Comicadaptionen aus den Siebzigern? Die Honigbiene ist uns als liebenswertes Insekt vertraut. Die Botschaft lautet: Fleißige Bienchen tun uns viel Gutes, indem sie eine enorme Bestäubungsleistung vollbringen. Mit Bienen assoziieren wir also grundsätzlich positive Eigenschaften. Vielleicht weil sie keine Nahrungskonkurrenten des Menschen sind wie die Wespen und eine gänzlich andere ökologische Nische besetzen als diese? Oder weil sie nicht freiwillig unsere Nähe suchen und auch nicht mit

Vorliebe in unserem Badezimmer oder Keller überleben wollen, wie es Silberfische oder Kakerlaken gerne machen und uns suggerieren, dass sie, wie zum Beispiel die Kopfläuse, von ein bisschen zu viel Schmutz profitieren (was nachweislich so nicht stimmt).

Aber was wissen die meisten Menschen wirklich über Bienen? Wenn ich mich in meinem Bekanntenkreis umhöre, und selbst bei befreundeten Hobby- und Profiimkerinnen und -imkern, dann wird mir bewusst, wie wenig wir über *das Wesen* der Bienen, ja überhaupt Insekten wissen und wie viele (Vor-)Urteile über sie existieren.

Ich habe gestaunt, als ich erfuhr, dass die Honigbiene sich wohl aus fleischfressenden Wespen entwickelt hat und dann im Laufe von Jahrmillionen zur Vegetarierin wurde. Die Biene ist eines der ältesten Tiere dieser Welt. Die ersten Funde echter Honigbienen aus Mitteleuropa stammen aus der Übergangszeit vom Oligozän zum Miozän vor rund dreiundzwanzig Millionen Jahren. Aus einer Zeit, als sich das zuvor eher kühlere Klima erwärmte, die Polkappe zeitweise völlig verschwand und die Meeresspiegel anstiegen. Und sie ist immer noch da! In Europa war es damals feuchtwarm wie in den Subtropen mit immergrünen Laubwäldern aus Eichen, Lorbeergewächsen, Magnolien, Kiefern, Feigen und Rattanpalmen.

Honig sammelten bereits die Steinzeitmenschen, wie Felsmalereien in Anatolien und bei Valencia beweisen, die vor etwa achttausend Jahren entstanden. Neben Früchten gab Honig ihnen die begehrte, seltene Süße in der Nahrung. Mit Honigbienen geimkert haben sie recht sicher noch nicht. Damit begannen – in verschiedenen Abstufungen – wohl erst die alten Ägypter vor rund sechstausend Jahren. Jahrtausendelang lieferten Bienen uns Menschen die Süße, bevor die aus Zuckerrohr und später aus Rüben gewonnene ihren Siegeszug um die Welt antrat. Zunächst ging die Honiggewinnung mit der Ausrottung des ganzen Bienenvolkes einher und war meist sehr schmerzhaft und gefährlich für den Honigerntenden (auch wenn sich mit der Zeit bei den Honigräubern sicher eine Art Resistenz gegen das Bienengift entwickelte). Über die Zeit hat man gelernt, Völker in Baumlöchern zu halten. Mit diesem sogenannten Zeideln erreichte die Honigproduktion in Europa im Mittelalter ihren Höhepunkt. Später begannen die Imker, Beuten, also spezielle Behausungen, aus Stroh, Dung oder Holz zu bauen und die Honigwaben so herauszuschneiden, dass das Volk zwar geschwächt wurde, aber meist überleben konnte. Von Anfang an waren alle Bienenprodukte auch Medikamente und Bestandteil zahlreicher anderer Anwendungen: Salben, Abdichtungen, Werkzeuge, Kerzen und Kosmetika. Kaum einem Tier haben wir so viel und Vielfältiges zu verdanken wie der Honigbiene.

Die wilden Schwestern der Honigbienen, die Wildbienen, die überwiegend keine Staaten bilden und deshalb auch keinen Honig produzieren, gibt es sogar noch viel länger. Man hat in Bernstein eingeschlossene Bienen entdeckt, die vor ungefähr hundert Millionen Jahren lebten, in der Kreidezeit, als Dinosaurier die Erde bevölkerten. Blütenpflanzen aus dieser Zeit weisen bereits Merkmale auf, die auf eine Bestäubung durch Bienen schließen lassen. Nun, die Dinosaurier sind längst ausgestorben. Aber die Biene hat dank ihrer Eigenschaften, ihrer Anpassungsfähigkeit und ihrer Qualitäten bisher überlebt. Doch sie ist in Gefahr. Denn nicht nur die Biene hat es geschafft, die Welt so ausdauernd und über alle Kontinente verteilt erfolgreich zu bevölkern. Der Mensch steht ihr historisch gesehen in seiner Erfolgsgeschichte in nichts nach. Doch gerade der Mensch ist zur größten Gefahr für die Biene geworden. Wenn wir nicht achtsam und respektvoll mit unseren Mitgeschöpfen sind und uns über deren wesenhafte Bedürftigkeit nicht klar werden, dann wird der Mensch es in absehbarer Zeit schaffen, die Wildbienen und vielleicht auch die Honigbiene auszurotten.

Zwar können Imker Verluste von Honigbienen schnell ausgleichen, teilen noch vorhandene Völker zu neuen, mischen die Reste schwacher mit stärkeren – als wär's ein Kuchenrezept – oder kaufen zum Beispiel neue, künstlich befruchtete Königinnen, um das Volk wieder zu vermehren und zu verjüngen. Doch haben wir ein Stadium erreicht, in dem die Honigbiene kaum ohne den Eingriff der Menschen, ohne medikamentöse Behandlungen und Zufüttern überleben würde. Unterstützen wir damit die Bedürfnisse der Bienen oder nur unsere eigenen? Verstehen wir, was das mit ihnen macht? Vor allen Dingen: Verstehen wir, dass am Schicksal der Biene all das zu beobachten ist, was das Beziehungsgeflecht Mensch-Tier-Pflanze-Umwelt ausmacht? Seelische Begegnungen, die vermutlich keine Wissenschaft untersuchen kann, eine tiefe Verbundenheit mit der Natur und damit mit unseren Wurzeln? Verstehen wir wirklich, was alles schiefläuft und so beschädigt wird – und zum Teil auch schon ist –, dass es eine lebenswerte Zukunft unserer eigenen Spezies gefährdet? In der Natur ist alles mit allem verbunden. Die Biene ist nur ein kleiner Teil, der das große Ganze widerspiegelt.

Was also können wir von den Bienen lernen? Können sie uns zeigen, auf welchem Weg wir uns befinden? Können Bienen ein Vorbild für uns, für unsere Art des Zusammenlebens und sogar der Kommunikation sein? Dass ein gerechtes Miteinander die erfolgreichere Strategie für alle Seiten ist, ist eine Botschaft, die gehört werden sollte. Die Biene macht vor, wonach wir uns sehnen. Im Laufe der Evolution hat sie sich von einem kleinen Raubtier zu einem partnerschaftlichen, fürsorglichen Insekt entwickelt, das eine symbiotische Beziehung zu Pflanzen und Blüten eingeht, ohne diese zu zerstören. Auch mit ihren Schwestern und Brüdern geht sie eine friedvolle und lustvolle Arbeitsteilung ein, die dem gesamten Volk dient und damit ihr selbst – von der Königin bis zur popeligsten Jungmade. In einem Bienenvolk, das am Verhungern ist, wird der letzte Honig schwesterlich gerecht geteilt. Keiner zwackt heimlich für sich etwas ab. In der größten Not geht ein Volk gemeinsam zugrunde. Selbst wenn es denn zwei verfressene Bienen gäbe, die sich die doppelte Portion erschlichen hätten, würde das ja nix nützen: Was will man allein auf der Welt? Ohne Schutz, Wärme und Aufgabe? Sie würden nur wenig später zugrunde gehen.

Als Superorganismus sorgen die Bienen für ein langfristiges und nachhaltiges Überleben künftiger Generationen, die sie selbst nie kennenlernen werden. Dafür ist ihre Lebensspanne zu knapp bemessen. Die Bienen sind Bestandteile eines großen Ganzen. Um die Bienen zu verstehen, braucht es den Blick aufs ganze Volk und dessen Funktion. Dieses erfolgreiche, unabdingbare Zusammenleben und Zusammenwirken ist etwas, was uns Menschen schon immer fasziniert hat. Von der Honigbiene können wir lernen, dass eine partnerschaftliche Win-win-Situation evolutionär gesehen einfach eine sinnvolle Strategie für alle Beteiligten ist. Bienen haben kein Ego. Es wird nichts aufgerechnet und niemand übervorteilt.

Ich finde das tröstlich. Könnte diese einfache Erkenntnis nicht auch uns Menschen zum Vorbild dienen? Ich bin ein grundsätzlich optimistischer Mensch. Deshalb glaube ich an die Lernfähigkeit des Menschen, sich zum Guten zu entwickeln und Fehlentwicklungen auszugleichen. Die Biene, und ganz besonders die Wildbiene, kann uns als Seismograf dienen. Wir können an ihr begreifen, was nicht gut läuft und was wir korrigieren sollten.

Wir können beim Beobachten eines Bienenvolkes aber auch das tiefe Glücksgefühl angesichts einer intakten Natur genießen. Wenn ich draußen in der Uckermark bin und meine Bienen besuche und anderes fliegendes, kriechendes und hüpfendes Leben um mich wahrnehme, dann geht es mir gut. Und wenn ich schließlich meine Bienen gleichmäßig summen höre, weiß ich, dass wir zusammengehören, dass wir eine kleine Gemeinschaft sind, die ich beschützen will und von der ich lernen möchte. Das ist der Grund, weshalb ich dieses Buch geschrieben habe.

Grantelnde Biester, die stechen

Zu den Bienen gehen heißt für mich, das Handy unbedingt auszuschalten, denn das mögen sie gar nicht. Keine Eile zu haben und allen Ärger beiseite zu packen hilft enorm, wenn man nicht gestochen werden will. Bienen sind sensibel und merken die Stimmung, in der man sie besuchen kommt. Ich höre das feine Summen, beobachte ein bisschen das emsige Treiben in der Luft und vor allem am Abflugbrett. Dann öffne ich den Deckel des »Bienenhauses«. Manche Bienen fliegen kurz erschreckt auf, manche blicken mich neugierig an, Auge in Auge – und wenn das Wetter passt und ich gut gelaunt bin, dann weiß ich: Vorm Stechen muss ich mich nicht fürchten. Ich nehme einige in die Hand, fahre mit einem Finger sanft über die erstaunlich warmen, leicht pelzigen Bienenkörper und bin wie immer fasziniert von diesem summenden, warmen, haarigen und wuseligen kleinen Leben, das ich in meinen Händen halte.

Das war nicht immer so. Als ich klein war, hatte ich sehr viel Angst vor Bienen. Das lag wohl zum einen daran, dass ich sie von Wespen nicht unterscheiden konnte. Wespen sind aggressiver, essen Fleisch und sind sozusagen unsere Nahrungskonkurrenten. Wer je im Spätsommer draußen im Garten ein Picknick gemacht hat und seine Limo, die Wurstsemmel oder das Stück Kuchen nicht freiwillig teilen wollte, weiß, was ich meine. Zum anderen lag es an einem Erlebnis aus meiner Kindheit, das sich in mein Gedächtnis eingebrannt hat.

Es war an einem heißen Ferientag in der Lobau an einem wilden, stehenden Seitenarm der Donau in einem FKK-Dorf mitten in Wien. Dort verbrachte meine Mutter oft zahllose Sommertage mit uns drei Geschwistern Una, Adam und mir. Ich war ungefähr sieben oder acht Jahre alt. Adam hatte ein kleines aufblasbares Segelboot aus Plastik geschenkt bekommen, das so klein war, dass es nur Platz für den Oberkörper gab. Die Beine baumelten über den Rand ins Wasser. Nach harten Kämpfen hatte ich es endlich auch einmal erobert. Selig lag ich auf dem Rücken und paddelte mit meinen Händen, um ein wenig vorwärtszukommen. Neben mir schwamm die ganze Familie. Ziel: das gegenüberliegende Ufer. Einen guten Kilometer entfernt. Ich fühlte mich als Kapitänin der Welt, die sicher und entspannt über die Weltmeere segelte. Na ja, ich denke, das dachte der Kapitän auf der Titanic auch. Mein Eisberg näherte sich mir in Form eines rasend schneller werdenden Summens.

»Eine Biene!«, schrie ich auf und schlug wild um mich. Je näher das Insekt kam und mich umkreiste, desto panischer wurde ich. Verzweifelt fuchtelte ich mit Händen und Füßen herum. Ich war ja im Boot gefangen und konnte nicht weglaufen.

»Die tut nix, die Biene!«, rief meine Mutter im Wasser neben mir. »Hör auf herumzufuchteln und lass sie vorbeifliegen.«

Das war so ungefähr, als hätte man mir gesagt, ich soll einen knurrenden, kläffenden Kampfhund ignorieren, der an seiner Kette reißt und mich anspringen will. Ich hörte zwar die beruhigenden Worte, aber noch lauter hörte ich das immer aggressiver werdende Summen der Biene, die von Sekunde zu Sekunde bösartiger wurde.

Und dann, erwartungsgemäß und wie befürchtet, stach sie zu. Mitten in meinen Bauch. Au. Der Schmerz war unmittelbar und gewaltig, scharf und brennend. Ich schrie auf und wollte nur noch ans Ufer zurück. Mein ganzes Paddelglück war dahin. Während ich hysterisch kreischte und meinen anschwellenden roten Bauch anschaute, in dem der Stachel noch steckte, zog meine Mutter das Boot aus dem Wasser. Ich sank auf ein Handtuch, und sie entfernte den Stachel. Ich hatte es gewusst! Gemeines Vieh! Apathisch vom vielen Weinen lag ich da und glaubte mindestens zu sterben. So groß wie mein Theater war, musste der Schmerz einfach unermesslich sein. Ich wollte mich ja nicht lächerlich gemacht haben. In mein Hirn hatte sich dieser Stich eingebrannt.

Von da an fürchtete ich mich viele Jahre lang vor jeder Biene, überhaupt vor allen Insekten, die stechen. Gut, die Gelsen, die es bei uns reichlich gab und die so viel kleiner waren, erschlug ich noch bravourös und lässig. Aber alles, was ein bisschen größer war, machte mir Angst. Egal, ob sie mir wirklich nahe kamen und mich umsummten oder einfach nur vorbeiflogen. Immer hatte ich einen kurzen Moment der Panik, dass sich eins dieser Biester auf mich stürzen und zustechen könnte. Ich war fest überzeugt: Insbesondere Bienen, aber auch Wespen sind unberechenbare Monster, die es einzig darauf abgesehen haben, uns Menschen Schmerzen und Pein zu bereiten. Eine Allianz des Grauens.

Doch eines musste ich ihnen zugestehen. Sie gaben uns auch den Honig. Bei uns zu Hause gab es ihn immer in halbkilogroßen Pappbechern. Leuchtend gelbklebrige Sonnenblumenhonigbrote waren die Freude meiner Kindheit. Oder Heidehonig, den meine Mutter besonders liebte, weil sie aus Ostwestfalen kam und als Kind ihre Sommerferien in der Lüneburger Heide verbracht hatte. Ich mochte den herrlich malzigen, stark duftenden, im Geschmack so intensiven Waldhonig, den Frühlingshonig und Herbsthonig. Oder Sommerhonig. Den weißen Rapshonig. Den gelben Lindenblütenhonig. Den wunderbar duftenden Akazienhonig. Den streng riechenden interessanten Buchweizenhonig. All die Honige meiner Kindheit, die ich glasweise verzehren konnte, waren pures süßes Glück. Für mich war klar: Die Biene ist da, um Honig für uns zu machen, nein, für mich! Um wie viel schöner wäre die Welt, wenn es nur Honig gäbe – ohne die Bienen!

Jahrzehnte vergingen, bis ich mich erstmals freiwillig den Bienen zu nähern wagte. Für meine ARTE-Serie »Die kulinarischen Abenteuer der Sarah Wiener« war ich zu verschiedenen Imkern in ganz Europa gefahren, um ihnen beim Honigernten und -schleudern beizustehen. Vor Ort zog ich eine Art Ganzkörperkondom an, einen weißen, sehr dicht gewebten Anzug mit Hut und Schleier und langen Hosen, und trug Lederhandschuhe. Keine Stelle an meinem Körper sollte unbedeckt sein. So ausgerüstet bin ich mit den Imkern zu den Bienenvölkern gegangen, und wir haben die Beuten – die Behausungen der Bienen – zerlegt, zerteilt, die Bienen von den Waben gefegt und die mit Wachs verdeckelten, das heißt verschlossenen, vollen Honigwaben geerntet.

Folge vierzehn meiner »kulinarischen Abenteuer« bei ARTE führte mich im Sommer 2006 nach Castet, einem kleinen Ort mit circa hundertsechzig Einwohnern, die zum Großteil in traditionellen grauen massiven Steinhäusern lebten. Dort, in den Pyrenäen, im südwestlichen Zipfel von Frankreich, der gebirgig und nicht von Touristen überlaufen ist, erlebte ich ein ganz anderes Frankreich als das an der Côte d'Azur und in Paris. Ich besuchte Jeanine Peyre-Lavigne, eine Bäuerin, Berufsimkerin und Mutter von drei Kindern, die sich ganz und gar dem Honig verschrieben hatte.

Jeanine, eine kräftige, doch nicht besonders große Frau in mittleren Jahren mit kurzen dunklen Haaren und lustigen Augen, wuppte den Großteil der Bienenarbeit ganz allein. Sie hatte zweihundertfünfzig (!) Bienenvölker zu stehen, je zehn oder fünfzehn Stöcke auf Wiesen, an Waldrändern und im Gebirge.

Dafür benutzte sie sogenannte Magazinbeuten. Das sind quasi Bienen-Hochhäuser, kleine Türmchen, bestehend aus mehreren Etagen, also übereinandergestapelten bodenfreien Kisten, sogenannten Zargen, die man je nach gewünschter Honigmenge in die Höhe wachsen lassen kann. Dabei gibt es meist eine bis zwei Zargen für den Brutraum und eine bis mehrere Zargen für den Honigraum. Beide sind so konstruiert, dass sie bewegliche Rähmchen bzw. Waben halten können. Bei Magazinbeuten wird bei Bedarf oben noch die Futterzarge draufgesetzt und mit Flüssigfutter, meist Zuckerwasser, gefüllt.

Da das Nahrungsangebot im Gebirge und bei der dortigen Witterung für die Bienen recht eingeschränkt war, musste Jeanine alle zwei Wochen einen Großteil ihrer Völker zu anderen Standorten bringen, wo die Bienen neue Nahrung fanden: Wildblumenwiesen, blühende Waldränder, blühende Kastanienbäume, Weißtannen oder Linden.

Ich traf die sympathische, vor Energie strotzende und lächelnde Jeanine in ihrer Küche bei der Gewürzbrotherstellung. Das ist ein Kuchen aus Honig und Gewürzen mit Muskat, Zimt und Nelken. Diesen Honigkuchen sollte ich einige Tage später, nach getaner Bienenarbeit, für ihre ganze Familie frei Schnauze nachbacken und schauen, ob ich die Familie damit zufriedenstellen könnte. Aber das ist eine andere Geschichte. Vor dem süßen Genuss wollten wir zusammen ganze zehn Bienenvölker auf einen neuen Platz versetzen.

Ich weiß noch ganz genau, wie wir mit einem Lkw einen Berg hochfuhren. Kaum waren wir am Bienenstandort angekommen, hörten wir an unserem friedlichen Bienenort von der Straße wildes Getöse und Stimmen aus einem entfernten Lautsprecher. Wir blickten über einen Steilhang auf die Straße hinab und sahen live und in bester Zuschauerposition, wie sich ein paar Teilnehmer der Tour de France unter unseren Augen den Berg hochquälten. Lange hielten wir uns allerdings nicht damit auf. Wir waren ja nicht als Radfans hierhergekommen, sondern um die Bienenvölker transportfähig zu machen.

Wir zogen unsere Schutzanzüge an, und dann ging es an die Arbeit. Das hieß als Erstes, die Beuten bis auf das Brutvolk mit der Königin, die in der unteren Brutraum-Etage der Magazine wohnte, zu verkleinern. Die Rähmchen der oberen Honigraum-Zarge stellten wir zu Seite und fegten die Bienen ab oder schüttelten sie in die untere Zarge. Auf die obere Zarge kam dann ein horizontales Brett mit einem Loch in der Mitte. So konnten die verbliebenen oberen Bienen zwar nach unten wandern, aber keine nach oben zurück. Die Folge davon war: Unten sammelte sich das ganze Volk, oben wurde es immer leerer, so dass wir erst einmal die Zargen mit dem Honig transportieren konnten.

Es war ein sehr heißer Sommertag. Doch trotz der entsetzlichen Hitze, zumal in unseren Marsmenschenanzügen, arbeiteten wir den ganzen Tag und schleppten die schweren Zargen voll mit Honig zum Lkw. Abends tackerten wir dann endlich Drahtgitter vor die Fluglöcher, damit keine Bienen mehr entweichen konnten, sie aber dennoch Luft bekamen. Gegen 22 Uhr hatten wir alle Zargen schließlich auf dem Lkw.

Wir fuhren im Schritttempo zu Jeanines Hof und stellten den brummenden Lkw mit laufendem Motor bis zum nächsten Morgen in die Einfahrt. Durch die gleichmäßigen Vibrationen waren die Bienen abgelenkt, vielleicht auch irritiert, wie auf einem zugefrorenen See, auf dem man beim Überqueren die Balance halten muss. So vergaßen sie hoffentlich, sich mit dem Eingesperrtsein allzu sehr zu beschäftigen und Amok zu laufen.

Es war schon weit nach Mitternacht, als wir endlich ins Bett kamen. Das Motorgebrumm war mein Schlaflied. Vollkommen erschöpft von der immensen körperlichen Anstrengung an diesem langen Tag schlief ich sofort tief und fest ein.

Nur wenige Stunden später wurde ich schon wieder geweckt. Die Bienen mussten am besten vor Sonnenaufgang am neuen Standort sein. Bienen fliegen nachts nicht. Dann ging es mit der kostbaren Bienenfracht wieder hoch in die Berge. Sehr vorsichtig und langsam fuhren wir an einen anderen Ort, wo es mehr Wildblumen gab. Ich war müde von der kurzen Nacht. Dennoch mussten wir jetzt sehr rasch arbeiten. Unter die Beuten legten wir Gummireifen, so dass sie nicht direkt am Boden standen. Wieder zogen wir den Imkeranzug an. Dann holten wir eine Zarge nach der anderen vom Wagen, von denen jede im Schnitt um die 70 Kilogramm wog!

Langsam kletterte die Sonne über den Berg. Der Startschuss für Bienen, einen neuen Erntetag zu beginnen. Wir rissen den Draht von den Fluglöchern, und sofort stürzten Hunderte, vielleicht Tausende Bienen aus den Beuten heraus, wie um uns zu attackieren. Jeanine hatte mich schon darauf vorbereitet. Ich duckte mich etwas weg und ging fünf, sechs Meter auf sichere Distanz. Dennoch war ich begeistert von diesem explosiven Gewusel, von dem Lärm, den gereizte Bienenvölker machen können. Zum Glück habe ich in meiner weißen Schutzhülle ja nichts zu fürchten, dachte ich. Aber seitlich hatte ich statt eines Reißverschlusses nur einen Knopf, um den Overall zu verschließen. Ehe ich es bemerkte, hatten es drei Bienen, wie ich später sah, geschafft, durch diesen Ein-Zentimeter-Durchgang hindurchzuschlüpfen. Sie zögerten nicht lange und stachen alle drei zu – wieder mitten in meinen Bauch. So sollte ich schnell lernen, dass Bienen JEDEN Zentimeter freie Haut finden, wenn sie es denn nur wollen. Ein schreckliches Déjà-vu, das mein Vorurteil bestätigte: Bienen sind hinterhältige, gefährliche Biester, die mir nur Leid zufügen wollen. Obwohl ich doch in aller Unschuld nur den herrlich süßen Honig von ihnen wollte.

Ich war erschöpft von der vielen Schlepperei, von der Irritation des Gesummes, vom Wissen um meine Verletzbarkeit.

Meine Güte. So viel Arbeit, und dann kostet ein Glas Honig nur vier bis fünf Euro! Kann das sein?! Wie ist das möglich? Schließlich war es nicht nur für uns harte Arbeit, sondern auch für die Bienen, wie ich später lernte.

Diese Tage bei Jeanine, mein erstes richtiges Bienenerlebnis, waren auch dank dieser besonderen Imkerin unvergesslich. Aber hm … ganz ehrlich: Das muss ja nicht noch mal sein?!, dachte ich. Sosehr ich Honig mochte, es war für mich unvorstellbar, mit diesen grantelnden, schlecht gelaunten und gefährlichen Insekten zu arbeiten, von denen ich instinktiv wusste: Ich werde sie ja nie kontrollieren können und muss immer auf der Hut sein. Egal wie warm oder kalt es draußen ist: Ohne im schwitzenden Anzug, verhüllt wie ein Astronaut, werde ich niemals zu den Bienen gehen können, um ihnen den Honig wegzunehmen. Und selbst dann kannst du nicht sicher sein, dass es gut geht. Die Schlepperei, das Schleudern mit viel klebrigem Equipment. All das schien mir wirklich nicht besonders attraktiv. Was macht daran bitte noch mal Spaß? Vielleicht hätte ich den Rest meines Lebens meine Vorurteile und mein Trauma kultiviert und diese Sichtweise beibehalten, wenn ich nicht ein paar Jahre später eine noch weitreichendere und alles verändernde Erfahrung mit Bienen gemacht hätte.

Wieder war eine meiner Fernsehserien daran schuld. Diesmal hieß sie »Sarah Wieners erste Wahl«. Es ging darin um einzelne Grundnahrungsmittel, besonders guten Anbau oder herausragende Produzenten, die genau dieses Produkt hergestellt haben. Natürlich wollte ich darin auch eines meiner liebsten Lebensmittel aufnehmen: den Honig, und zwar einen besonders köstlichen. Diese Dreharbeiten sollten meine Sicht auf den Bien, wie das gesamte Bienenvolk auch genannt wird, wenn man es als einen Superorganismus begreift, fundamental verändern.

Eine Serie mit Folgen. Imkern mit Norbert Poeplau

Bei meinen Recherchen für »Sarah Wieners erste Wahl« war ich auf Norbert Poeplau gestoßen. Der Imkermeister betreibt im baden-württembergischen Rosenfeld die »Fischermühle«, eine Bienen-Forschungs- und Versuchsanstalt und einen Demeter-Betrieb, eng verbunden mit Mellifera e.V., einem gemeinnützigen Verein, der sich um die Belange der Bienen kümmert, Forschung betreibt und Bienenprodukte verkauft. Dort werden bis heute neue Betriebsweisen für Imker entwickelt und Bienenthemen erforscht, wie zum Beispiel die Varroamilbe, der größte tierische Feind der Bienen.

Ich beschloss, ihn mit einem kleinen Drehteam in der »Fischermühle« zu besuchen und alles über Honig zu erfahren. Norbert wartete in Jeans und hochgekrempeltem Hemd, lässig die Arme überkreuzt, auf einem Stück Wiese vor seiner Imkerei auf mich. So von Weitem, mit seiner leicht nach vorn gebeugten Statur, erinnerte er mich an einen gemütlichen, starken Bär. Anfangs beobachtete er mich etwas verhalten freundlich, nahm mich aber bald mit offenen Armen auf und beantwortete geduldig meine ersten Fragen zu den Bienen. Schließlich war er lange Zeit auch Lehrer.

»Kann man denn einfach so in eine ›Kiste‹ hineinschauen?«

»Also erst einmal gibt's zwar die ›Bienenkiste‹, die übrigens auch eine Erfindung von Mellifera ist, aber eigentlich ›Beute‹ heißt oder ›Korb‹, wenn es denn einer ist …«, erklärte er in seiner bedächtigen Art. »Aber eine Kiste ist was zum Transportieren. Zum Hineinschauen? Jein. Man kann zwar oft in Beuten schauen, wenn es die eigenen sind. In fremde allein zu schauen, käme in etwa einem unerlaubten, eventuell verbotenen Blick ins Schlafzimmer des Nachbarn gleich«, ergänzte er lächelnd. »Aber wenn es zu kalt ist, stürmt und stark regnet, oder auch nachts sollte man dies tunlichst vermeiden. Wozu dann auch reinschauen?«

Auf meine Frage, wie viele Bienen denn in so einer Beute sind, antwortete er: »Na ja, kommt drauf an … so von fünf- bis zehn- oder sogar sechzigtausend und mehr. Wenn im Herbst weniger als fünftausend Bienen im Volk sind, dann werden sie wohl nicht überleben, weil sie sich nicht wärmen können.«

Dann stellte ich die für mich wichtigste Frage: »Wann und warum stechen die Bienen eigentlich?«

Statt einer Antwort reichte mir Norbert einen Gesichtsschleier und meinte: »Komm, wir gehen jetzt und schauen uns das selbst an!«

»Und wo ist dein Schleier?,« fragte ich irritiert.

»Ich brauche keinen«, meinte er knapp.

Wie sollte das gehen? Ich schaute ihn mit großen Augen an. »Das verstehe ich nicht. Warum brauchst du keinen?«

Unbeeindruckt von meiner Aufgeregtheit zuckte Norbert nur lässig mit den Schultern, ganz der in sich ruhende Bär: »Ach, die Bienen sind im Grunde friedlich, die machen nichts. Komm, ich zeige dir das mal. Wenn du sie gut behandelst, dann werden sie auch dich gut behandeln.«

Ich überlegte. Nie zuvor hatte ich Imker gesehen, die einfach so, im normalen Gewand, zu den Bienen gehen. Und ganz ohne Gesichtsschutz. Einen großen Vorteil hat diese Art zu imkern allerdings schon. Wer je in diesen Komplettverhüllungen an den Bienen gearbeitet hat, wird wissen, was ich meine: Zum einen ist es eine körperliche Einschränkung, zum anderen wird einem im Sommer verdammt heiß in der Montur. Ich meine richtig heiß, wie ich das ja auch in den Pyrenäen erlebt hatte. Das »im Sommer« kann ich mir eigentlich sparen, weil man im Winter eh nicht an den Bienen imkert. Die haben dann ihre Winterruhe.

Es war Hochsommer. Ich hatte nur ein kurzes, ärmelloses Sommerkleidchen an und nackte Füße. Aber weil ich bei meinen Reisen für Fernsehserien immer das mache oder versuche zu machen, was meine Paten oder meine Protagonisten in der Regel tun, holte ich tief Luft und antwortete: »Dann nehme ich auch keinen Schleier! Ich bin ja deine Praktikantin und will von dir lernen.« Daran hat sich bis heute nichts geändert. (Viel später gestand mir Norbert übrigens, dass er so halbnackt, wie ich es damals war, dann doch nicht zu seinen Bienen gehen würde … man könne ja nie wissen …)

Ich war ziemlich aufgeregt, als ich ihm zu den Bienenständen folgte, und hatte so einige Bedenken. Was mache ich, wenn die Bienen meine friedvolle Absicht nicht erkennen? Wenn sich Tausende Bienen auf mich stürzen? »Norbert, was macht man, wenn die mich attackieren? Gibt's da einen Trick?«

»Um den Busch laufen, im Kreis, eventuell irritiert sie das …«

»Hm … Kann ich dann auch um dich herumlaufen«, fragte ich lachend. Aber mir war klar: keine übermütigen Experimente. Diesmal will ich lieber in der zweiten Reihe bleiben, das heißt hinter Norberts Rücken. Dann stechen sie ihn vielleicht eher, dachte ich noch ein bisschen egoistisch. Vorsichtshalber hielt ich also Abstand und stellte mich einen Meter hinter Norbert, in der Hoffnung, dass ich vielleicht noch Zeit zum Weglaufen hätte, wenn die Bienen wie aus einer entkorkten Champagnerflasche herauszischen würden.

Wir näherten uns einem Bienenstand. Ungefähr zehn Einraumbeuten standen da an einem schönen halbsonnigen Platz, im Rücken einige Büsche, davor eine weite Wiese. Einraumbeuten sind Bienenwohnungen, die aus einer einzigen Kiste bestehen. Daher der Name. Üblicherweise imkern die meisten Imker wie Jeanine in Magazinbeuten. So kann man besser Honig ernten, aber dafür nie das ganze Wabenkonstrukt und Bienenvolk auf einmal sehen. Darüber, wie Bienenwohnungen am besten aussehen sollten und aussehen können, schreibe ich in einem späteren Kapitel.

Ich betrachtete die vielen Beuten nebeneinander und fragte mich, ob es vielleicht eine Sprache der Bienen gäbe und sie sich womöglich untereinander von Haus zu Haus verständigten, um mich zu attackieren. Allein das Summen machte mich schon etwas nervös.

Gekonnt und ohne Scheu und Rücksicht auf meine verhaltenen Bewegungen öffnete Norbert die Bienenbeute, indem er ihr Dach abhob und ein Wachstuch herunternahm. Vorsichtig löste er die einzelnen, durch Wachs und Propolis zusammenklebenden Rähmchen, auch Waben genannt, voneinander mit einer Art kleinem Brecheisen, das der Imker Stockmeißel nennt, und zog eine Wabe voller Bienen heraus. Seine Bewegungen waren routiniert und das Natürlichste der Welt. Ich hielt den Atem an.

Und es passierte:

Nichts! Das heißt, in mir passierte ganz viel. Zuallererst die Erkenntnis, dass kein Lebewesen (außer natürlich uns) irrational reagiert. Es gibt also keinen Grund für Bienen, alles und jeden anzugreifen … Es sei denn, sie erkennen den Menschen als Feind, der ihre Strukturen rabiat zerstört und keine Rücksicht auf ihre Bedürfnisse nimmt. Mir war von Anfang an klar: Ich nehme Rücksicht. Ganz sicher. Auch in Zeitlupe! Ich mach alles. Aber allzu nah komm ich nicht ran, dachte ich die ersten zwanzig Sekunden.

Als die Bienen kurz aufsummten, einige erschreckt herumflogen, aber offensichtlich weder aggressiv noch feindlich, und

Norbert eine Wabe vor sein Gesicht hob, welche über und über mit einem Gewusel gefüllt war, das man erst beim näheren Hinsehen als Tausende Bienen erkannte, war ich fasziniert und kam doch näher. So nah, wie ich einer Biene nie zuvor war: Aug in Aug.

Es geschah all das, was bei meinen Imkererlebnissen die Jahre zuvor nie passiert war: Ich sah Individuen. Kleine Lebewesen, die sich putzten, sich Nektar reichten, sich abtasteten oder geschäftig herumliefen. Ihre Körper in Zellen steckten und wie kleine Propeller wild mit den Flügeln schlugen. (Die Bedeutung all dieser Vorgänge erfuhr ich erst im Laufe der Jahre.) Ich entdeckte: Die Bienen sind ja behaart! Mit einem richtigen kleinen Pelz. Und da schlüpft gerade eine aus einer verdeckelten Wabe! Ich staunte, dass es ihnen wohl nichts ausmachte, wenn ihnen ihre Mitbewohnerinnen links und rechts über den Kopf kletterten. Meine Güte. So viele Bienen! Auf engstem Raum. Alle schienen geschäftig und friedlich. Ich war aufgeregt und verspürte gleichzeitig eine Glückseligkeit, wie ich sie in der Natur empfinde, beim Wandern, Gärtnern oder beim Beobachten von Pflanzen und Tieren, wenn ich mich als Teil von ihr fühle.

Norbert zeigte auf etwas kleines Weißes, eine werdende Biene. Zum ersten Mal sah ich ein Ei, in der Imkersprache: einen Stift, ein beginnendes Bienenleben, das ich so natürlich noch nie gesehen hatte. Ich hatte schon oft Honig geschleudert und in Bienenbeuten hineingeschaut. Doch nun passierte etwas Seltsames: Ohne diesen Marsmännchen-Anzug und ohne ein Netz vor dem Gesicht fühlte ich mich meinen früheren Feinden (oder besser gesagt nicht einmal das: eben einem lästigen Insekt, das man am liebsten verscheucht) gegenüber empathischer, sensibler und seltsam nah. Ich wollte ihnen Gutes tun. Die Bienen sind auch nur Menschen, dachte ich.

Hier erkennt man Arbeiterinnen, oben einen Honigrand, Arbeiterinnenbrut und vereinzelte Pollen.

Norbert hat recht: Wenn du sie gut behandelst und aufmerksam, ja sensibel bist, dann wirst du auch gut behandelt. Reißt man den Bienen schon das Dach über dem Kopf ab, dann sollte man das möglichst einfühlsam machen und auf die Stimmung der Bienen hören. So wie es auch ratsam ist, keine ernsten intensiven Gespräche mit dem Partner zu führen, wenn der gerade richtig Stress hat.

Schlagartig war mein Interesse für Bienen geweckt. Die nächste Wabe durfte ich selber aus der Bienenbeute hochheben. Sie hatte ein ziemliches Gewicht, da sie voller Honig war. Um die drei, vier Kilo, schätzte ich.

Norbert zeigte auf ein paar Bienen, die ihren Hinterleib in die Höhe lüpften und mit ihren Flügeln sehr schnell vibrierten. »Auf diese Art wedeln sie den Lockduft des Stocks in den Himmel«, erklärte er mir. »Damit andere Bienen durch diese Duftspur leichter nach Hause finden.« Dann nahm er meine Hand und führte sie vorsichtig zu einer besonders großen Biene. »Fass sie ruhig mal an. Das ist ein Drohn, eine männliche Biene. Er hat keinen Stachel. Den haben nur die Weibchen.«

Ich fuhr langsam über ihren Rücken und konnte es kaum fassen, dass ich tatsächlich eine Biene streichelte! Ich war überrascht, wie warm sie war, wie weich. Natürlich war sie das, aber da ich mit Insekten eher kalte harte Tiere assoziiert hatte, musste ich unwillkürlich an ein Kuscheltier denken. Der Drohn machte, dass er aus meiner Hand kam, und flog mit einem sanften tiefen Brummton davon.

Norbert zeigte mir die Königin. Sie war etwas größer als die anderen Bienen, länger vor allen Dingen, aber doch sehr schmal im Vergleich zu den dicken großen Drohnen. »Sie ist das Herz, der Motor des ganzen Volkes«, sagte er. »Wenn diese eine Biene, ohne eine Nachfolgerin in der Wabe zu haben, sterben würde, dann müssten alle anderen zigtausend Bienen auch sterben.«

Die Königin umgeben von Arbeiterinnen

Die Königin krabbelte auf der Wabe herum, umgeben von ihrem Hofstaat, den ich erst nach längerer Beobachtung ausfindig machen konnte.

»Halt bloß den Rahmen über die Beute!«, brummte Norbert plötzlich. »Wenn die Königin zufällig hinunterfallen würde, dann könnte sie zum einen verletzt sein und sterben oder auf und davon fliegen.«

Für mich sah der wuselige Bienenstaat, robust auf dem Rähmchen sitzend, nicht danach aus, als könnte da eine das Gleichgewicht verlieren ... Da nahm Norbert ein anderes Rähmchen in die Hand und ruckte es einmal kräftig nach unten, als würde er einen Ball auf den Boden aufschlagen wollen. Im Nu waren mit diesem Ruck Tausende Bienen auf dem Boden der Beute. Sie fielen ab wie reife Maulbeeren, direkt auf den Boden über- und aufeinander. Nur sehr wenige schafften es, sich im Sturz zu fangen und aufzufliegen. Der Großteil schien so überrascht, dass er für eine Sekunde innehielt und dann zu krabbeln anfing oder, wenn eine Biene ganz mutig war, aufzufliegen.

Wie viele Eindrücke für den ersten Tag! Jeder von meinem Drehteam nahm trotz der Schleier, die sie alle trugen, einen Bienenstich mit als Andenken ins Hotel. Nur ich nicht. Es war wie eine Verlockung und eine Auszeichnung. Am Abend sank ich todmüde ins Bett. Wie schon bei Jeanine schlief ich wie ein Stein.

Eine ganze Woche lang war ich mit Norbert Poeplau in der »Fischermühle« unterwegs. Der Höhepunkt der Woche war, dass wir in eine von mir bemalte Beute ein neues Volk einziehen ließen. Da Norberts Einraumbeuten mehr oder weniger alle gleich aussahen und auch immer acht bis zehn von ihnen an einem Bienenplatz standen, wollte ich, dass die Bienenmädels ihren Stock zumindest ein bisschen unterscheiden können. Nachdem die (Bio-)Farbe getrocknet und die ganze Beute zuvor mit einem kleinen Flammenwerfer »entseucht« war, stellten wir sie zwischen andere Beuten an einem Sandweg inmitten eines kleinen Grashügels auf. Was für eine Woche hatte ich in der »Fischermühle« erlebt, wie vieles gelernt! Ich war vollkommen fasziniert. Seit dieser Begegnung sehe ich die Bienen mit anderen Augen.

Nun hatte ich mich zwar mit den Bienen angefreundet. Aber ich wusste so wenig von ihnen und wollte gern mehr über sie erfahren. Nur Zeit war knapp in meinem Leben. Ich sah einfach keine Möglichkeit, mich angesichts meines enormen Arbeitspensums den Bienen wirklich zu widmen.

Mich packt die Bienenleidenschaft

Lange zehrte ich noch von dem »Fischermühlen«-Honig, den ich mir mitgebracht hatte. Jeder Löffel war kostbar für mich, wie eine selbstgestrickte Jacke, die man endlich anziehen darf. Doch schließlich war auch der letzte Rest aufgegessen. Ich ging zum Alltag über.

Jahre vergingen. Immer wenn ich nun Honig kaufte und ihn aß, musste ich an die Bienen denken, die ihn gemacht hatten. Ich kaufte nur noch Honig aus Deutschland. Am besten in Demeter-Qualität oder von einem Imker, dessen Namen ich kannte. Dieses einwöchige Erlebnis in der »Fischermühle« hatte tiefere Spuren in mir hinterlassen als gedacht. Ich war der Welt der Bienen und ihrem Wesen nähergekommen. Allerdings hatte ich mich eher wie eine Zuschauerin gefühlt, die draußen vor einem faszinierenden Gutshaus steht und durchs Fenster schaut und sieht, dass drinnen im Haus eine laute, großartige Party im Gange ist, zu der sie nicht so recht dazugehört. Ich bin zwar eingeladen, habe es aber nur bis zum Fenster geschafft und kann die Eingangstür nicht finden.

Eines Tages bekam ich von Norbert Poeplau eine Mail. Er schickte mir den Seminarplan der »Fischermühle« vom Verein Mellifera. Darin fiel mir ein Seminar über »wesensgemäße Bienenhaltung« ins Auge, das fast eine Woche dauern sollte und in dem man etwas über die Grundlagen der Imkerei lernen würde, welche Möglichkeiten es als Imkerin gibt, wie ein Bienenjahr aussieht, vieles über Beuten und anderes mehr. Da war sie plötzlich wieder: die Sehnsucht, mehr über die Bienen zu erfahren. Vor allem könnte ich nach all den Jahren endlich auch Norbert wiedersehen und war auch neugierig, zu schauen, ob das Volk in meiner selbst angemalten Beute noch lebte und wie es ihm wohl die ganzen Jahre ergangen war … Die wichtigste Frage jedoch, die mich bei diesem Seminar interessierte und mich bis heute intensiv beschäftigt, ist: *»Was will die Biene von uns?« Was wir von ihr wollen, ist durch unsere Art der Imkerei beantwortet.*

Ich holte meinen Kalender heraus, glich ihn mit den Seminardaten ab und entdeckte die entscheidende Lücke für dieses Seminar. Ich meldete mich an. Es war ja noch reichlich Zeit bis dahin. Zur Not könnte ich immer noch absagen.

Das tat ich nicht.

Der Seminarraum war bis zum letzten Platz gefüllt. Achtzig Teilnehmer waren gekommen: Frauen, Männer, junge wie alte, langjährige Berufsimker, Hobbyimker und blutige Anfänger, so wie ich eine war. Da ich in Norberts Haus übernachtete, konnte ich fußläufig das Seminarhaus erreichen und die Bienenstände abgehen, die in der Nähe um das Seminargebäude standen.

Noch bevor es losging, fuhr ich mit Norbert zu seinen anderen Bienenplätzen. Viele davon liegen im oder am Rande vom Schwarzwald. Wir arbeiteten uns durch die Völker. Das heißt, ich machte die Hilfsdienste, er die Hauptarbeit. Die erste Lektion, die ich damals schon lernte, war: Wesensgemäßes Imkern heißt schleppen, schleppen, schleppen, wenn man nicht gerade ein Bienenhaus oder einen Bienenwagen hat. Die Rähmchen vom Lager ins Auto, vom Auto auf die Wiese, die vollen Rähmchen zurück ins Auto. Werkzeug aus dem Auto holen, Äste absägen, Rähmchen wieder zusammenhämmern, eventuell ganze Beuten umstellen und ein- und ausladen.

An diese Erfahrung, die man schnell verdrängt, weil die Bienen einen so umgarnen wie ein seliges Babylächeln, musste ich später bei meinen eigenen Bienen noch oft denken. Ich verstand sehr gut, warum traditionell arbeitende Imker ihre Beuten nicht so wie ich später in Einzelaufstellung übers Land verteilen oder ihnen gar Hochstände bauen. Auch die Beuten aus Styropor wurden verständlicher, auch wenn ich sie für meine Völker ablehne. Doch seit dem Seminar in der »Fischermühle« wusste ich genau, wieso ich mir später viel zusätzliche Arbeit ins Haus holte.

Eine Woche lang arbeitete ich von früh bis spät mit vielen anderen Menschen in verschiedenen Gruppierungen zusammen und lernte sehr viel über Bienenwohnungen, Schwärme und Schwarmteilungen, darüber, welche Möglichkeiten es gibt, Bienen zu halten, wie das Bienenjahr aussieht, welche Krankheiten Bienen bekommen können, wie man eine Varroamilben-Behandlung mehr oder weniger erfolgreich durchführen kann und über weitere Herausforderungen bei der Bienenhaltung.

Jeder der Referenten war langjähriger Imker. Viele von ihnen forschten auch, hatten natürlich eigene Bienenstände, jeder hatte seine eigene Methode, Bienen zu halten, und – was am spannendsten für mich war – seine eigene Anschauung über die Imkerei. Abends gab es beim Lagerfeuer und einem Glas Wein spannende Diskussionen, die sich fast alle – natürlich – um die Bienen drehten. Ich muss gestehen, ich war ein bisschen neidisch. Denn auch, wenn es ein Grundlagen-Seminar war, so war ich doch zusammen mit ein paar anderen blutigen Anfängern oder denjenigen, die überhaupt keine Bienen hatten, in der Minderheit.

Ich sammelte so viel wie nur möglich von dem Wissen und der Erfahrung anderer auf. Je mehr ich von den Bienen hörte und den Erlebnissen, die andere mit Bienen hatten, umso mehr bekam ich Sehnsucht, Teil dieser – im Übrigen überwiegend männlich eingeschworenen – Gemeinschaft zu werden. (In den letzten Jahren imkern zu meiner Freude auch immer mehr junge Frauen.) Mein Ansatz war: Manche lehren über historischen Lehmputz und wohnen in einem Plattenbau zur Miete oder beschäftigen sich mit Sportautos, obwohl sie nicht mal einen Führerschein haben. Wieso sollte ich mich dann nicht einfach auch nur zur Freude mit Bienen(-wissen) beschäftigen?! In der Stadt zu imkern war für mich allerdings keine Option. Vor meinem inneren Auge sah ich die Biene in der Natur und nicht umgeben von Beton. Insofern schien der Sprung von der Theorie ins Tun zu gewagt.

Bei meinem unruhigen Leben und dem vielen Herumreisen eigentlich unmöglich. Zumal ich in dieser Woche des Bienenseminars mitbekommen hatte, wie komplex es ist, Bienen zu halten.

Das hatte ich mir ein bisschen einfacher vorgestellt: Ich baue so eine Beute auf, da sind dann die Bienen drinnen, und irgendwann ernte ich den Honig, sag »auf Wiedersehen, bis dann«, und das war's. Aber so einfach ist es leider nicht. Natürlich kann man Bienen sich selbst überlassen. Denn die Bienen sind noch immer Wildtiere. Doch in unseren Breitengraden könnten sie wohl kaum wild überleben. Es fehlt an durchgängigem Nahrungsangebot, an hohlen Bäumen, um darin zu brüten und an der Fähigkeit der meisten Bienen, sich selbstständig gegen die Varroamilbe wehren zu können. Theoretisch wäre es denkbar, wenn man der Biene die Zeit zur evolutionären Anpassung ermöglichen würde. Das hieße aber auch erst mal: enorme Völkerverluste in Kauf zu nehmen. Doch noch sind die meisten Imker dazu nicht bereit, die Bienen von sich aus gesunden und durch das Nadelöhr natürlicher Selektion und Anpassung schlüpfen zu lassen. Viele Imkerexistenzen würden durch diese Maßnahme erst einmal vernichtet werden. Wer will das schon verantworten? Aber vielleicht kommt eines Tages doch die

Stunde für die Mehrheit der Imker, ganz andere und neue Wege zu erwägen und dann auch gehen zu wollen. Bienen, die nicht alleine überleben können, auf Gedeih und Verderben von des Imkers Pflege und Sorge abhängig zu machen und bei Volkverlust andere Völker zu neuen Völkern zu teilen, ist gängige Imkerpraxis. Doch Bienen sind heute schon anfälliger und weniger resistent gegen die Varroamilbe als noch vor zehn Jahren.

Wenn man heute Verantwortung für Bienen übernimmt, dann sollte man dafür sorgen, dass die Bienen möglichst gesund, zumindest aus sich heraus überlebensfähig, bleiben, dass die hiesigen Honigbienen, die *Apis mellifera,* am besten in der Umgebung stehen, in der sie das ganze Bienenjahr über genug Futter finden, was in vielen Gegenden leider landschaftsbedingt nicht mehr der Fall ist. Auch ist es der Status quo, sie gegen die Varroamilbe oder andere auftretende Krankheiten zu behandeln, während hochinfizierte Völker vernichtet werden müssen, um für andere Völker keine Gefahr darzustellen. Zumindest sollte man bei unregelmäßiger Behandlung den Test machen, ob ein Volk von der Varroamilbe stark befallen ist. Ein Volk elendig an Virenerkrankungen langsam zugrunde gehen zu lassen, ist nicht sehr human. Die allgemeine Gesundheit und Stärke eines Volks gilt es zu beobachten. Einfach nur Bienenbeuten aufzustellen und mal vorbeizuspazieren, reicht leider nicht (mehr). Sollte ich es also lieber bei der Theorie belassen? Doch ich war von den Bienen angepikst. Diesmal im positiven Sinn.

Beschwingt und inspiriert fuhr ich nach dem Seminar nach Hause und kaufte mir einige Bienen-Bücher, denn ich hatte noch so viele unbeantwortete Fragen. Wie funktioniert so ein Superorganismus eigentlich? Welche Aufgaben teilen sich die Bienen? Wie funktioniert die Kommunikation im Einzelnen? … Ich lernte zwar viel, doch mit jeder Antwort eröffnete sich mir ein neues Rätsel.

Einige Fragen hat die Wissenschaft bis heute noch nicht geklärt, obwohl es gute und solide Vermutungen gibt. Zum Beispiel: Ab welchem Zeitpunkt genau schwärmen Bienen? Wie kommt es, dass ein Teil des Volkes sich von einem Tag auf den anderen eine neue Behausung sucht? Oder: Welches Signal veranlasst Bienen dazu, eine Zelle für eine neue Königin zu bauen? Wie lange schlafen Bienen eigentlich? Gibt es sogenannte Freundschaften unter Bienen oder ist jede ein freies Radikal im großen Ganzen und gemeinsame Absprachen entspringen dem Zufall? Mich interessiert auch, ob sich meine Bienen an mich erinnern können? Hat die Gutmütigkeit mancher Völker mit der sensiblen Behandlung zu tun oder ist es die pure Genetik?

Vor allem fragte ich mich: Wie könnte man die Bienen auf natürlichem Wege so stärken, dass sie keine Medikamentenbehandlung mehr brauchen? Oder: Könnten Bienen in gewisser Weise Vorbild für den Menschen sein? Könnten ihre demokratisch getroffenen Entscheidungen, ihre unglaubliche Kommunikationsfähigkeit und ihre Selbstlosigkeit uns vielleicht helfen, geeignetere Strategien für ein gelungeneres Miteinander zu finden? Diese Fragen ließen und lassen mich bis heute nicht los, und es wurden sogar immer mehr, meine Neugierde immer größer.

Doch es blieb vorerst alles Theorie. Bald las ich wieder mehr Romane als Sachbücher über Bienen. Dann hatte ich ja auch genug zu tun mit all meinen verschiedenen Unternehmen. Insbesondere meine Stiftung zur praktischen Ernährungsbildung für Kinder, die Pädagogen darin weiterbildet, Kindergruppen an Schulen und Kindergärten das Kochen beizubringen, wurde immer größer und brauchte meine volle Aufmerksamkeit.

Eines Tages jedoch fiel mir spontan ein: Ich könnte doch Norbert, mit dem ich in losem E-Mail-Kontakt geblieben war, wieder einmal besuchen – was bei einem Imkermeister mit zweihundertfünfzig Bienenvölkern auch immer heißt, ein paar

Tage an den Bienen zu arbeiten. Mit ihm zu den Bienen zu fahren und ihm zuzusehen, wie er furchtlos, zielgerichtet und mit einer großen Selbstverständlichkeit an den Bienen und Beuten werkelte, hatte mich sehr berührt bei dem Seminar. Norbert hatte nichts dagegen.

Wieder waren es aufregende und lehrreiche Tage, die ich bei ihm verbrachte. Kaum bei den Bienen, war ich wieder umgarnt. »Ach wenn ich doch auch Bienen hätte …«, seufzte ich zum Abschied.

»Dann fang doch einfach an mit der Imkerei!«, sagte Norbert ernst und ruhig. »Denn was viele Leute nicht wissen: Je wesensgemäßer man imkert und je mehr man der Biene Raum gibt, desto weniger Zeit verbringt man in der Imkerei, weil sie einem dann auch Raum gibt.« Ach ja? Das klingt logisch. Dann wäre das ja genau das Richtige für mich!, dachte ich.

Aber noch war ich nicht so weit. Wo sollte ich denn die Bienen hinstellen? Auf meinen Balkon mitten in der Stadt? Auf dem Dach? Nein, das kam für mich nicht in Frage.

Mein Traum vom Bauernhof

2015 traf ich Knall auf Fall eine Entscheidung, die mein Leben komplett veränderte. Dieser Entscheidung sind viele Jahre halbherziger Suche und versponnener Träumereien vorausgegangen: Zusammen mit Elenore und Jochen, zwei langjährigen beruflichen und privaten Weggefährten und Freunden, kauften wir als Partner einen wirklich großen Bio-Bauernhof in dem kleinen Dorf Kerkow bei Angermünde in der Uckermark, eine Stunde nordöstlich von Berlin, nahe an der polnischen Grenze. Wir hatten schon einige Jahre so etwas im Hinterkopf gehabt und immer wieder Höfe gesucht. Es war ein lang gehegter Kindheitstraum von mir, auf einem Bauernhof leben zu dürfen. Es dann aber doch zu tun, ist etwas komplett anderes. Außerdem hatte meine Partner und mich noch etwas zu diesem Kauf bewegt: Wir wollten der Hilflosigkeit und Wut über die Art der ungesunden und zerstörerischen Nahrungsmittelproduktion in der nördlichen Hemisphäre, die uns Menschen verbittert und krank macht, etwas entgegensetzen. Als Köchin war ich schon immer an den Ursprüngen der Lebensmittel interessiert. Wir sagten uns: Lasst uns doch schauen, ob wir das selbst nicht besser hinkriegen als die ganzen Agrokonzerne – transparent, ökologisch und regional.

Na gut, ich gebe zu, ich hatte eigentlich von einem kleinen Bauernhöfchen geträumt – mit einem Hahn auf dem Misthaufen und einem kleinen Fachwerkhäuschen, einer dunklen, duftenden Speisekammer und uralten Holzfenstern, die in eine liebliche Voralpenlandschaft zeigen, mit bestickten Vorhängen davor und einem Weg zum Haus, der genau dort endet. Dahinter kommt nichts mehr außer der Blick über wilde und gezähmte Natur und Himmel …

Diese Sehnsucht hatte tiefe und lange Wurzeln. Als Neunjährige hatte ich meine Mutter angefleht, mich auf eine Alm nach Kärnten zu schicken, damit ich dort oben auf den Bergen der Bäuerin bei den Almkühen helfen könnte. Ich stellte mir das sehr romantisch vor: Ich würde mit einem Grashalm zwischen den Lippen auf der Wiese sitzen und den Kühen beim Grasen zuschauen, umgeben von guter, frischer, sauerstoffreicher Luft. Ich würde dem Kuhgebimmel zuhören, morgens selbstgemachte Erdbeermarmelade und abends herrlich duftenden Speck futtern, abends selig in einem Heubett schlafen und morgens mit den Hühnern wieder aufstehen.

Tatsächlich fand meine Mutter einen Bauern, der bereit war, mich über den Sommer mit seiner Tochter auf eine Alm gehen zu lassen. Dieses Mädchen war nur ein Jahr älter als ich und hatte bereits die Verantwortung über zehn Kühe, musste sie jeden Tag hüten und melken und vieles mehr machen. Spannend, dachte ich. Doch bereits am ersten Tag stöhnte ich. Allein der Aufstieg auf die Alm, der über Stunden ging, war sehr mühsam und ungewohnt für mich. Als Wiener Stadtpflanze war ich es überhaupt nicht gewohnt, in die Berge zu gehen, und kam schon mit Blasen an den Füßen, völlig erhitzt und erschöpft oben an. Wenn ich gedacht hatte, in dem Bauernmädchen eine Freundin zu finden, mit der ich herumalbern, tratschen und klatschen könnte, wie ich es mit meinen Freundinnen aus meiner Schule gewohnt war, wurde ich schnell enttäuscht. Dafür war einfach keine Zeit! Das kleine Mädchen hatte täglich um fünf Uhr aufzustehen, Frühstück zu machen und sogar Marmelade zu kochen, Beeren und Pflanzen zu sammeln und die Kühe zu melken und auf die Weide zu treiben. Dabei sollte ich ihr nun helfen.

Puh … Von Idylle sah ich keine Spur, und mich packte schon bald eine gewisse Unlust. Es artete in Arbeit aus. Doch was blieb mir anderes übrig. Ich hatte es ja so gewollt. So kam ich vor lauter Verpflichtungen gar nicht dazu, mit dem Grashalm im Mund auf dem Berg zu sitzen und einfach die Natur und die Sonne zu genießen. Wenn wir nicht gerade melkten und den Stall säuberten, mussten wir Holz hacken oder Beeren sammeln oder das Essen vorbereiten. Am Abend tat mir alles weh. So stellte ich mir damals Sklavenarbeit vor, und bald fühlte ich mich mutterseelenallein in einer fremden, feindlichen Welt, die von Monotonie und Schlafmangel gekennzeichnet war …

Nach zwei Wochen flüchtete ich frustriert nach Hause. Dennoch musste da etwas in mir gearbeitet haben, denn diese enttäuschende Erfahrung hielt mich über die Jahre hin nicht wirklich von meinem Traum ab, auf einem Bauernhof leben zu wollen. Ein Teil meines Wesens sehnte sich immer noch danach, sich dort und in der Natur mit den Pflanzen und Tieren zu verbinden. Wer weiß, warum.

Aber vielleicht kam meine Sehnsucht, aufs Land zu ziehen, auch daher, weil ich als kleines Mädchen im Alter von ungefähr drei, vier Jahren mit meiner Mutter und meinen Geschwistern in der Steiermark auf einem Bauernhof gelebt hatte. Damals, Mitte der sechziger Jahre, war das Bauernhofleben etwas anderes als heute. Es gab noch viele Subsistenzbauern, also Bauern, die vornehmlich zur Selbstversorgung arbeiteten, mit nur wenigen kleinen Maschinen, nicht so großen Vieh-Einheiten und vielen eigenen Hofschlachtereien. Jeder Bauer hatte einige Hühner, Schweine, Kühe, Getreide und einen großen Gemüsegarten. Holz wurde im eigenen Wald für den Winter geschlägert oder zum Bauen genutzt. Die Winter waren kalt, die Herbste nass, aber die Sommer waren einfach wunderbar heiß und lebendig mit dem ganzen tschilpenden, quakenden, piepsenden und surrenden Getier. Allerdings hatte ich mit vier auch erstmals beim Schlachten einer Kuh zugesehen und verweigerte dann konsequent einige Jahre lang, Fleisch zu essen.

Und jetzt, praktisch über Nacht, die späte Erfüllung: Kerkow mit Landbesitz und Viehbestand. Vom Traum zur Realität … In meinem zarten Alter von über fünfzig Jahren war ich auf einmal Mitbesitzerin eines riesigen Bauernhofes. Dass Berlin nicht von den Voralpen umgeben ist, nun ja, das hatte ich ja schon gewusst – und auch, dass ich sicher einige Kompromisse würde schließen müssen, wenn ich den Anspruch an die Regionalität ernstnähme. Besonders die sandigen Böden Brandenburgs ließen ein mulmiges Gefühl bei mir aufkommen. Aber: Es gab hier schon immer Bauern, und man nimmt dann halt das, was vorhanden ist. Das heißt regional. Und einfach kann ja jeder.

Unsere Ländereien sind fast 800 Hektar groß. Anfangs hatten wir fast 600 Milchkühe und Aberdeen-Angus-Fleischrinder, Schweine, Angler Sattelschweine und eine andere gemixte Schweinerasse, einen Esel, ein Pony, bald auch ein paar Hühner, die ich angeschafft hatte und die in allen Farben ihre Eier legten. Im Gutshaus gab es Urlaub auf dem Bauernhof. Und ein nettes, geräumiges Zimmer, in das ich – schwupps! – sofort einzog.

Nun pendelte ich zwischen Berlin und der Uckermark. Alles war aufregend, denn alles war neu: die Menschen, die Umgebung, die Landwirtschaft. Die Uckermärker Landschaft mochte ich sofort. Obwohl nicht voralpengleich, hügelt und rollt sie so dahin, ein bisschen wie im Burgenland und in Niederösterreich. Das Allerbeste ist aber: In der Uckermark gibt es noch Sandwege, Schleichwege an Feldern entlang, wo einem keiner entgegenkommt und man mindestens tausend Wildkräutersorten und zahllose Vogelarten entdecken kann. Selbst in großen Feldern stehen manchmal verlotterte Inseln wilder Natur, weil sich in der Mitte Sumpf oder eine Endzeitmoräne befindet. Drum herum wuchert Schilf, wachsen kleine Bäume und Büsche, in denen Kraniche und Reiher brüten. Auf den Dächern der alten Bauernhäuser und Strommasten nisten im Frühjahr Störche. Danke, DDR, dass du nicht das Geld hattest, diese ganze Schönheit plattzumachen! Manche Inseln sind fast nur aus Sand. Dort wachsen Blumen, die ich nur aus meiner Kindheit kenne und für die ich deswegen keine Namen habe. Wie bei einem Nachbarn, den man jeden Tag sieht, dem man zunickt, aber nicht mit Namen ansprechen kann.

Die Uckermark hat fast kontinentales Klima. Das heißt, die Sommer sind heiß und sonnig und die Winter recht kalt. Ab und zu windet es ganz schön, so dass man denkt, man ist in Sibirien, aber das Durchpusten ist ja auch ein Reinigungsakt. Dann gibt es wieder windstille Tage. Meine Uckermark hat etwas Liebliches und Wildes zugleich. Die Bäume sind meist Laubbäume, das macht die Gegend freundlicher, doch die vielen wilden, unbearbeiteten Ecken und die Kombination von Wald und Wiesen und Feldern macht sie zu einem Erinnerungsort meiner Kindheit. Deswegen bin ich als Wienerin mit der Bergsehnsucht dann doch dem Charme der Uckermark gänzlich erlegen. Die Menschen hier sind lustig und offen und hilfsbereit. Zumindest der Großteil. Kein Düster-Ostdeutschland und ewig sturer Konservatismus, Vorurteile, die es wie überall gegen die Provinz gibt.

Also gut, es muss jetzt raus: Der Hof liegt nicht in einer idyllischen Sackgasse, umgeben von Wildhecken aus Weißdorn und Sanddorn, sondern an einer Schnellstraße. Die Gebäude des alten Guts sind beeindruckend … und renovierungsbedürftig. Einst hatten hier die Ritter von Kerkow gewohnt, die als sehr brutal und aggressiv galten. Sie tranken wohl viel und spielten ganz gerne Karten, was ihnen schließlich zum Verhängnis wurde. Sie verloren das Gut an die Lynar-Redern-Grafen, die über die nächsten Jahrhunderte Eigentümer des Hofs waren. Im Besitz der preußischen Adelsfamilie Lynar-Redern machte sich das Gut im 18. Jahrhundert einen Namen als renommierter Zuchtbetrieb von Merinoschafen. Bis der letzte Erbe im Ersten Weltkrieg fiel und man es verpachtete.

Als der Hof nach dem Zweiten Weltkrieg mit dem Einzug des Sozialismus in der DDR enteignet und als volkseigenes Gut weitergeführt wurde, blühte die Schafzucht sogar noch weiter auf. Mit der politischen Wende kam auch die Wende auf dem Hof: 1993 übernahmen Johannes Niedeggen und Partner das Gut inklusive Schafen und Rindern. Der damals noch geringe Kuhbestand wurde erweitert, und die Zucht von Milchvieh rückte mehr in den Fokus. Es etablierte sich ein Hofladen, und eine Gaststätte wurde eröffnet. In diese Zeit fällt auch der Bau einer Biogasanlage, die den Hof mit Energie und Wärme versorgt. Vor allem aber wurden vor einigen Jahren die ersten Weichen in Richtung ökologische Landwirtschaft gestellt. Auf dieser Entwicklung wollten wir neuen Käufer nun aufbauen und die Tradition der Viehzucht und Fleischverarbeitung weiterführen, wobei nachhaltiges Wirtschaften, der Erhalt von alten Rassen und die hohe Qualität von gesundem Fleisch im Mittelpunkt stehen sollten.

Tja, da war ich nun, wahrlich nicht in einem Häuschen mit kleinem Gemüsegarten davor, sondern in einem Gutshaus mit vielen Nebengelassen und richtig großer Landwirtschaft. Da unser Vorgänger bei einem Unfall ums Leben gekommen war, wirkte der Gutshof zum Zeitpunkt des Kaufs etwas desolat und führungslos. Mich packte sofort der Ehrgeiz, alles noch besser zu machen als andere bisher in der sonst üblichen konventionellen industriellen Landwirtschaft. Ich hatte so meine Ideen und Vorstellungen … Na gut. Ein frommer, verständlicher

Wunsch. Jeder weiß, wie das ist: Wenn man vorher wüsste, was später Sache ist. Aber das ist ein anderes Buch …

Zusammen mit meinen Partnern hatte ich eine große, aufregende neue Aufgabe, die mich nachts kaum schlafen ließ. Morgens wurde ich vom Muhen der Kühe und von Maschinengeräuschen geweckt. Das allein war gewöhnungsbedürftig. Denn unsere Bauern fingen schon im Dunkeln an zu arbeiten. Ab und an sandte ich ein kleines Stoßgebet gen Himmel, dass nicht ich diejenige bin, die jetzt melken, den Stall säubern und auf den Treckern sitzen musste, sondern noch im Bett liegen konnte. Früh aufstehen ist nämlich nicht so ganz meine Sache. Doch oft wird man schon von den Fliegen – es gab gefühlt eine Million Fliegen, in jeder Größe und Form – und überhaupt von all den Geräuschen geweckt, die ein Bauernhof so macht. Vieles musste ich schnell lernen zu ertragen und zu verarbeiten. Eine Landwirtschaft ist kein Hollywoodschinken mit stetem Sonnenschein und grinsenden und sprechenden Schweinchen: Kühe, die ihre Kälber verstießen, und Schweine, die ihre neugeborenen Ferkel zerdrückten, sind da nur ein Beispiel.

So vieles gehört ja zur Landwirtschaft. Menschen, Tiere, Äcker, Wiesen, Technik, Vermarktung, Verpackung, Kommunikation und, und … Wir brachten nicht nur die Technik auf den neuesten Stand, sondern auch den Hof-Bioladen und die Fleischerei. Wir führten wieder die Warmschlachtung ein, verbesserten das Viehfutter und führten die siebenjährige Fruchtfolge auf den Feldern ein. Der Tierbestand wurde reduziert. Am Ende, zu meiner Trauer, wurden die Milchkühe abgeschafft. Es waren einfach zu viele Baustellen. Der Tag hätte sechsunddreißig Stunden haben sollen. Doch bei aller Mühsal: Das Leben war unglaublich aufregend – und schön!

Eines Tages bekam ich wieder einmal Post von Norbert. Er fragte mich, ob ich nicht wieder einmal Lust hätte, ein paar Tage zu ihm zu kommen. Ich sagte aus einem Impuls heraus

Bienen bei der »Fischermühle« im Schwarzwald

sofort zu. Ein bisschen Abstand von dem neuen Hof und von meiner Arbeit in Berlin, mal eine andere Umgebung, das konnte ich jetzt gut gebrauchen.

Wieder war es eine gute Zeit in der »Fischermühle«. Wie schon beim letzten Mal schwelgte ich darin, wie viel Spaß es mir macht, mit Norbert an den Bienen zu arbeiten und sie zu beobachten. Ich glaube, die Bienen merken sehr wohl, wenn man interessiert an ihnen ist, gute Laune und Zeit hat. »Gehe niemals in schlechter Laune oder gestresst zu den Bienen – das könnte sich schmerzhaft rächen«, sagt Norbert und mit ihm so mancher andere Imker. »Die mögen das nicht. Sie zeigen das auch, indem sie sofort deine schlechte Laune widerspiegeln.«

Also war ich immer bemüht, entspannt, mit reichlich Zeit und in guter Laune zu den Bienen zu gehen, um sie zu würdigen und sie nicht zu provozieren. Ich nahm auch kein Handy mit. Denn das mögen die Bienen so gar nicht. Da haben die Bienen und ich etwas gemeinsam: Wir kommunizieren beide lieber Aug in Aug statt in hundertvierzig Zeichen.

Das Wetter war sonnig und windstill. Wir schauten einen Bienenstand durch, erweiterten den Brutraum mit Leerrähmchen und entnahmen gefüllte Honigwaben. Norbert war gerade beim Herausnehmen einer prall mit Honig gefüllten Wabe, blickte mich von der Seite an und sagte: »Und – willst du dir nicht doch endlich ein paar Völker zulegen? Du bist doch jetzt auf dem Land …«

Ich nahm das Rähmchen, aus dem der Honig tropfte, und schaute ihn an. Er hatte recht. Schlagartig war sie da, die konkrete Idee und Möglichkeit. Natürlich. Gut Kerkow. Ich hatte Platz für Völker, und wenn ich nun so oft draußen war, konnte ich mich doch auch um sie kümmern. Hatte ich das nicht schon lang gewollt? Gerade der leise, uneingestandene Frust, bei den Kühen und Schweinen nur Zaungast zu sein, machte das Imkern für mich noch attraktiver. Ich könnte meine eigenen Tiere halten auf dem Bauernhof und wäre allein für sie verantwortlich. Das wäre mein Beitrag zum gelungenen ökologischen Kreislauf. Vor allem aber: Bienen sind ja äußerst nützlich! Und der Honig!! – Doch sofort befielen mich wieder Zweifel. »Eigene Völker … Ich glaub, ich kann das (noch) nicht …«

»Du weißt nun schon so viel, Sarah«, wischte Norbert meine Bedenken einfach beiseite. »Probier es doch einfach aus! Und wenn du Probleme hast oder Fragen, sieh mich als Joker in der Hinterhand. Ich werde dir zur Seite stehen. Ab und zu komme ich dich auch besuchen.«

Dieses starke, vorurteilsfreie Vertrauen in meine Fähigkeit als Jungimkerin hat schließlich den Ausschlag gegeben. Die Entscheidung war unverrückbar. Ich würde nun in der Uckermark zu imkern versuchen. Weil es in meinem unbescheidenen Wesen nicht liegt, mich nur mit einem Volk zu begnügen und dieses dann langsam zu mehreren auszubauen, bestellte ich kurz darauf gleich sieben Völker – sieben neue Individuen, für die ich künftig verantwortlich sein würde. Im nächsten Frühling sollten sie in ihre neue Heimat ziehen. Ich hatte vor Aufregung kleine Schaukeln in meinem Bauch, die hin und her wippten.

Bis die neuen Bewohner ankamen, wollte ich noch viele Dinge tun: die Stände für die Einraumbeuten bauen, in die sie einziehen sollten, das ganze Imkerzeug besorgen – Stoßmeißel, Besen, Smoker, Honigschleuder, diverse Kübel und Siebe, Wachstücher, Nägelchen, Mäusegitter, Spachtel, Bienenkarten, Honiggläser, Zange und Hammer, eine Wasserwaage und Sensen, um den Platz vor den Beuten kurz zu halten. Ein bisschen bang war mir schon vor der Verantwortung und vor der Arbeit! Aber dann dachte ich an Norberts Worte: »Je wesensgemäßer du imkerst, desto weniger Arbeit hast du. Ist es nicht so«, hatte er noch ergänzt: »Wenn du deinen Garten immerzu beschneidest und Unkraut ausrupfst und ihn in eine bestimmte Form pressen willst, hast du mehr Arbeit, als wenn du zum Großteil einfach der Natur freien Lauf gibst. Natur muss man aushalten können. So ähnlich ist das mit den Bienen auch.«

Da wusste ich: Vielleicht würde ich doch eine gute Imkerin werden. Denn so wenig wie möglich an den Bienen herumzudoktern oder sie zu beeinflussen, das liegt mir sehr. Vielleicht würde ich ja nun endlich eine Antwort auf das bekommen, was seit dem Seminar in der »Fischermühle« in meinen Kopf herumspukte: Was wir von der Biene wollen, ist relativ klar: Honig. Aber will die Biene nicht einfach nur Biene sein dürfen?

Weihnachten im Frühling. Meine ersten Völker

Als ich endlich beschlossen hatte, eigene Bienenvölker anzuschaffen, wollte ich nur die – in meinen Augen – allerbesten Bienenvölker, die ich bekommen konnte: nämlich aus der wesensgerechten Haltung von Mellifera e. V., Bienenvölker von Norbert und der »Fischermühle«. Ich hatte auch den Eindruck, dass ich die Bienen ja schon kannte, wie den Hund vom Nachbarn, den man auf der Straße schon öfters gestreichelt hat.

Es gibt verschiedene Arten, an Bienenvölker zu kommen und sie zu transportieren. Bienenhandel gibt es auch per Internet. Man kann sich sogar eine Königin dazu aussuchen, die einen bestimmten Familienstammbaum hat. Bienen und Königin werden dann separat verschickt. Ich wollte auf keinen Fall Bienenvölker haben, deren Aufzucht und Transport sich eventuell traumatisch in die DNA der Königin und des Volkes eingeschrieben hat. Ich brauchte auch keine Völker, die für den Kommerz und Honigertrag gezüchtet werden und die ihre wesensmäßigen Bedürfnisse – wie in der sonstigen Massentierhaltung auch – nicht ausleben konnten. Ein bisschen wie Blumen im Baumarkt, die einen dauern. Ich wollte Bienen haben, von denen ich weiß, woher sie kommen, und mit denen ich mich innerlich verbinden kann.

Es sollten sowohl Jungvölker als auch Wirtschaftsvölker sein. Ein Jungvolk ist ein aus einem Ableger neu gebildetes, frisch geschwärmtes Bienenvolk im ersten Jahr seines Bestehens. Bei der Ablegerbildung kann der Imker Waben mit der alten Königin herausnehmen. Er kann aber auch Waben mit Weiselzellen entnehmen, aus denen bald eine Königin schlüpft. In beiden Fällen werden ältere, fertig gebaute Waben aus dem Bienenvolk mitgenommen, und das Volk fängt nicht mit einem kompletten Neustart an.

Meine Jungvölker wollte ich in eine fast leere Beute setzen, damit sie sich ihre Waben selber bauen konnten.

Die Wirtschaftsvölker (ein Volk, das seit einem Jahr nicht geschwärmt hat) sollten mitsamt ihrem ganzen Hofstaat – vom Baby mit Amme bis zur ältesten Großmutter-Biene – und allen Waben, das heißt den (mit Wachs) ausgebauten Rähmchen sowie den Honigvorräten eins zu eins in meine Einraumbeuten umgehängt werden, die bald mit der Post ankommen sollten.

Der Vorteil von Wirtschafts- oder Ertragsvölkern ist, dass sie viel Honig produzieren, da sie um ihre alte Königin herum ein eingespieltes, erprobtes Team sind und schon fertig ausgebaute Waben haben. Sie können ihre Energie in den Honigertrag stecken, weswegen man schon gleich im Frühjahr den ersten Honig ernten kann. Der Nachteil ist, dass bei einem Umzug an einen neuen Standort bei einem anderen Imker zum Beispiel mit den ganzen Wabenzellen eventuell auch Parasiten und Varroamilben und Krankheiten mitziehen, die sich vielleicht auch schon in den Waben oder im Wachs abgesetzt haben. Außerdem gibt es noch einen kleinen Nachteil für die Imkerin: Diese Völker sind sehr schwer. So ein volles Bienenvolk mit Honig und Bienen in einer robusten Holzbeute, das kann schon mal achtzig Kilo wiegen. Dass Bienen viel Stress haben auf so einer langen Reise, wird jedem einleuchten. Das Volk sollte sorgsam behandelt werden, und wichtig ist, dass es unterwegs genug Sauerstoff und gekühlte Luft hat. Sonst kann es ersticken oder durch Überhitzung sterben. Deswegen hat Norbert den oberen Zinkdeckel abgenommen und stattdessen ein feinmaschiges Gitter befestigt, damit die Bienen zwar Luft haben, aber nicht fortfliegen können.

Der Vorteil von einem jungen Volk ist, dass es noch keine Geschichte hat und willig ist, jetzt als neues Volk loszulegen, und eine junge, kräftige, potente frische Königin hat. Der Nachteil ist, dass dieses Volk im ersten Jahr keinen Honig zur Entnahme haben wird, wenn man es Naturwabenbau machen lässt, da es ja erst mal um sein eigenes Nest und Überleben kämpfen muss. Normalerweise werden in der wirtschaftlich ausgerichteten Imkerei künstlich hergestellte Wabenmittelwände aus Wachs eingesetzt. Bienen bauen von Natur aus ihre Waben aber völlig anders. Diese wachsen organisch wie der Knochen eines Körpers mit dem wachsenden Bienenvolk. Dies wird durch die völlig einheitliche Mittelwand unterbunden.

Man muss aufpassen, ob die Bienen dieser Jungvölker es überhaupt schaffen, genug Honig herzustellen oder einzutragen, wie es in der Imkersprache heißt. Sonst muss man ihnen mit anderen Honiggaben oder, wie in der Berufsimkerei, mit Zuckerwasser über den ersten Herbst und Winter helfen.

Zuerst einmal musste ich jedoch kleine und hohe Bienenunterstände bauen lassen, um die neuen Uckermärker aufzunehmen. Nach vielen Arbeitsstunden war es endlich so weit. Die neuen Bienenunterstände und Einraumbeuten warteten nur noch darauf, bemalt zu werden, was ich später mit einigen Freundinnen machte.

Norbert kam mit den Bienen an einem der ersten warmen Frühlingstage im April. Mit seinem Anhänger war er von Baden-Württemberg aus in die Uckermark gestartet und die ganze Nacht durchgefahren, nicht allzu schnell und sehr vorsichtig. So hatten die Bienen weniger Stress. An den Autofenstern und auf den Sitzen hatte es leise gesummt, denn einige Bienen waren aus ihren Behältern entkommen und als blinde Passagiere mitgereist.

In der Nacht vor seiner Ankunft konnte ich vor Aufregung nicht einschlafen. Hatte ich alles richtig gemacht mit dem Bau der Hochstände und der Wahl der am besten geeigneten Stellplätze? Am frühen Morgen schon lief ich auf meinem Hof auf und ab. Es war ein bisschen wie Weihnachten, wo man noch nicht weiß, was für Verführungen im verschlossenen Wohnzimmer auf einen warten, aber man weiß immerhin: Sie werden einem sicher große Freude bereiten.

Endlich kam der ersehnte Anruf, dass Norbert sich auf der Zielgeraden befindet. Fünf Minuten später rollte sein offener Transporter auf den Hof. Die ganze Ladefläche war voll mit meinen Bienenvölkern, vier Jungvölkern und drei Wirtschaftsvölkern. Wenn man in die Nähe kam, summte alles aufgeregt. Vermutlich waren sie genauso aufgeregt wie ich. Als Norbert die Autotür öffnete, flogen mir die blinden Passagiere entgegen, die sich schleunigst vom Hof machten. Nun musste es schnell gehen, denn wir wollten die Bienen nicht weiterem Stress aussetzen und beide Seiten schonen: uns und die Bienen. Außerdem hatten wir noch viel vor. Meine Völker sollten ja so schnell wie möglich eine neue Heimat finden.

Es war keine leichte Entscheidung gewesen, die infrage kommenden Standorte einzugrenzen. Norbert, der deswegen zwei Monate vorher schon einmal in Kerkow gewesen war, hatte mir dabei geholfen. Wir sind über alle umliegenden Felder, Wiesen und an Waldrändern entlang gegangen und haben überlegt, wo es den Bienen gut gehen könnte. Ein wesentliches Kriterium war: Wie erreicht man die Bienen, wenn man zu ihnen hinfährt? Wenn man alleine spazieren geht, sind hundert Meter nichts. Aber wenn man eine Beute mit sich trägt, Rähmchen, den Smoker, Smoker-Material, einen Schleier, Stockmeißel und Besen und vielleicht noch einen Werkzeugkoffer und eine

Sense, dann sind hundert Meter sehr, sehr viel und sehr, sehr weit. Trotzdem habe ich erst mal gesagt, drei- bis vierhundert Meter weg von der Straße: kein Problem. Ich musste erst mit diesen Entfernungen und mit bestimmten Bienenplätzen meine Erfahrungen machen. Als ich dann die Hochstände aufbaute, war mir klar, dass ich Beuten in so großer Höhe nur in größter Not würde umsetzen können, weil ich einfach nicht in der Lage sein würde, sie allein hoch- und runterzuschleppen. Schon zu zweit würde ich über die steilen Treppen ächzen.

Das wichtigste Kriterium für den Standort der Beuten aber war: Welche Umgebung, welche Fauna und Flora wollte und konnte ich meinen Bienen nun gönnen? Was sollte dort wachsen? Ein großer Kummer, den Imker und gerade Bio-Imker haben, ist, dass man nicht beeinflussen kann, auf welche Art von Pollen, Nektar und Honigtau Bienen fliegen und ob es denn überhaupt genügend Tracht, besonders ungespritzte, ohne Pestizide, in der Umgebung gibt. Ich kann den Bienen nicht verbieten, in den gespritzten Raps zu fliegen oder in die gespritzten Obstplantagen und ihnen auch nicht verständlich machen, dass hier nebenan so eine tolle Öko-Streuobstwiese ist, die doch viel leckerer schmeckt, wenn die Bienen das anders sehen. Bienen können Blüten und Blütchen entdecken, für die ich erst ein Auge habe, seit ich sehe, wie sie darauf fliegen, und ich so viel achtsamer in die Wiese schaue. Ich gehe in meiner sogenannten Beikraut-Wiese – das Wort Unkraut gibt es selten in meinem Wortschatz – spazieren und entdecke Blütchen, die ich mein Lebtag noch nicht gesehen habe, die vielleicht nur eineinhalb Millimeter groß sind, weiße Sternchen, gelbe Rosetten, blaue Miniglöckchen, rot-weiße Mini-Miniblütenköpfe, die ausschauen wie aufrechtstehende Maulbeeren. Ich freue mich über jeden Senf, der blüht, und jede Kamille, jeden Schachtelhalm, über Gräser, über Löwenzahn und über Gänseblümchen und über all die anderen Blüten, von denen ich nicht mal weiß, wie sie heißen. Durch die Bienen habe ich gelernt, genauer hinzusehen. Nicht die äußeren prachtvollen Kelchblätter zählen, die von weitem strahlen. Es ist das Unscheinbare, das Kleine, Winzige mitten in oder auf dem Stempel oder der Blüte, das Leben erhält und (weiter-)gibt.

Doch nicht nur die mögliche Nahrung, die überlebenswichtig ist, wollte ich im Blick haben, auch was sonst noch so alles fleucht und kreucht. Seit ich mich mit Bienen beschäftige, nehme ich so vieles zum ersten Mal wahr: Wildbienen wie die dicken, pelzigen Hummeln, Hornissen, große wie kleine, gelbe wie braune, die einen mit ihren übergroßen Glupschaugen anstarren; Schmetterlinge und Falter, die vorbeiflattern und sich auch sehr gerne am Nektar bedienen; kleine Spinnen, die wichtig in der Nahrungskette sind und von denen ich hoffe, dass sie meine Mücken fressen; winzig rote Käfer, deren Mahlzeit tote Bienen sind; und hoch oben über allem die Bussarde oder Roten Milane, Rauchschwalben und Mehlschwalben, Kraniche und Störche, Schreiadler und Seeadler. Es ist eine sogenannte Food Chain, eine Fresskette, bei der der eine dem anderen sein Mahl bereitet und oft genug selbst zum Mahl wird. Die Bienen brauchen zudem Wasser, zum Kühlen und zum Trinken. Auch dies sollte in der Nähe sein. Die Sonnenrichtung spielt ebenfalls eine große Rolle. Am besten fliegen die Bienen gen Osten hinaus und profitieren von den ersten Sonnenstrahlen. Es war pure Freude gewesen, zusammen mit Norbert durch die Wiesen und Felder zu stapfen und bei der Suche der Standorte all das im Blick zu haben und zu diskutieren.

Und nun waren sie da, meine Völker, und sollten an ihre Plätze. Für drei hatte ich Hochstände bauen lassen, die unsere Bauern vom Gut Kerkow mit Traktoren an ihre Plätze gebracht hatten. Wir haben am Hof zum Glück passende Fahrzeuge hierfür. Denn so ein Hochstand ist drei Meter hoch und hat eine Plattform von einigen Quadratmetern. Zuvor hatte ich noch den Erdboden darunter plan machen müssen. Bienen bauen Waben immer senkrecht, also genau im Lot. Wenn ein Bienenstand schief steht und die Beute deswegen auch, bauen die Bienen schiefe Waben. Dann kann es passieren, dass man sie gar nicht mehr herausbekommt, weil es drin wie Kraut und Rüben aussieht. Die Waben verheddern und verhaken sich, und es ist äußerst mühsam, an ihnen zu arbeiten. Da aber Erde naturgemäß nachgibt, musste ich dann zum Teil Betonplatten heranschaffen, damit die doch recht hohen Hochstände im Lot stehen und nicht einseitig einknicken. Zuerst war wildwucherndes Gestrüpp wegzuhacken und der Boden möglichst plan zu machen. Das alles war harte Arbeit!

Danach brachten wir zwei der Wirtschaftsvölker zu ihren neuen Plätzen. Das Volk, das ich *Ataraxia* genannt habe, stellten wir an einem Platz zwischen Feld und Waldrand auf, der fünfhundert Meter von jedweder Autostraße entfernt war. Nachdem wir sie jedoch mit dem Trecker dort hingefahren und aufgebaut hatten, sah ich, dass nach kaum fünf Minuten riesige Ameisen anfingen, am Hochstand hochzukriechen und ich mich zahlreicher Bisse erwehren musste. Das war also kein guter Platz für mich und die Bienen. An sich sind Ameisen zwar nützlich in der Nähe von Beuten, da sie die Leichen wegschaffen. Allerdings können große, hügelbauende Arten den Bienen gelegentlich gefährlich werden, wenn sie in ihre Völker eindringen und Honig und auch Brut rauben. Dies geschieht vor allem mit Völkern, deren Flugloch wenig bewacht wird oder wenn das Volk eh schon schwächelt. Das wollte ich zum Anfang nicht riskieren.

Wir packten also alles wieder ein und suchten nach einem anderen Standort. In der Nähe von zahlreichen biologisch bewirtschafteten Fischteichen fanden wir einen geeigneten Platz. Dort führt eine kleine Sandstraße für Landwirte und Fischer vorbei, die sonst nicht befahren werden darf. Im Nachhinein muss ich sagen, »zum Glück« haben wir *Ataraxia* umgesetzt, denn ich hätte mich immer Hunderte Meter durch ein natürliches Dickicht durchkämpfen müssen, um nach den Bienen zu schauen. Das wäre auf die Dauer doch sehr anstrengend gewesen.

Ataraxia habe ich dieses Volk genannt, weil es auf Griechisch Unerschütterlichkeit bedeutet und für emotionale Gelassenheit und Seelenruhe steht. Nun, genau das erhoffte ich mir für diese Bienen. Ich gab allen meinen Völkern Namen, um sie von Anfang an als Persönlichkeiten zu betrachten. Ein paar Namen durften Freunde von mir aussuchen. *Ataraxia* war allerdings meine Idee.

Einige Monate später musste ich den Hochstand von *Ataraxia* nochmals umsetzen. Ich hatte nämlich kurz nach dem Aufstellen entdeckt, dass ungefähr hundert Meter weiter ein großer Bienenwagen mit vierzig Völkern stand. Ich wollte diesen Bienen und besonders meinem Volk keine Konkurrenz machen. Da passte es gerade, dass Freunde, die einige Kilometer von Kerkow entfernt wohnten, in Mürow, einem kleinen Dorf, in einem großen alten denkmalgeschützten Haus nahe eines wunderbaren, halbverwilderten Lennéparks, auch gern ein Bienenvolk haben wollten – zum Beobachten, zum Freuen und als guten Geist. Das Haus und der Park liegen an einem kleinen Weiher, der über und über mit Wasserlinsen bedeckt ist. Schräg vis à vis auf einem alten Speicher nisten Störche, und direkt vor dem Wohngebäude stehen drei mächtige, große, ausgewachsene Kastanienbäume. Unter denen wird einmal im Jahr ein Dorffest veranstaltet, eine Bühne aufgebaut, getanzt und getrunken und gefeiert. Meine Bienen dürfen dann im Hintergrund mitfeiern. Der Preis der schönen Umgebung war allerdings, dass *Ataraxia* vom Hochstand auf einen kleinen Unterstand kam. Dieser ist nun nur noch fünfzig Zentimeter hoch.

Mein Jungvolk *Izeta* auf seinem Hochstand

Athos, auch ein Wirtschaftsvolk, brachten wir ein bisschen versteckt zum sogenannten Kranichbruch zwischen dem Waldrand mit vielen Kiefern und einigen Laubbäumen und unserer Aberdeen-Rinderherde, die schwarz, glänzend und majestätisch das ganze Jahr über auf der Weide lebt. Diesen Namen hatte Norbert Poeplau für sein Patenvolk ausgesucht. Ich dachte, wenn Norbert ein Bienenpatenkind in der Uckermark hat, dann besucht er es (und deswegen auch mich) öfters. So ist es dann auch gekommen. Der Name stammt von der nordgriechischen Mönchsrepublik auf dem Berg Athos, zu der Frauen keinen Zutritt haben … (Na ja, indirekt haben also meine Athosianer den Spieß umgedreht.)

Mein allerbester Hochstand ist der für das Jungvolk *Izeta*. Er befindet sich an einem unserer Biofelder, wo jedes Jahr etwas anderes angebaut wird und auf die ein Sandweg mit Sal-

Marta, eines meiner Lieblingsvölker

weiden und Haselnüssen am Rand führt. Der Stand, den ich grün mit weißen Gitterlinien angemalt habe, steht auch genau zwischen einer großen Linde und einer alten Akazie; alles, was Bienen lieben. Die Fischteiche sind noch nah genug, um Wasser zu holen, und auf der anderen Seite des Feldes fängt der Wald an. An den Unterstand hängte ich ein gelbes, handbemaltes Schild: »Vorsicht Bienen«.

Marta, auch ein Jungvolk, stellte ich unter einen Kirschbaum auf eine Streuobstwiese, an einen Abhang unserer Felder, zu der ich immer hundert Meter hinauf- und hinabsteigen musste. Trotzdem kann man, wie ich finde, als Biene kaum schöner leben. Es gibt keinen Straßenlärm, keine Spaziergänger, die eventuell ihre Ruhe stören, und eine weite Sicht über den Hang hinab über die Wälder oder zu wilden Büschen und verwilderten Pflaumenbäumen.

Selawie auf seinem Hochstand

Da der Standort Blumberger Mühle vom NABU an der einen Seite unserer Felder unser unmittelbarer Nachbar ist und ähnliche ökologische Ziele und Werte vertritt, wie ich es tue, war es keine lange Überlegung, als ich gefragt wurde, ob ich nicht einen Bienenstock auf ihren Streuobstwiesen aufstellen möchte. Dort hat nun das Jungvolk *Selawie* seinen Platz auf einem Hochstand gefunden. Der Hochstand, den man von der Straße aus sehen kann und in dessen Nähe es viele Wasservögel gibt, erfreut hoffentlich nicht nur *Selawie*, sondern auch die Fußgänger.

Versteckt an einer Kastanienallee neben einem kleinen Friedhof, ein Dorf von Kerkow entfernt, am Ende einer Landstraße, die sich dort in zwei Richtungen teilt, sollte das Jungvolk *Toffie* seinen Platz finden. Unser am weitesten entferntes, circa sechzig Hektar großes Feld, auf dem wir abwechselnd Getreide und Kleegras anbauen, hügelt sich dort in mehreren kleinen aufstrebenden Wellen durch die Landschaft. Am hintersten Rand des Feldes stößt man auf einen kleinen wilden, mit Schilf zugewachsenen See, wo Hirsche zur Brunftzeit miteinander kämpfen und sich im September Hunderte Kraniche – oft unbemerkt von Spaziergängern – zum Abflug sammeln. Nachdem wir ein Stück Land seitlich des Feldes mit Sense und Spitzhacke freigeschlagen hatten, richteten wir mit der Wasserwaage einen weiteren fünfzig Zentimeter hohen Bienenstand ins Lot. Da es auf der einen Seite des Feldes eine kleine Erderhebung gab, steht *Toffie* ungefähr anderthalb Meter höher als das umgebende Feld. Nach den Vorbereitungen konnte *Toffie* endlich in seine neue Behausung einziehen.

Das nach einem Indianerstamm benannte Wirtschaftsvolk *Oglala*, was Großzügigkeit bedeutet, brachten wir als Letztes an seinen Platz: direkt auf meiner Terrasse am Gutshof, die man vom Wohnzimmer aus betreten kann, und zwar genau vor drei riesigen Linden, damit es mir sehr nahe ist und ich in Bezug auf Arbeiten, die anstehen, von diesem Bienenvolk auf alle anderen schließen könnte. Für die *Oglalas* hatte ich einen Stand, der nur fünfzig Zentimeter hoch ist, bauen lassen.

Mein *Oglala*-Volk, das sich auf dem Gutshof befand und das ich viel intensiver beobachten konnte als die anderen Völker, wuchs mir schnell ans Herz. Deshalb nahm ich es ein paar Jahre später mit auf das Grundstück meines neu gebauten eigenen Hauses. Dort steht es heute zehn Meter von meinem Wohnzimmerfenster entfernt, von wo aus ich die Bienen jederzeit anschauen kann. Öfters am Tag schlendere ich hin und sage ihnen guten Tag und beobachte sie ein paar Minuten.

Während wir die Wirtschaftsvölker in den schweren Beuten voller Waben, Honig und Bienen einfach auf ihre neuen Heimatplätze umhängten, war das bei den Jungvölkern, die noch nicht so zahlreich waren und ihre Waben erst noch bauen mussten, natürlich anders. Die ließen wir einlaufen, so wie ich das ja auf meinem Seminar in der »Fischermühle« gelernt hatte.

Das Einlaufen meiner jungen *Marta*-Bienen ist für mich unvergesslich. Wer jemals seinen ersten Schwarm in eine neue Beute hat einziehen lassen, wird das sein Lebtag in Erinnerung behalten. Es gibt zwei Methoden: Man kann ein Volk durch die Vordertür einlaufen lassen, also durch das Abflugloch, oder man kann einfach das ganze Volk nehmen, den Schwarmkasten, in dem sich Bienen befinden, umdrehen und oben durch das Dach mit einem kräftigen Ruck hineinschlagen. Aber wer will schon sein neues Refugium durch das Dach betreten und auf den Boden purzeln? Viel schöner und auch viel spannender und faszinierender ist es, zuzuschauen, wenn man den Bienen als Entrée zu ihrem neuen Haus sozusagen den roten Teppich ausrollt.

Das macht man, indem man zum Eingang hin ein festes Tuch oder ein Brett benutzt, jedenfalls etwas, das aufwärts in diese Beute führt. Dann schlägt man das ganze Bienenvolk auf dieses Tuch und kann beobachten, wie sich eine Armada von Bienen in einem unglaublich zielgerichteten Tempo zu Fuß ins neue Gehäuse aufmacht. Denn die Bienen möchten sofort ins Dunkle flüchten. Da die Beute das Einzige in der Umgebung ist, was Dunkelheit bietet, machen sie sich schnurstracks auf in ihre neue Burg. Es ist faszinierend anzuschauen, wie Zehntausende Bienen dicht an dicht in einer einzigen großen Bewegung und Richtung in diese neue Beute marschieren, als würden sie an einem unsichtbaren Band gezogen.

Allerdings sollte man unbedingt darauf achten, dass sich die Königin in der Mitte aller Bienen befindet, also auf diesem Tuch oder dieser Treppe mitläuft. Denn wenn man ungeschickt ist und die Königin nebenbei ins Gras schlägt oder sie verletzt, dann beginnt das Volk kopflos hin und her zu rennen. Ein Teil zieht ein, ein Teil bleibt draußen und teilt sich in viele kleine Truppen, und keiner weiß so recht, was er mit sich anfangen soll. Wie in einem Konzert ist die Königin immer die Taktgeberin, die das ganze Orchester dirigiert.

Meine *Martas* marschierten allerdings nicht zielstrebig wie kleine Soldatinnen ins neue Haus, sondern sie teilten sich nach wenigen Minuten und wuselten einfach herum. Ein Teil bog falsch ab und landete im Gras, ein Teil zog in die neue Beute ein, aber ein Teil zog über den Eingang hinaus an die Seite der Beute und setzte sich dort an der Wand in einer großen Traube vibrierender Bienen ab.

Ich war sehr verwirrt und wusste nicht, was ich machen sollte. Während Norbert und ich sie so beobachteten und Bedenken hatten, dass die Königin vielleicht irgendwo im Gras herumkroch, über dem Eingang oder an der Seitenwand, wo sich auch eine Traube gebildet hatte, war uns klar, dass wir all diese Bienen wieder auf das Tuch schütten müssten, um einen zweiten Versuch zu starten.

Das war der Moment, den ich wohl nie vergessen werde in meinem Leben. Denn Norbert ermutigte mich, meine Hand so wie ein kleines Gefäß zu halten und die Bienen von unten nach oben in meine Hand abzufegen. Das habe ich auch getan. Tausende Bienen krabbelten durch meine Hände, pelzige, weiche, warme Tierchen, die mich kitzelten, und ich wusste irgendwo im Hinterkopf, dass sie mich stechen könnten. Das taten sie nicht, sondern ließen sich friedlich und gutmütig über dem Tuch abschütteln. Unfassbar, wie gutmütig und duldsam Bienen sein können! Schließlich gelang es uns, dass alle *Martas* in die neue Beute einliefen. Was uns zeigte, dass die Königin nun sicher im Stock war.

Der Umzug war für meine Bienen der erste große Schritt in ein neues Leben. Sie würden nun zu Uckermärkerinnen werden und sich in den nächsten Jahren an die regionalen Besonderheiten gewöhnen. Ich wusste nun: Ab heute habe ich Verantwortung für zigtausend Tiere übernommen.

Wie Bienen wohl am liebsten wohnen würden

Könnte man wilde Bienen fragen, wo sie am liebsten wohnen, würden sie möglicherweise antworten: »Natürlich hoch oben in den Bäumen. In einer großen Höhle, so wie wir es gewohnt sind …« Dass man wilde Bienenvölker häufiger in zwei Meter Höhe entdeckt, liegt wohl daran, dass dies in etwa der Bereich ist, in dem unsere Augen sie gewöhnlich noch erfassen. Wir suchen kaum Bäume in zehn, fünfzehn oder zwanzig Metern Höhe ab, um zu schauen, ob dort wilde Bienenvölker leben. Allein die Tatsache, dass Bienen Honig für sich und ihre Nachkommen erwirtschaften und niemals in bodennahe Nistplätze einziehen würden, wenn sie die Wahl hätten, sollte uns achtsamer mit ihnen umgehen lassen. Ich zog für mich daraus den Schluss: je höher, desto besser. Jeder Zentimeter zählt. Size matters. Je niedriger sie wohnen, desto weniger entspricht das ihrem fliegenden Wesen.

Die Honigbiene eines Imkers würde, wenn sie es sich aussuchen könnte, niemals nahe am Boden wohnen oder im Gras, nur zehn, zwanzig Zentimeter weg vom Boden. Dort herrscht ein ganz anderes Mikroklima als hoch auf den Bäumen oder auf den Dächern, wo sie von Natur aus nistet, wenn sie sich frei entfalten dürfte – idealerweise in einer Höhe zwischen drei und zwanzig Metern. Außerdem ist sie so nah am Boden Viren und Pilzen viel mehr ausgesetzt als in luftiger Höhe. Auch das Saubern der Beute, zum Beispiel von toten Kollegen und kranken

Maden, die aus der Haustür gekehrt werden, mag problematisch sein, wenn diese ganze Entsorgung nur zehn Zentimeter tiefer plumpsen kann und nicht durch den Wind in größerer Höhe verweht wird. Bei Völkern, die auf Beton stehen, ist der natürliche Verrottungs- bzw. Säuberungsprozess, den ein Stand auf dem Erdboden ermöglicht, beeinträchtigt.

Deshalb hatte ich mir überlegt, einem Teil meiner Bienen die bereits erwähnten Hochstände zu bauen: drei Meter hoch mit einer Treppe seitwärts, damit ich meine Imker-Arbeitsgeräte auf ihr rauf- und die Honigwaben runterschleppen kann. Eine Leiter ist da nicht geeignet, es muss schon eine Treppe sein, weil ich meist beide Hände voll habe. Ich wollte den Bienen ein Zuhause geben, in dem sie ein anderes Mikroklima als direkt in Bodennähe haben. Da diese Hochstände aufwendig sind und es sie nicht fertig zu kaufen gibt, ist diese Maßnahme ein ideelles Projekt, das einiges kostet und vielen als überflüssig erscheinen mag. Weil ich keine dolle Handwerkerin bin, haben noch nicht alle meine Völker Hochstände. Zudem möchte ich beobachten, ob man einen Unterschied bemerken kann zwischen Bienen, die weniger als einen halben Meter entfernt vom Boden hausen, oder solchen, die drei Meter über ihm wohnen.

Nun wissen alle Imker, dass man Bienen auch sehr gut direkt auf nacktem Beton halten kann, zig Völker dicht an dicht gepackt nebeneinander. Mit »sehr gut« meine ich, dass trotzdem schnell, einfach und gut Honig geerntet werden kann. Doch frage ich mich, ob allein das Vorhandensein von hohem Honigertrag diese Bienenhaltung rechtfertigt. Von einer solchen Bienenhaltung sterben die Bienen nicht, ich bin mir jedoch sicher, dass die zahlreichen Faktoren, die wir der Biene zumuten, der Grund sind, weshalb ihr Immunsystem auf lange Sicht immer schwächer wird. So wie wir wissen, dass nicht die Grippe an sich ein Problem für den Menschen ist, wenn er krank wird und stirbt, sondern sein geschwächtes Immunsystem. Wenn wir robust genug sind und ein gesundes Immunsystem haben, kann dieses sehr gut mit verschiedenen Krankheiten, Keimen oder Viren umgehen. So ist es auch bei den Bienen.

Ein wilder Honigbienenschwarm, das heißt ein Volk, das keinem Imker gehört und sich seinen eigenen Lebensraum sucht, würde nicht näher als circa 0,8 Quadratkilometer im Umkreis eines anderen Volkes nisten, hat Tom D. Seeley festgestellt. Doch es fehlt in vielen Gebieten an ausreichend hohlen Bäumen und Höhlen. Viele Schwärme ziehen mit Vorliebe auch dorthin, wo ein Volk schon einmal gelebt hat. Der Geruch von Wachs und Wachsmitten zieht sie dabei magisch an. Ich betreibe im Gegensatz zu zahlreichen anderen Imkern keinen Bienenstand, wo eine Beute neben der anderen steht, sondern nur Einzelaufstellungen, wobei die einzelnen Beuten möglichst weit entfernt voneinander stehen. Der geringste Abstand zwischen meinen Völkern beträgt zwei- bis dreihundert Meter und der weiteste zwei bis drei Kilometer. Obwohl ich diese Aufstellung durch Beobachten und Überlegungen für richtig empfand, hatte ich bisher nichts darüber gelesen, dass diese Art von Imkern einen Einfluss auf die Bienen hat. Deshalb war ich hocherfreut, als ich mich zwei Jahre nach meinem Hochstand- und Einzelaufstellungs-Experiment bei einer Bienentagung bestätigt sah.

Der bekannte amerikanische Neurobiologe und Bienenforscher Tom D. Seeley hat genau untersucht, wie es um die Gesundheit der Bienen und ihr Miteinander bestellt ist, wenn sie nicht direkt nebeneinander leben, sondern weiter auseinander stehen. Seeley kam zu der Erkenntnis, dass bereits vierzig Meter Abstand schon einen immensen Unterschied machen in Bezug auf den Stress und die Gesundheit der Bienen. Wenn sie dicht aneinander oder weniger als vierzig Meter voneinander entfernt sind, dann mischen sich die Völker meist sehr schnell, weil sie sich verfliegen.

Man hat festgestellt, dass am Ende eines schönen Sommertags achtzig Prozent der Bienen aus einem Stock in einer anderen Beute sein können, wenn die Stöcke sehr nah beieinander aufgestellt sind. Bei einem einzigen Flug gab es schon zwanzig Prozent Verflug in Nachbars Beute. Ein Bienenvolk ist wie ein großer Organismus, der sich intern durch Absprachen organisiert. Wir haben noch wenig verstanden, wie er in den letzten Details funktioniert und warum er so funktioniert, aber einiges wissen wir schon. Zum Beispiel, dass es Wächter an der Tür gibt, die fremde Bienen abwehren (es sei denn, sie bringen Honig mit). Man kann sich also vorstellen, was es für diesen ganzen Organismus an Stress bedeutet, wenn er von fremden Bienen geradezu »überrollt« wird. Die wenigen Wächter am Flugloch haben gar keine Chance, diese Masse an fremden Bienen abzuwehren. Dieses Volk muss sich dann quasi über Nacht jedes Mal neu zusammenfinden und definieren, bis es am nächsten Tag wieder losgeht mit der Aufregung …

Der Preis für meine Einzelaufstellung und meine Bienen-Hochstände ist, dass es viel Zeit braucht und viel Arbeit ist, diese Bienen zu betreuen (und dass es natürlich auch eine materielle Investition bedeutet). Ich gehe nicht an einen Platz und mache eine Beute nach der anderen auf und schaue, was los ist, und bin in dreißig Minuten durch alle Völker durch. Ich muss herumfahren und viel gehen, da meine Beuten nicht direkt an der Straße stehen. Ich muss zugeben, das ist oft mühsam. Wenn es heiß ist, richtig anstrengend, und ich hätte es dann gern schön einfach.

Andere Dinge sind wieder einfacher – zum Beispiel, dass ich die Beuten nicht immer wieder woanders hinstellen muss, wie es zum Beispiel bei der Wander-Imkerschaft gemacht wird. Ich muss meine Völker auch nicht jede Woche kontrollieren, ob sie vielleicht schwärmen wollen oder neue Honigräume aufsetzen, in denen nur Honig gelagert wird und zu denen Königinnen keinen Zutritt haben. Ich könnte gar nicht – wie bei der üblichen Imkerei – so schwere Bienenbeuten diese steilen Treppen meiner Hochstände rauf- und runterschleppen.

So ein voller Bienenstock wiegt bis zu hundert Kilogramm. Aber: Ich will ja gar nicht, dass meine Bienen auf Wanderschaft gehen. Sie würden das freiwillig nicht tun: herumziehen. Meine Bienen sollen dort sesshaft sein, wo sie sich ernähren und überleben können.

Die Kunst des Zeidelns

Honigbienen brauchen eine Höhle, um ihre Waben zu bauen, die ihnen Schutz vor Regen und in unseren Breitengraden besonders vor Kälte gibt. Die Östliche Honigbiene baut eine einzige, zum Teil riesige Wabe, die ein mal zwei Meter groß sein kann oder noch größer. Unsere Westlichen Honigbienen bauen mehrere kleinere Waben, die aber, wenn man ihnen genug Platz gibt und alle anderen Bedingungen stimmen, nach einigen Jahren auch gut ein bis zwei Meter lang werden können, in der Regel aber recht schmal bleiben.

Insofern gibt es eine Form des Imkerns, die am ehesten wesensgemäß für die Bienen ist: das *Zeideln,* was so viel wie »Honig abschlagen« heißt. Es ist eine sehr alte Kunst der Bienenhaltung in den Bäumen, die ihren Höhepunkt in Europa im Mittelalter hatte, als es noch keinen Rohrzucker aus den Übersee-Kolonien gab. (Später entdeckte man den Rübenzucker, der seinen Siegeszug erst im neunzehnten Jahrhundert antrat).

Honig war bis dahin kostbar wie Gold. Imker galten als angesehene Leute. Ende des dreizehnten Jahrhunderts bildeten die Zeidler, denen erlaubt war, den Honig von im Wald lebenden Bienenvölkern aus den Bäumen zu ernten, bereits eigene Zünfte mit bestimmten Rechtsbräuchen. Sie übten sogar eine eigene niedere Gerichtsbarkeit aus. Als äußeres Zeichen dieser durch Karl IV. legitimierten Privilegierung führten ihre Vorsteher (Starosten) einen weißen Stab. Die Zeidler erhielten damit die in den damals gefährlichen Wäldern durchaus nötige Erlaubnis zur Führung einer Waffe, der Armbrust, und trugen eine grün-rote Jacke, eine gelbe Hose und eine Kugelmütze. Als Gegenleistung mussten die Zeidler den Kaiser sicher durch den Nürnberger Reichswald geleiten und einige Zentner Wachs pro Jahr an den Stephansdom in Wien liefern. Aus dem Wachs wurden dann wohl rußfreie Kerzen gezogen.

In Deutschland ist vor allem in Franken die Zeidlerei sehr gut dokumentiert. Dort hatten die Bienenbäume eine große wirtschaftliche Bedeutung. Auch im heutigen Berlin und Brandenburg wurde viel gezeidelt, worüber Sandra Grosset, eine Berliner Hobbyimkerin, die mit ihrem Projekt »Back to the woods« das mittelalterliche Zeideln in der Stadt wieder sichtbar machen will, geforscht hat. Prominent kann man hier den Berliner Grunewald nennen. Es könnte sein, dass der Name »Zehlendorf« (das ist der Bezirk, wo sich ein Teil des Grunewalds befindet) abgeleitet wurde von dem Wort »zeideln«. Ob das wahr ist, lässt sich nicht bestätigen – aber schön finde ich die Idee trotzdem.

Der heutige Forst Grunewald war bis in das neunzehnte Jahrhundert ein als Spandauer und Teltower Heide bekanntes Waldgebiet. Dort wurden im Mittelalter so viele Bienen gehalten, dass diese Gegend auch den Spitznamen »Beutheide« (in Bezug auf Bienenbeutenheide) erhielt. Allein in der Spandauer Heide wurde eine Tonne Honig als Pacht an den damaligen Oberförster gezahlt, um auf dieser Fläche zeidlern zu dürfen. Bei circa zehn bis fünfzehn Kilogramm Honigernte pro Bienenbaum im Jahr kann man sich vorstellen, wie viele Bienenvölker sich wohl auf diesem Zeidelgebiet befanden. Das Ende der Berlin-Brandenburgischen Zeidlerei kam abrupt Mitte des

Hier sieht man den Anfang einer gebauten Wabe.

sechzehnten Jahrhunderts. Durch die Reformation wurde weniger Wachs in Kirchen gebraucht. Dadurch verschwand eine der Haupteinnahmequellen für den Berufsstand der Zeidler. Außerdem wurde weniger aus Honig gewonnener Met gekauft, da man begann, mehr Bier zu trinken.

Die Kulturtechnik der Waldbienenhaltung ist im Zuge der modernen Imkerei in Mobilbauten zu Beginn des neunzehnten Jahrhunderts in Deutschland ganz in Vergessenheit geraten. Erst mit der Wiederentdeckung der Zeidlerei durch den WWF in Baschkirien ist sie für den Naturschutz wildlebender Honigbienen interessant geworden und erfährt seit ein paar Jahren in Europa ihre Renaissance als »moderne Zeidlerei«, die traditionelles Handwerk mit zeitgemäßen Ansätzen der naturnahen Bienenhaltung verbindet.

Die Zeidlerei ist neben dem Naturschutzaspekt heutzutage auch interessant, weil sie als einzige Bienenhaltungsform die unterschiedlichen Holzarten mit in den Blick nimmt. Gezeidelt wird sowohl in lebenden »Bienenbäumen« als auch in abgesägten Baumstämmen – den sogenannten Klotzbeuten. Erfahrene Zeidler berichten von wahrgenommenen Unterschieden je nach Baum- und Holzart. Historisch wurden, wenn man nicht das Glück hatte, eine vom Specht gezimmerte Beute zu finden, hauptsächlich Kiefern zum Zeideln genutzt. Das lag vor allem daran, dass das Holz weicher ist und sich leichter aushöhlen lässt als zum Beispiel Eichenholz. Durch Blitzeinschläge gab es vereinzelt aber auch in Eichen Bienenhöhlungen, die von den wildlebenden Bienen offenbar genauso gern besiedelt wurden wie Kiefern oder Fichten. In Buchen leben Honigbienen angeblich nicht so lange, weil sich dort in den Höhlungen schneller Feuchtigkeit sammelt und sich Krankheiten bilden …

Ein großer Vorteil von so einem Lebendbaum ist vermutlich, dass der Bien mit dem Klima darin viel besser zurechtkommt und weniger Energie mit dem Heizen und Lüften verbraucht als in unseren dünnwandigen und großräumigeren Holz- oder Styroporbeuten. Professor Jürgen Tautz interessiert sich auch für dieses Thema und begleitet die Baumhöhlenforschung im Rahmen des HOBOS-Projekts an der Universität Würzburg zusammen mit anderen Wissenschaftlern, wie zum Beispiel Torben Schiffer, der spannende Untersuchungen zur Feuchtigkeitsregulierung in verschiedenen Bienenwohnungen und Holzarten gemacht hat.

Mein Imkervater Norbert Poeplau ist ein engagierter, führender Vertreter der wesensgemäßen Imkerei und setzt sich seit einigen Jahren für die Zeidelei in Deutschland ein. Er hat Kontakt mit Polen und Russen, die selber zeideln und ihr Wissen weitertragen. Denn auch in Polen wird nach jahrzehntelanger Unterbrechung wieder gezeidelt. Mittlerweile wurde das Zeideln dort von der UNESCO sogar als immaterielles Kulturerbe gewürdigt. Die polnischen Freunde waren, um das Handwerk wieder neu zu erlernen, auf einem Kurs in Russland, wo die Zeidlerei bis heute eine über fünfhundert Jahre lange, ununterbrochene Tradition hat.

2016 veranstalteten die polnischen Kollegen den ersten Zeidlerkurs in Deutschland. Einige polnische Imker haben Norbert beigebracht, wie man Bäume aushöhlt, so dass sich Schwärme darin ansiedeln können, um ihnen damit eine natürliche Umgebung zu ermöglichen. Norbert erzählte mir unter anderem, dass die ersten zehn ausgehöhlten Bäume in Polen in der folgenden Schwarmzeit selbstständig durch (wilde) Honigbienen-Schwärme besiedelt wurden. Daran merkt man, dass Bienen diese »Wohnungen« in luftiger Höhe sehr schätzen und es heute wohl zu wenige natürlich entstandene hohle Baumstämme gibt, in die Bienen einziehen können. Zudem wird von den Imkern systematische Schwarmverhinderung betrieben. Jedoch gibt es immer wieder Schwärme, die entwischen und ihrem natürlichen Vermehrungsdrang folgen. Über die Vor- und Nachteile des Schwärmens schreibe ich später noch ausführlicher.

Wenn wir uns so umschauen, glauben wir, dass doch überall alles voller Bäume steht. Deutschland ist doch bekannt für seine schönen großen Wälder! Wenn Sie jedoch das nächste Mal in den Wald gehen oder mit dem Zug durch die Natur fahren, dann schauen Sie sich diese Bäume doch einmal genauer an. Ein Bienenvolk bräuchte einen Baum, der eine natürliche Öffnung hat, und es sollte bereits eine Höhle vorhanden sein, so dass die Bienen darin wohnen können. Bienen brauchen einen Hohlraum von circa vierzig Litern Fassungsvermögen, um es sich gemütlich zu machen. Da ein Baum ja länglich ist, kommt das der Vorliebe der Bienen, längliche, senkrechte Waben zu bauen, viel näher. Der Baum sollte also einen Durchmesser von mehr als achtzig Zentimeter haben, wenn die Bienen in ihm nisten, und weiter wachsen können sollen. Diese Zeidlerbäume sterben wohl nicht an der zugefügten Verletzung, wenn der Baum ebendiesen entsprechend gro-

Ein Zeidlerbaum geöffnet

ßen Durchmesser hat und die Höhle fachgerecht gesetzt wird. Auch sollte kein Wasser in die Höhle hineinlaufen. Das würde das Nestklima vernichten. Das ist eine Kunst, die nicht viele beherrschen.

Wie oft findet man Bäume, die so alt und so groß und so mächtig sind und dann vielleicht noch natürliche Öffnungen haben? Ich habe kaum welche gesehen – außer ein paar Naturdenkmäler und eine Linde hier in Kerkow, in der es ein wildes Bienenvolk gab, es aber schon seit einiger Zeit nicht mehr summt. Wie oft findet man einen abgestorbenen Baum, der nicht schon bald gefällt wird? Zum Glück gibt es jetzt einzelne Förster, die bereit sind, einige Bäume für diese von modernen

Am Fuße eines Zeidlerbaumes wird das Signet des Zeidler-Clans eingemeißelt, der den Baum betreut.

Zeidlern ausgearbeiteten Bienenstöcke zu opfern oder tote Bäume stehen zu lassen, um Bienen damit eine natürliche Überlebenschance zu geben und den Wald durch Insektenvielfalt aufzuwerten.

Ein weiterer Vorteil von Zeideln ist – neben dem besseren Raumklima in der Höhle –, dass die Höhlengröße in den Bäumen begrenzt ist. Deshalb müssen diese Völker – wenn sie stark genug sind – auf jeden Fall so gut wie jedes Jahr schwärmen. Das fördert ihren Reinigungsprozess, ihre Potenz, ihr Durchhaltevermögen und ihr Immunsystem und damit ihr Überleben. Das heißt aber nicht, dass Zeidlerbienen auf jeden Fall überleben werden. Das Problem dieser Bienen ist manchmal, dass sie in ihren Höhlen tatsächlich zu wenig Platz für Honig haben und sie dann verhungern können. Oder sie bauen erst zu spät Waben aus. Es machen sich auch gerne Waschbären oder Marder an Bienenbäumen zu schaffen und plündern dann das Nest, wie es Norberts Bienen einmal passierte.

Das Zeideln könnte jedenfalls viel Zukunft haben für eine wesensgerechte Bienenhaltung. Zu meiner großen Freude wird im Berliner Grunewald dieses alte Kulturhandwerk nach einer Unterbrechung von fünfhundert Jahren nun wiederbelebt. Hierfür setzt sich die Regionalgruppe von Mellifera e. V. in Berlin gemeinsam mit dem Forstamt Dreilinden ein.

Plattenbau oder Einfamilienhaus?

Viele Jahrtausende hat der Mensch die Bienennester einfach zerstört, um an die nahrhaften Maden und den süßen Honig heranzukommen. Ein wichtiger Schritt in der Imkerei, wie wir sie heute kennen, war die Erkenntnis, dass man Bienen Behausungen anbieten kann, damit sie darin ihre Waben bauen und so nicht mehr ein ganzes Volk zerstören muss, um an den Honig zu kommen. So erlangten die Menschen die Kontrolle über Bienenstandorte, konnten aber auch schwärmenden Bienen neue Wohnungen anbieten. In manchen Gegenden sind es bis heute Tonröhren (zum Beispiel in Afrika), ausgehöhlte Baumstämme, runde fassähnliche Beuten (in China) oder Strohkörbe, sogenannte Korbbeuten, die mit Lehm und Dung überzogen werden (in Deutschland, vor allem in der Lüneburger Heide). Das war die für lange Zeit am häufigsten verwendete Beute.

Heute gibt es Beuten aus Styropor, Pappe, Holz, Lehm, Bambus und Mauerwerk. In der Entwicklungszusammenarbeit mit Afrika fördert man seit den sechziger Jahren das Imkern mit *top bar hives,* da es ein unkompliziertes System ist und weniger Arbeitsaufwand bedarf. Das sind sargähnliche Beuten, die trapezförmige Leisten haben. Die Biene baut, wenn sie darf, ihre Waben immer halbrund und nie viereckig. Es gibt auch Plastikkanister, die aufgestellt oder in Bäumen festgezurrt werden, damit man Schwärme einfangen kann. Auf Dauer ist das sicher nichts fürs Imkern – zu dünn, zu heiß, zu kalt, von den Giftstoffen im Plastik ganz zu schweigen.

Manche Beuten dienen mehr der Schönheit als dem Zweck, so viel Honig wie möglich ernten zu wollen. Die meisten Behausungen haben sich aus der jeweiligen Kultur, den regionalen Bienen und aus der Geschichte entwickelt. In Japan und China zum Beispiel sind dies traditionell runde oder viereckige Holzzylinder. Im Inneren sind nur einige Stöckchen kreuz und quer verankert, damit die Bienen eine Hilfe zum Ansatz des Wabenbaus finden. Einige Bienenwohnungen, die ein paar Hundert Jahre alt sind, haben kunstvolle Verzierungen. Ich sah einmal eine, die aussah wie ein Mensch mit einem kunstvollen Hut, in dessen Bauch ein Holzkünstler die Höhle für die Bienen geschnitzt hatte, der Mund war das Einflugloch.

Meine Bienen leben in Einraumbeuten und nicht in Magazinbeuten. Sie leben statt in einem Hochhaus also eher in einem Einfamilienhaus, in einem länglichen Kasten aus Holz (Fichte oder Kiefer), bei dem sich alle Rähmchen auf einer Ebene befinden. Die Beute ist nicht in verschiedene Zargen oder Räume getrennt, und es gibt keine Absperrgitter. Den Kasten überdeckt ein abziehbares Wachstuch (demnächst möchte ich Propolistücher ausprobieren, da sie besser Feuchtigkeit aufnehmen können) als Abschluss der Bienenhöhle, aber flexibel, damit ich in die Beute hineinschauen kann. Das Tuch lässt zudem etwas Feuchtigkeit ein oder aus – ähnlich wie Holz. Darüber kommt eine Dämmplatte aus Holzfasern und zum Schluss ein Deckel aus Zink gegen Regen und Schnee.

In dieser Einraumbeute, die es in verschiedenen Ausführungen zu kaufen gibt, habe ich den ganzen Bienen-Organismus als Einheit. Vor allem kann ich von oben am Volk arbeiten. Wenn ich meine Bienen beobachten oder den Honig entnehmen will, der ja immer fluglochnah abgelegt wird, schlage ich das Wachstuch nur halb zu Seite und störe dabei nicht zwangsläufig die Bienen beim Brüten in den hinteren Rähmchen.

Der größte Unterschied zwischen den Magazinbeuten und den Einraumbeuten ist aber das Rähmchenmaß. 1853 war ein entscheidendes Jahr für die Imkerei, als der deutsche Bienenforscher August von Berlepsch den beweglichen Rahmen in einer Bienenzeitung bekannt machte. Nun konnte man einzelne Waben aus der Beute ziehen, besehen, abschleudern und kontrollieren, ohne das ganze Wabenwerk zu zerstören. Auch heute noch gibt es mindestens siebzig verschiedene Rähmchenmaße für unterschiedliche Beuten und Zwecke – und hitzige Diskussionen, welches Maß das richtige und beste ist. Kleine Rähmchen sind nicht so schwer und besser zu handhaben. Andere schwören auf große Rähmchen, damit die Bienen Platz zum Bauen haben. Zudem ist es für Bienen wesensgemäßer, wenn sie auf einem einzelnen Rahmen Platz für die Brut, für den Pollen und den Honig haben.

Als Imkerneuling kann einem der Kopf schwirren von den vielen verschiedenen Angeboten. Zudem findet man auch noch regionale Unterschiede. Kleine Rähmchen und mehrere Stockwerke, wie in den Magazinbeuten, heißt auf alle Fälle einfacheres Imkern, sortenreinen Honig und vor allen Dingen: mehr Honig! Aber da ich ja keinen Sortenhonig mache, sondern einen wilden Uckermärker Wiener-Honig, der verschiedenste Blüten und Zeiten beinhaltet, muss ich auf diese Dinge gar keine Rücksicht nehmen.

Meine Rähmchen sind ein Kompromiss zwischen meiner Neugier, Bienen zu beobachten, und dem Wunsch, den vom Winter übriggebliebenen Honig zu ernten. Der Nachteil ist, dass ich nie das ganze Wabenwerk sehe (wie in einer Bienenkiste zum Beispiel) und auch wie alle Imker, die mit Rähmchen arbeiten, das spontane kreative Bauen von Waben-Skulpturen in Formen presse. Dafür kann ich jede einzelne Wabe herausziehen, anschauen, bewerten, Krankheiten entdecken und notfalls behandeln.

Der Innenausbau

Wie bauen die Bienen nun eigentlich ihre Wohnung genau? Das ist ein spannendes und immer noch viel diskutiertes Thema. Jedenfalls sind die Arbeiterinnen hierbei ein perfektes Team. Wie man weiß, benutzen sie Wachs, das die sogenannten Baubienen, in einer Traube zusammenhängend, jeweils aus acht Wachsdrüsen in ihrem Hinterleib schwitzen. Das erste Wachs ist durchsichtig und wird im Frühjahr von April bis Juli erzeugt, wenn ein gutes Nektarangebot herrscht. Andere Bienen bekauen es zuerst, mischen es dabei mit Enzymen und formen dann daraus dicht nebeneinanderliegende kleine Röhren. Dann schlüpfen die sogenannten Heizerbienen in diese grob vorgebauten Wabenzylinder und erhitzen sie auf circa vierzig Grad, indem sie ihre Brustmuskulatur vibrieren lassen. Dabei hängen sie ihre Flügel aus, um nicht aus Versehen abzuheben, denn die Brustmuskeln sind auch für den Flügelschlag verantwortlich. Die innere mechanische Spannung der Wabenwände zieht nun das geschmeidig gewordene Wachs so zurecht, dass die Zellen jeweils sechs gerade Wände ausbilden, so wie wir sie alle kennen: exakt gleich groß, gleich dick und in einem Winkel von genau hundertzwanzig Grad aufeinanderstoßend. Die dicht an dicht liegenden Zylinder werden bei Wärme zu glatten Wänden, wie Seifenblasen, die sich berühren. Diese Art von regelmäßigem Sechseck kommt in der Natur häufig vor. Aufgrund ihrer exakten Maße erwog man in Frankreich Mitte des achtzehnten Jahrhunderts sogar, die Honigwabe zur Grundlage eines einheitlichen Längenmaßes zu machen, das es damals noch nicht gab. Doch zwei Jahre nach der Revolution von 1789 wurde dann der Meter als Standardmaß eingeführt. Schade eigentlich …

Weil Wabenstrukturen bei minimalem Materialaufwand größtmögliches Fassungsvermögen und maximale Stabilität bieten, gelten sie als eine sehr effiziente Form des Bauens. Aber so ganz geklärt ist das alles noch nicht. Wie entsteht zum Beispiel der genaue Durchmesser eines jeden Zylinders?

Zum Abdichten der Waben und Verschließen von Ritzen, was unter anderem auch eine perfekte Wärmedämmung ermöglicht, und zum Ausgleichen von Unebenheiten verwenden die Baubienen Propolis. Das ist ein sehr zähflüssiges in diversen Farben – z. B. Rot, Grün, Schwarz u. a. – glänzendes Baum- oder manchmal auch Knospenharz, das extrem klebrig ist. Das ist so ein bissl, als würden wir in einen Teig fassen, und dann probieren wir den abzuschütteln. Das kann auch recht mühsam sein. Propolis klebt noch stärker und ist eines DER Wundermittel der Natur. Davon später mehr.

Die Bienen haben sich verschiedene Eigenschaften des Knospenharzes zunutze gemacht. Erst einmal werden die Propolis-Bringerinnen von ihren Schwestern von dem klebrigen Zeugs befreit. Allein würden sie dies nicht schaffen. Dann dichten sie damit Ritzen und Fugen ab. Nur wenn die Spalten zu groß sind (so einige Millimeter), mischen sie das kostbare Propolis mit Wachs. Schwierig für mich beim Imkern ist, dass die Rahmen deshalb immer (mal leicht, mal richtig fest) zusammenkleben und auch das Wachstuch, das auf dieser Bienenbeute liegt. Ich zupfe und reiße dann immer etwas daran herum, bis sich das Wachstuch löst. Die Rähmchen trenne ich meist mit dem Stockmeißel.

Gelegentlich muss ich auch einiges abkratzen, was andere Insekten hinterlassen haben, oder Ameisen vertreiben und vom Tuch fegen, wenn sie zu vorlaut werden. Zum Anschauen der

Waben oder Mitnehmen einer Honigwabe und weil ich keine Bienen mitnehmen möchte, fege ich mit meinem kleinen Besen oder mit dem Gänseflügel die Bienen von einer Wabe ab. Die Federn des Gänseflügels sind dabei viel sanfter als der Besen, und das gefällt meinen Bienen besser. So scheint es mir jedenfalls. Ich kann sie ja nicht fragen, ob dem wirklich so ist.

Wichtig für alle Einraumbeuten ist natürlich das Mikroklima innen, das dem natürlichen Raumklima möglichst nah kommen sollte. Obwohl ich die Beutenform mit Bedacht gewählt hatte, fürchtete ich, dass die Holzwände etwas zu dünn sein könnten, meine Bienen im Winter ein bisschen frieren oder im Sommer an der Hitze leiden würden. Manchmal, wenn ich im Sommer den Deckel aufmache, dann strömt mir eine heiße Luft entgegen, die klingt wie das Seufzen der Bienen nach einer Abkühlung. Man sollte die Beute deshalb nie in die pralle Sonne stellen, sondern ihr immer nachmittags im Rücken ein bisschen Schatten gewähren, am besten durch Bäume oder natürliches Buschwerk, das kühlt besser als jeder Schirm. Es ist gut, den Eingang zum Osten hin auszurichten, denn Bienen lieben es, vom ersten Sonnenstrahl geweckt zu werden. Andere Richtungen gehen aber auch. Ein starkes Bienenvolk reguliert seine Temperatur sehr gut selbst. Sie können kühlen und erwärmen. Trotzdem kosten große Temperaturunterschiede eine Menge Energie. Gerade große Kälte kann ein Volk schwächen und sterben lassen. Manche Imker setzen deshalb ihre Völker im Winter in den Keller oder eine Garage um.

Für alle Völker, die auf keinem Hochstand stehen, habe ich ein kleines Podest bauen lassen und mit Biofarben angestrichen. Es ist ungefähr 40 bis 45 Zentimeter hoch und hat links und rechts leicht vorstehende Wände aus Holzbrettern, damit die Bienen bei praller Sonne im (Flug-)Schatten landen können. Den unteren Teil des Podests habe ich an der Front mit einem Brett zugenagelt. Ich denke mir, dass dies dann auch im

Winter mehr Schutz gegen den kalten Uckermärker Sturm bietet. Ebenso unterstützt es vielleicht Bienen, die Temperatur in der Beute konstant zu halten. Vielleicht ist meine diesbezügliche Sorge um die Bienen nicht hilfreich. Und ich helfe damit nur den Schwachen, etwas länger zu überleben. Jede natürliche Herausforderung und Anpassung macht die Bienen stärker. *The fittest survive* ist die erste Regel in der freien Natur und gilt auch für Bienen. Andererseits denke ich, selbst wenn die Bienen in zwei Zentimeter dicken Beuten leben und überleben können, würden sie, wenn sie könnten, vermutlich dickere Wände wählen.

Mich fasziniert es, wie Bienen es schaffen, ihre Wohnungen zu heizen und zu belüften. Die Sommer in der Uckermark sind heiß und nicht sehr regnerisch. Gerade dieses Jahr gab es eine Dürreperiode, worunter auch die Bienen leiden können. Permanent muss gekühlt, Wasser herbeigeschafft werden, es gibt bei manchen Blumen kaum Nektar bei der Hitze. Alles blüht schnell auf und schon ist es wieder verdorrt, bevor man sich noch richtig an der Farbenpracht erfreuen kann. Wie gesagt, wenn Bienen in Bäumen nisten würden, hätten sie eine deutlich bessere Isolation und viel Holz – kühler im Sommer, wärmender im Winter. In Beuten müssen sie den Wärmehaushalt und die Belüftung stärker selbst ausgleichen. Schon ein kleiner Temperaturanstieg der Maden wäre ein großes Problem. Zu kalt dürfen sie allerdings auch nicht werden. In beiden Fällen würden sie sterben.

Wie machen die Bienen dieses Heizen und Lüften eigentlich? Ich finde, sie sind wirklich clever und trickreich dabei.

Bienen sind die einzigen Insekten, die ihre Umgebungstemperatur beeinflussen und steuern können. Das ist ein wesentlicher Grund, warum es Bienen schon seit zig Millionen Jahren gibt. Wenn die Königin Eier in die Zellen legt, dann lässt sie immer wieder eine Zelle frei, in die sie keine Eier legt. Am

Ende sieht man gleichmäßig mit Wachs verdeckelte Brut, aber unregelmäßig dazwischen einzelne leere Zellen, als hätte sie vergessen, diese zu bestiften. In diese leeren Zellen krabbeln wiederum die Heizerbienen und erhitzen sich wie beim Wabenbau mit ihrer Brustmuskulatur, so dass sie die Brutzellen rundherum wärmen. Normalerweise halten die Bienen beim Krabbeln über die Waben einen gewissen Abstand von der Zelle. Heizerbienen von Brutzellen hingegen drücken ihre aufgeheizte Brust auf einen Zelldeckel, oder sie schlüpfen in die leeren Waben neben den Maden hinein, so dass das Brutnest eine Temperatur zwischen 33 und 36 Grad erreicht. Auf 0,25 Grad genau und so, dass es im Stock warm genug ist und die Maden in ihrer Zelle nicht erfrieren können. Nach dieser sehr anstrengenden, energiezehrenden Aufgabe werden Heizerbienen von ihren Schwestern gefüttert, da sie alleine nicht mehr essen könnten. Spannend ist, dass »gutbeheizte« Maden schneller schlüpfen und dadurch der Befall durch die Varroamilbe, die etwas länger zum Schlüpfen braucht, geringer ist. Das Beheizen hat noch einen anderen Effekt, den ich in einem extra Kapitel über den »Feind Nummer 1« der Bienen beschreibe.

Bienen, die bei unterschiedlichen Temperaturen groß geworden sind, entwickeln übrigens auch unterschiedliche »Charaktere« und Fähigkeiten. Da gibt es die »Warmduscher«: Die gehen erst raus, wenn es draußen schon um die dreizehn, vierzehn Grad warm ist. Sie sind spezialisiert auf ganz bestimmte Aufgaben, die nur wenige im Volk erledigen. Dann gibt es die »Kaltduscher«, die fliegen bereits aus dem Stock, während die anderen noch bibbernd drinnen sitzen, erkunden das Terrain und schauen, was so alles schon blüht. Bei 11–12 Grad geht's los. Manche stürzen sich bereits mutig in einiger Entfernung von zu Hause auf die ersten Blüten, Pollen und den überlebenswichtigen Nektar.

Im Sommer, wenn es draußen so richtig heiß wird, haben

die Bienen ein System gefunden, ihre Beute zu kühlen. Einige werden durch kräftiges Flügelschlagen zu kühlenden Ventilatoren, die sich strategisch so positionieren, dass es eine richtige Kühlkette gibt: warme Luft raus, kalte Luft rein. Andere Bienen sind nun dazu da, Wasser zu holen, dieses Wasser zu verteilen und so den Stock von innen zu kühlen. Ist dieses System nicht genial?

»Es ist angerichtet.« Gartenmenü für meine Bienen

Als ich über meine Bienenhaltung nachdachte, dachte ich als Köchin natürlich sofort daran, was meine Bienen denn überhaupt für ein Speiseangebot vor dem Haus haben, wie ich sie besonders reichhaltig und vielfältig ernähren kann. Was muss ich tun, um das Angebot vielleicht durch einen eigenen Garten oder unsere Felder zu verbessern, damit ich sie nie mit Zuckerwasser im Herbst füttern muss? Gibt es vielleicht Nachbarn, die sich durch insektenfreundliches Anpflanzen für die Kleinen erweichen lassen? Finden diese auch das ganze Jahr genug Tracht? In der Uckermark habe ich an vielen Stellen die besten Voraussetzungen dafür. Hier gibt es Raine, viele kleine unbearbeitete Flecken mitten in den Feldern und zum Teil sogar noch kleine Wildwiesen, die sehr viel Nahrung für Insekten und Honigbienen bieten. Große Ackerflächen sind wegen ihrer Monokultur immer ein Problem für alle Insekten. Ein einziges Mal einen reichgedeckten Tisch und den Rest des Jahres hungern, funktioniert bei keinem Lebewesen. Ein eigener Garten musste her. Die eigene Ernte ist doch das allerbeste. Das sehen die Bienen und ich ganz gleich.

Nachdem ich ein paar Jahre unter dem Dach im Gutshaus von Kerkow gewohnt hatte, beschloss ich, mir einen eigenen Platz und Privatsphäre zu gönnen, und begann nach Grundstücken in der Nähe des Guts zu suchen. Es war wichtig, dass das

Grundstück groß genug ist, um möglichst viele unterschiedliche (Obst-)Bäume, Büsche und Wildblumen darauf wachsen lassen zu können. Es sollte aber nicht zu groß sein. Schließlich musste ich es ja anlegen, selbst pflegen und die Ernte dann verarbeiten. Ich wollte Gemüse und Obst, aber natürlich habe ich auch an meine Bienen gedacht, an Wildbienen, aber auch an Schmetterlinge und Vögel, überhaupt Insekten, die unsere Natur so bereichern.

Es ist halt so: Will ich Schmetterlinge und Bienen, brauche ich die richtigen Pflanzen, und diese ziehen wiederum anderes Getier an, von dem ich vielleicht nicht ganz so begeistert bin. Ist ein See in der Nähe, habe ich auch eine Menge Mücken, dafür aber auch viele Schwalben, die diese Mücken jagen, und zahlreiche andere Vögel, Spinnen, Igel und Salamander, die sich auf Insekten stürzen und eventuell im Winter und Herbst auf Beeren und Samen umschwenken können. So entsteht ein gut ausbalanciertes Gleichgewicht bunter Vielfalt, in dem menschliche Eingriffe eher störend wären.

Aber ich dachte bei der Planung für das Nahrungsangebot meiner Bienen genauso an mich selbst. Ich stellte fest, dass die Honigbiene und ich doch einiges gemeinsam haben. Ich liebe Obst: Äpfel und Birnen, Kirschen, Aprikosen und Pfirsiche, Himbeeren, Brombeeren und Blaubeeren, Maulbeeren, Quitten und Maronis. Alles das mögen auch meine Bienen. Wenn sie die Obstbäume befruchten und Pollen und Nektar sammeln, dann gibt es mehr Ertrag, und die Früchte werden größer. So würden die Bienen und ich uns alles teilen, was essbar ist. Erst kämen die Bienen dran. Ein bisschen später, wenn dann das Obst da ist, wäre ich an der Reihe. Die Ernte wiederum teile ich mir dann mit Vögeln, Kleingetier und mit mancher Hornisse und Wespe.

So wie es bei uns wichtig ist, dass wir uns vielfältig, frisch und am besten natürlich ernähren, gilt das auch für die Bienen. Was den Darm betrifft, der entscheidend für unser Immunsystem ist, gibt es da durchaus Gemeinsamkeiten. Um ganzheitlich gesund zu bleiben, sollten wir nicht nur eine einzelne Bakterienart massenhaft im Darm haben, sondern eine Vielfalt von unterschiedlichen Darmbakterien, die von verschiedenen Stoffen in unserem Körper gefüttert werden, die wiederum zum Großteil aus unserer Nahrung entstehen. Man hat festgestellt, dass im Vergleich zu Naturvölkern die Vielzahl von unterschiedlichen Bakterienstämmen in unserem Darm dramatisch abgenommen hat, nämlich um bis zu fünfzig Prozent. Ähnlich ist es bei Bienen, denen heute die Vielfalt in der Nahrung fehlt. Auch wenn sie nicht von allem, was gesund ist, jeden Tag essen können, sollte es immer eine gewisse Abwechslung geben und damit sichergestellt sein, dass eine Vielfalt von unterschiedlichen Pollen und Nektar von blühender Natur Teil der Ernährung ist.

Nach langer Suche habe ich dann nur einige Kilometer von Kerkow entfernt ein knapp siebentausend Quadratmeter großes, etwas abschüssiges Grundstück gefunden: Darauf waren jede Menge Wildpflaumen, kleine Eschen und Haselnusssträucher. Das Grundstück liegt am Rande eines kleinen Dorfes, das erst in den letzten 15 Jahren aufs Doppelte expandiert ist. Es liegt in unmittelbarer Nähe eines Sees, den man in zwei Stunden umrunden kann. Praktisch ist, dass es zum Bahnhof nicht allzu weit ist; ich kann in einer guten Stunde in Berlin sein. Meine neuen Nachbarn hatten zum Großteil erst in den letzten Jahren gebaut. Die allermeisten waren neu zugezogen, offen und freundlich gesinnt. Keine Abschottung nach innen. Im Gegenteil: Die Uckermärker begegneten mir überwiegend neugierig, offen und mit Humor. In den Läden lächelten mich die Leute an, die Nachbarn schwatzten mit mir drauflos und halfen mir später sogar bei Bauproblemen und beim Gartengießen. Ursprünglich hatte ich ein einsames Grundstück gewollt, weit weg von allem. Doch dank eines inneren Instinkts entschied ich mich genau fürs Gegenteil. Mir war schnell klar: Genau hier will ich bauen! Und zwar ein besonderes Haus. Ein nachhaltiges Mondholzhaus von »Holz100«, einer kleinen Firma in Österreich, die sich schon seit vielen Jahren mit Holz und Vollholzhäusern beschäftigt. Mondholz ist nach altem Tischler- und Zimmermannswissen geschlagenes Holz und heute kaum bekannt. Es ist besonders fest und wenig parasitenanfällig.

So wichtig wie das Haus war für mich der Garten. Dort standen zu viele wilde Zwetschgenbüsche und Pflanzen, die ihn regelrecht überwucherten. Nach der Wende war das zum Teil ehemalige LPG-Gelände, auf dem privat gegärtnert, Geflügel und Schafe gehalten werden durften, in Stadtbesitz übergegangen. Nachdem ich das Grundstück gekauft hatte, musste ich zunächst einen Großteil des Gebüschs roden. Erst dann entdeckte ich alte Apfelbäume, Walnussbäume, wilde Rosen und Rhabarber, die wohl schon seit Jahrzehnten dort wuchsen. Leider musste ich aber auch einige wilde private Mülldeponien von dem Gelände entfernen, die beim Umgraben überall aufploppten. Ich habe mir sagen lassen, dass ich nicht die Einzige mit dem Problem bin. Ich karrte Unmengen von Erde heran, gestaltete die Landschaft ein bisschen interessanter und pflanzte alle Obstbäume, die im Uckermärker Klima gut gedeihen: Maulbeerbäume, Quitten, Mispeln, Birnen, Pfirsiche und Aprikosen, Sauerkirschen und Süßkirschen und natürlich – Apfelbäume. Wichtig war mir, ein paar verschiedene und vor allem alte Sorten anzupflanzen – vom Frühapfel bis zum Winterapfel, den ich einlagern oder aus dem ich wunderbar Apfelmus machen kann, ferner Renetten, Alkmene, Topaz, Ontario und einige andere, auf deren Ernte ich jedes Jahr sehnsüchtig warte.

Ich machte mir eine Liste, welche Pflanzen Bienen im zeitigen Frühjahr und im späten Herbst besonders anfliegen. Das sind die kritischen Zeiten im Bienenleben. Vieles pflanzte ich, weil ich es schön finde, wie Pfingstrosen, Tulpen, Kletterrosen, Ringelblumen; vieles überlasse ich der Natur und schaue zu, was sich von selber aussät. Es ist ein kleines wildes Paradies, das sich stetig verändert. Ich habe mich daran gewöhnt, mich über jedes Insekt zu freuen. Na gut: fast jedes Insekt. Das war mal ganz anders. Doch das war, bevor ich Bienen hatte.

In jeder Jahreszeit sollte also etwas blühen. Für den Frühling pflanzte ich einige Kornelkirschen – in Österreich sagt man auch »Dirndl« –, deren Blüten mit einem leichten Honigduft fast als Erste in der Natur goldgelb leuchten und mein Herz erfreuen, weil ich weiß, jetzt ist der Winter vorbei. Aus ihren roten, ovalen Früchten kann man eine wunderbare Marmelade machen. Dann setzte ich Weiden und noch mehr Haselnusssträucher, weil das die ersten Bäume im Jahr sind, die eine Biene anfliegt. Außerdem steckte ich in jeder Form Krokusknollen in die Erde und säte verschiedenste Blütensamen auf der Wiese aus, die über das Jahr verteilt blühen sollten. (Das klappt nicht immer und wenn, dann immer da, wo man es eigentlich nicht vorhatte).

Auf einem kleinen Beet baute ich Erdäpfel (österreichisch für Kartoffeln) an, Fisolen (Bohnen) und Kohlsprossen (Rosenkohl). Inzwischen verwildert mein kleiner Gemüsegarten allerdings immer mehr, weil die Natur dort auch Disteln und Wicken, Kamille, Margerite und Klatschmohn wachsen lassen will und ich es nicht schaffe, durchzusetzen, wer die Herrin über meinen Garten ist. Oft sieht das wilde Durcheinander einfach auch schön aus. Es ist ein Stück Natur, denke ich. Irgendjemand da draußen wird sich an jedem einzelnen Halm erfreuen. Ich habe auch einen kleinen Hügel aufschütten lassen, auf dem nun auch Katzenminze wächst, die die Bienen mögen. Sie blüht bis Ende August/September (öfters auch noch im Oktober) und hat noch mehr Nektar als zum Beispiel die Pfefferminze, die sich schon Ende Juli verabschiedet. Mein Minzhügel bekommt immer mehr verschiedene Minze, die ich mir mit den Insekten teile, ein Teil für mich für Cocktails und Tee, der Rest für alles Summende und Brummende.

Es gibt auch viele Weißdornbüsche am Gartenrand, die Bienen sehr mögen. Und ich auch. Erst kommen die feinen duftenden zarten weißen Blüten, im Herbst leuchten dann die Früchte vom Weißdorn rot und bieten zahlreichen Vögeln Nahrung. Rotdorn ist eine Neuzüchtung und nicht für Insekten geeignet. Von ihm haben Insekten nichts, weil es keine Pollen zu holen gibt. Aber Weißdorn ist eine gute Insekten- und (Vogel-)pflanze. Im Inneren meines Gartens gibt es zwei neugestaltete längliche hügelige Erdzungen. Da stehen Traubenkirsche, Blasenstrauch, Maulbeeren, Ebereschen, die die Vögel so gerne mögen, und sehr viel verschiedener Sommerflieder, weil ich den Geruch mag. Schlehen und Sanddorn findet man in meinem Garten genauso wie meine geliebten Felsenbirnen, deren Früchte ich am liebsten roh esse, aus denen ich aber auch gern Saft mache und Likör – köstlich!

Ich gestehe, ich habe auch ein paar Rhododendren. Ich weiß, das ist jetzt kein heimisches Gehölz, aber abgesehen von meinen zahlreichen Eiben, die ich auch als Vogel- und Sichtschutz gepflanzt habe, ist das einer der wenigen immergrünen Büsche, die in leuchtenden Farben üppig blühen. Man sagt ja, der Honig vom Rhododendron, also der pontische Honig, hat eine halluzinogene Wirkung und ist giftig. Dazu braucht man aber ganze Rhododendronplantagen, sonst wird das nix mit dem Halluzinieren. Meine sechs kleinen Rhododendren, die zu verschiedenen Zeiten blühen, reichen nicht für einen Trip der besonderen Art und auch für keine Vergiftung. Die Eibe allerdings schon. Besonders deren Nadeln. Noch in den vierziger Jahren des letzten Jahrhunderts wurden sie als Mittel zur Abtreibung benutzt. Ein paar zu viel können allerdings zu schweren Delirien und sogar zum Tod führen, da sie in hoher Dosierung auch den Herzmuskel schwächen. Der braune Kern der roten Früchte ist ebenfalls giftig, deren Fruchtfleisch jedoch nicht. Im Gegenteil: es ist köstlich! Also wenn Sie mal in eine Krise kommen und nichts zu futtern haben, dann schauen Sie, dass Sie die rote Ummantelung von den Kernen befreien, passieren, und dann können Sie eine sehr feine Marmelade machen. Ich lutsche auch gern das Fleisch vom großen Kern ab … aber wie gesagt: Obacht!

Auch eine Rosskastanie musste her, weil sie ein gutes Bienenfutter ist, ebenso Maroni-Bäume, also Edelkastanien. Sie erinnern mich an meine Kindheit im Wiener Stadtpark, wo meine Mutter uns heiße angeröstete Maroni in einer kleinen weißen Papiertüte kaufte. Die Bienen mögen Edelkastanien, aber nur die Blüte. Die richtige Ernte ist dann für mich. Ich pflanzte eine große Salweide und eine Trauerweide nah zum Wasser hin, weil ich diesen Baum liebe. Weiden sind sehr wichtig für Bienen, weil sie früh blühen.

Es wächst inzwischen vieles in meinem kleinen Paradies. Von einigen Bäumen und Pflanzen, die noch auf meinem Grundstück sind, weiß ich gar nicht, wie sie heißen, wie sie blühen und wo sie blühen, weil sie so versteckt sind und durcheinanderwachsen. So wuchern auf meiner Wiese viele Kräuter, die ich alle mag, wenn sie bescheiden bleiben. Sie erfreuen inzwischen ein bisschen mein Herz, weil ich gelernt habe, wie viele von diesen angeblichen »Un-Kräutern«, die ich lieber als »Wildkräuter« bezeichnen würde, gut schmecken und kostenlos meinen Speiseplan bereichern. Zum Beispiel Hirtentäschel, Franzosenkraut, Vogelmiere und Giersch, aus dem man so einiges Gesundes zaubern kann.

Der weiße Klee, den es viel in meinem Garten gibt, ist ein wunderbarer Pollen- und Nektarspender und blüht von Mai bis September. Sein Pollen ist hellbraun. Er ist deswegen wichtig für Bienen, weil er einfach genau immer dann blüht, wenn es sonst nichts mehr gibt. Alle Kleearten sind hervorragend geeignet als Bienenfutter. Auch wir selber können Sauerklee essen. Manchmal mache ich in meinen Salat Rotklee oder Weißklee und verschönere ihn mit den Blüten auch optisch.

In Wildkräutern sind viele Bitterstoffe, die man in herkömmlich angebautem Gemüse kaum noch findet. Des weiteren liefern sie Vitalstoffe, wie zum Beispiel Vitamine, Enzyme und Spurenelemente sowie sekundäre Pflanzenstoffe wie Flavonoide oder Saponine, die die Pflanzen zu ihrem eigenen Schutz bilden und die auch für den Menschen gut sind. Sie wirken antikarzinogen, antibiotisch und blutdrucksenkend, sind aber auch sehr gut für den ganzen Verdauungsprozess und Stoffwechsel. Unsere ganze Palette an Gemüse und Salatsorten ist im Laufe der letzten Jahrzehnte auf einen einheitlichen Geschmack und vor allem auch auf Haltbarkeit und Reproduzierbarkeit hin gezüchtet worden. Das Ziel der konventionellen Landwirtschaft ist es, alles möglichst gleichzeitig blühen zu lassen, damit man es gleichzeitig ernten und verarbeiten kann. Genau das aber ist sehr schlecht für Insekten, Vögel und andere Wildtiere, die in Wiese und Acker leben. Diese Züchtungen, die sich industriellen Prozessen anpassen, haben nicht mehr die natürliche Vielfalt von unterschiedlichen Aromastoffen. Wichtige Inhaltsstoffe sind reduziert oder gar nicht mehr vorhanden, was zu Lasten der Widerstandsfähigkeit der Pflanzen geht und langfristig all die betrifft, die davon essen.

Ich habe in meinem Garten natürlich auch ein großes Kräuterbeet, aus dem ich mich jeden Tag reichlich bediene. Es ist eher ein Kräuterhügel, den ich aufgeschüttet habe. Zwischen den Kräutern gibt es Portulak- und Kressesalat und Radieschen, damit nicht so viel Beikraut dazwischenschießt. Vielleicht steckt hinter der Hügelform ja meine österreichische Sehnsucht nach den Alpen …? Ein paar Feldsteinhaufen habe ich für Eidechsen, Igel und anderes Getier aufgeschüttet, hier dürfen sie sich verstecken, denn eine funktionierende Ökologie konzentriert sich nicht nur auf ein Tier, sondern auf die Gesamtheit aller Pflanzen und Tiere. Dann sind alle glücklich.

Magere und fette Zeiten

Es gibt Zeiten, in denen Bienen relativ viel finden, nämlich im Frühsommer und Sommer. Gerade im Frühjahr, wenn die Landwirte hier im Nordosten Deutschlands viel Raps anbauen und alles gelb blüht und leuchtet. Dann wird sich der Wanst vollgeschlagen, wenn auch recht einseitig und leider meist mit Pestiziden gespritzt. Im späten Frühling schlürfen Bienen dann gern den Nektar zahlreicher Robinien und den Sommer über von den Linden, die beide hier zuhauf wachsen. Gibt es besonders reichhaltige Nahrungsquellen in der Gegend, zum Beispiel eine riesige Löwenzahn-Wiese oder eben Rapsfelder, Robinien, Linden oder am Waldrand auch reichlich wilde Brombeeren, spricht man von einer *Massentracht.*

Das Gegenteil davon ist die *Läppertracht.* Da gibt es zwar auch Pollen und Nektar zu holen, aber wesentlich weniger, wie zum Beispiel beim Waldmeister, der Kupfer-Felsenbirne oder beim Haselnussstrauch. Gerade diese Läppertracht ist es, die die Grundversorgung von Bienen sicherstellt, denn diese Blumen, Büsche oder Bäume helfen den Bienen, Nahrungsengpässe während Trachtlücken, also den jahreszeitlich bedingt blütenarmen Phasen, zu überbrücken. Eine Biene muss mindestens alle drei Tage essen, sonst ist sie tot. Sie kann also nicht einfach mal ein paar Tage hungern, wenn es nichts gibt. Natürlich hat sie ihre Honigvorräte, die ihr über diese Zeiten helfen können. Dieser Vorrat ist aber für den langen Winter gedacht. Deswegen ist es wichtig, dass es von Frühjahr bis Herbst immer etwas in der Landschaft gibt, was die Biene essen kann. Wenn es eine Trachtlücke gibt, nachdem die Biene zum Beispiel reichlich Löwenzahn eingetragen hat und nichts mehr blüht, verbrauchen dann die Bienen erst mal ihren einlagerten Honig. Hiesige Bienenvölker erzeugen pro Stock, also pro Organismus, bis zu zweihundert Kilo Honig pro Jahr. Das ist eine unglaubliche Menge. Berufsimker ernten zwischen zwanzig und sechzig oder siebzig Kilo im Jahr, was auch recht viel ist. Aber den meisten Honig benutzen die Bienen, um sich selber zu füttern und Energie zu tanken.

Wenn die Biene sich auf den Weg zu den Blüten macht, sammelt sie drei verschiedene Nahrungsgrundlagen: Erstens *Pollen,* das ist Blütenstaub. Für 1 Gramm Pollen sind ungefähr 14 000 Blütenstaubkörner der größten Art nötig oder 300 000 Körner der kleinsten. In der Blüte wälzt sich die Biene gewissermaßen im Blütenstaub, so dass ihr ganzer Körper mit Pollen bedeckt ist, dann vermischt sie ihn mit etwas Pflanzennektar als Bindemittel. Hat sie die Blüte verlassen, fegt und bürstet sie sich und befördert die klebrige Pollenmasse zur Innenseite ihrer Hinterbeine, wo sie sie kugelförmig zusammenpackt. Man sagt auch, die Bienen »höseln«, weil sie so eine Art Hosentaschen herumtragen.

Richtige Pflanzenblüten-Liebhaber können an den Pollenhöschen der Bienen erkennen, was gerade blüht und was die Bienen eintragen. So fliegen sie dann in ihre Beute und lassen sich den Pollen von anderen Bienen abnehmen. Dann kauen sie ihn ein bisschen durch und stampfen ihn ein, um ihn anschließend als nährreiches Eiweißfutter an die Maden und Puppen zu verfüttern. Der proteinreiche Pollen ist also eher fürs Muskelwachstum wichtig bei der Aufzucht vom Kind bis zur erwachsenen Biene. Bienen sammeln für sich und gleichzeitig für künftige Generationen, die von dem Honig profitieren werden, wenn die Sammlerin schon lange nicht mehr am Leben ist.

Die Pollen leuchten in den schönsten Farben: von Weiß über Grau, Orange, Gelb, Rot bis Violett, Schwarz oder Grün wie die vom Sommerflieder. Sehr schön sind auch die hellblauen und dunkelblauen Pollen der *Phacelia,* die man auch Bienenfreund oder Büschelschön nennt. Ihre Blütenblätter sind blau, und das Tolle ist, sie blüht so von Anfang Juni bis weit nach Ende des Sommers und hat sehr, sehr viel Nektar und reichlich Pollen. Dadurch, dass sie nicht nur zwei Wochen blüht, sondern tatsächlich bis zum Frost, ist sie eine sehr geeignete, wunderbare Bienenkost. Daher ihr Name: Bienenfreund. Weißer Spargel hat leuchtend orange und rote Pollen und so viel davon, auch an Nektar, dass ihn die Bienen ebenfalls sehr mögen. Da sieht man doch den Spargel mit ganz anderen Augen, oder? Allerdings wäre es wünschenswert, dass er zum einen überhaupt natürlich blühen darf und zum anderen aus ökologischem Anbau kommt.

Das Zweite, was die Biene sammelt, ist *Nektar,* der süße Blumensaft, der sich in allerlei Blüten versteckt oder bereitgehalten wird, um damit die Insekten zur Bestäubung anzulocken. Es ist ein süßlicher und etwas dickerer Saft als Wasser. Wenn man eine Wabe umdreht, und die Bienen haben gerade viel, viel frischen Nektar gesammelt, dann können manchmal ein paar Tropfen ausfließen. Probiert man ihn, weiß man, woher die Vorstellung vom Speiseplan der Götter kommt, die Nektar und Ambrosia schlürfen dürfen. Ich fühle mich beim Kosten dann immer, als wäre ich selber auf dem Olymp. Bienen müssen Nektar jeden Tag schlürfen, um einfach weiterleben zu können. Die darin enthaltenen Kohlenhydrate, also Zucker, aus denen er weitgehend besteht, brauchen sie, um ihre ganzen Le-

Eine mit Pollen gefüllte Wabe

bensfunktionen aufrechtzuerhalten, vor allem um genügend Energie zum Fliegen zu haben.

Übrigens: Gefüllte Blüten wie bei Chrysanthemen, Dahlien, Astern, Rosen, Akelei, Nelken, Kamelien, Pfingstrosen oder zur Fülle hochgezüchtete gefüllte Gänseblümchen und Sonnenblumen taugen meistens gar nicht für die Insekten. Sie kommen bei so vielen Blütenblättern nicht mehr an die Pollen, oder es gibt gar keinen Pollen mehr. Auch an den Nektar kommen sie nicht heran. Diese Blumen schauen zwar meist hübsch aus, aber eigentlich sind sie eine Mogelpackung, und man könnte auch gleich eine Plastikblume hinstellen. Beim Kauf erkennt man sie an dem Zusatz »fl. pl.«, das heißt lateinisch *flore pleno,* also »mit voller Blüte«. Die ursprünglichen ungefüllten Formen dieser Blumen, die Wildformen, sind kleiner, aber zäher und geben trotz der kleinen Größe viel mehr Nektar und Pollen ab. Selbst die kleinste Blüte wie die des

Spitzwegerichs kann noch Pollen und Nektar haben und attraktiv für Wildbienen und Honigbienen sein. Zum Glück lernen Insekten schnell, dass sie bei den gefüllten Blüten nicht unnötig Energie verschwenden sollten, und fliegen sie nicht mehr an.

Als Drittes sammeln Bienen noch *Honigtau*. »Honigtau« klingt ja so, als wäre es der Tau von Honig. Dabei hat der Honigtau gar nichts mit Nektar gemein und kommt auch nur indirekt von Bäumen und von Pflanzen. Honigtau ist nämlich das, was Läuse oder auch manche Zikaden »pinkeln«, die Pflanzen oder Bäume anpiksen, um deren süßen Pflanzensaft zu trinken. Wenn es sehr, sehr viele Blattläuse gibt in einem Jahr, dann gibt es auch guten Honig, den sogenannten Waldhonig, zum Beispiel von der Weißtanne. Der Waldhonig hat demzufolge auch eine andere Qualität, andere Wirkstoffe und eine andere Zusammensetzung als der Nektar-Honig. Ein Waldhonig ist sehr mineralisch. Das kann zum Problem für die Bienen werden. Wenn eine Biene nur Waldhonig in ihrer Beute hat und damit überwintern muss, dann bekommt sie Schwierigkeiten mit der Verdauung und Durchfall. Sie »kackt« dann sozusagen ihre ganze Behausung voll, weil sie wegen der Kälte nicht nach draußen kann. Das ist ein Hygieneproblem, aber auch für die Biene selbst gefährlich. Sie kann daran zugrunde gehen. Deshalb sollte man als Imker die Bienen nie mit zu viel Waldhonig in der Beute überwintern lassen.

Auf Gut Kerkow haben wir versucht, unsere Landwirtschaft im Hinblick auf eine geeignete Ernährung für die Bienen ein bisschen zu beeinflussen. Die Leute, die auf einem ökologisch geführten Bauernhof arbeiten, wissen, wie wichtig Bienen für die Bestäubung und für das ganze Ökosystem sind. So haben wir letztes Jahr für alle Bienen dieser Umgebung einen Hektar Wildblüten angebaut. Die Spaziergänger hat's gefreut und die Insekten auch. Manchmal bauen wir auch hektarweise Buchweizen an, den es zu Zeiten der DDR in dieser Region nicht gab. Abgemähte Buchweizenstängel leuchten in vielen verschiedenen Rottönen, was mich besonders beglückt und so manche Wanderer ebenfalls. Lange Blühphasen von bestimmten Pflanzen haben sich als Vorteil erwiesen. Buchweizen zum Beispiel blüht unregelmäßig ab, das heißt, es gibt nicht nur einmal eine gleichmäßige Blüte, sondern immer wieder Blüten, und das wochenlang, wie bei dem » Bienenfreund«. Er entwickelt sich erst spät im Herbst, so dass die Bienen wirklich lange Nahrung finden, wo es sonst kaum noch etwas zu holen gibt. Wie ich letztes Jahr an unserem dreiundzwanzig Hektar großen Buchweizenfeld sehen konnte, kamen aus der ganzen Umgebung Bienen angeflogen und labten sich gütlich daran.

Andere Imker waren auch davon angetan, dass ihre Bienen sich auf unserem Buchweizenfeld sattgefuttert haben, und erzählten mir, wie stark ihre Völker deshalb geworden sind. Ob man Buchweizenhonig vor sich hat, merkt man daran, dass er einen ganz besonderen Geschmack hat und eine kräftige dunkle Ockerfarbe. Er schmeckt sehr eigen und ist vielleicht nicht jedermanns Sache. Er riecht etwas unangenehm (»nach Pipi«, wie mein Imkerpate Manfred Zobel sagt), schmeckt aber nach Karamell und etwas malzig. Ich mag diesen Honig sehr gern.

Auch an Korianderhonig scheiden sich oft die Geister. Du liebst ihn, oder du magst ihn nicht. Er ist einer meiner liebsten Honige. Hier in Deutschland habe ich ihn zu meinem Leidwesen noch nicht entdeckt. Aber in Italien kann man ihn häufiger finden, wenn man die Augen aufsperrt. Dort pflanzen die Bauern Koriander um ihre Felder, um Rehe abzuschrecken, die sie sonst abfressen würden. Deswegen gibt es dort viele große breite Korianderstreifen. Findige Imker stellen Beuten während der Blühphase daneben auf, und schon hat man den begehrten Honig. Auch wenn er kein bisschen nach Koriandergrün schmeckt, sondern eher zitronig und ein bisschen nach einem Mix aus Majoran und Sonnenblumen. Das mag viele freuen, die Koriander nicht mögen. Also: ruhig mal probieren.

Das Wilde lassen. Die bunte Mischung macht's

Wie ist es heute um diese für die Ernährung so notwendige Vielfalt bestellt? Gesunde Erde wird immer kostbarer und knapper. Nicht nur wegen der Bodenversiegelung. Imker sind nicht erfreut über die Unmenge an Pestiziden, die Insekten töten, über Monokulturen und dass es keine Feldränder mehr gibt, sondern alles plattgemacht wird, um bis zum Rand ernten zu können. Aufgrund der zunehmenden Digitalisierung der Landwirtschaftsmaschinen wird inzwischen gezielt mit Hilfe von Satellitenaufnahmen und Bodenproben gespritzt und gedüngt, so dass auch noch dem letzten sich versteckenden Beikraut der Garaus gemacht wird. Das ist eine traurige Entwicklung für die Natur.

Denn die Pestizide, die in der Landwirtschaft gespritzt werden, nehmen die Bienen zum Großteil mit den Pollen und mit dem Nektar auf und tragen sie in ihren Stock, vermischen sie mit Wachs und verfüttern sie zum Teil an ihre Nachkommenschaft, an ihre Maden. Obwohl die Biene es schafft, einen Teil der Pestizide in ihrem eigenen Körper zurückzuhalten, vielleicht als atavistischer Mechanismus, um die künftigen Generationen nicht zu vergiften, finden sich doch später immer noch Reste im Honig. Die renommierte Organisation BUND, die sich insbesondere für nachhaltige und ökologische Landwirtschaft und gesunde Lebensmittel einsetzt und viel Aufklärungsarbeit leistet, hat im Jahr 2016 in Deutschland verkauften Honig von einem unabhängigen Labor auf Pestizide aus der Stoffklasse der Neonikotinoide untersuchen lassen. Mit dem Ergebnis: »In dreizehn von zweiundzwanzig Honigen aus deutschen Supermärkten wurden Rückstände von Pestiziden festgestellt.« Die Proben seien zumeist mit dem Insektizid Neonikotinoid Thiacloprid belastet gewesen. Dieses hochwirksame Nervengift, das die Weiterleitung von Nervenreizen stört, kann beim Menschen Krebs erregen und schädlich für die Fortpflanzung sein. Für Bienen und andere nützliche Insekten ist es tödlich. Es schwächt das Immunsystem oder beeinträchtigt die Orientierung. Was für ein Erfolg, dass dank des Einsatzes vieler solcher Organisationen, vor allem auch Campact, der Einsatz von Neonikotinoiden im Freiland von den EU-Mitgliedstaaten im April 2018 verboten wurde und auch Deutschland das Verbot unterstützt. Während auf den Feldern der USA jährlich rund zweitausend Tonnen dieser hochwirksamen Insektizide ausgebracht werden und China weltweit einer der größten Produzenten von Neonicotinoiden ist.

In der EU hat sich der Kampf für die Bienen – und damit auch für unsere Gesundheit – also diesbezüglich gelohnt, und die Pollen werden nun etwas weniger belastet sein.

Doch leider sind schon neue schädliche Pestizide im Anmarsch. Flupyradifuron heißt eine Mischung, die kurz vor der Markteinführung steht und in allen Teilen der Pflanze wirkt: in Stängeln, den Blättern und der Blüte. Dabei ist dem Bundesamt für Verbraucherschutz und Lebensmittelsicherheit bekannt, »dass bereits geringe Mengen ebenso tödlich für Insekten wie Bienen und andere Bestäuber wirken wie Glyphosat, das nach wie vor auf den Feldern versprüht wird. Diese Gifte stören unter anderem den Orientierungssinn von Bienen und schwächen ihr Immunsystem, wie das Umweltinstitut München herausgefunden hat.

Doch es gibt auch eine positive Entwicklung. Immer mehr

Dörfer, Vereine und Individuen versuchen mittlerweile, ihre Dorfränder, ihre Straßen, ihre Vorgärten und Brachflächen mit Wildkräutern, Wiesenweiden und Schmetterlingsweiden so zu besäen, dass die Natur einige Schlupflöcher hat. Schaut man auf den Boden, was für Pflanzen da eigentlich von selbst wachsen, kann man sehr viel über die Bodenqualität lernen. Wer liebt nicht eine Wiese voller Löwenzahn im Mai, auf der zahlreiche Bienen summen? Doch der gemeine Löwenzahn ist, wie andere Pflanzen auch, eine sogenannte Zeigerpflanze, die auf zu viele (oder zu wenige) Nährstoffe im Boden verweist. Gemeiner Löwenzahn wächst in Massen nur auf stickstoffreichem, überdüngtem Boden. Zu viel Stickstoff kann den Boden krank machen und damit auch die Pflanzen. So entscheidet der Boden über hausgemachte Monokulturen. Zahlreiche Wildpflanzen können auf zu stickstoffreichen Böden nicht gedeihen.

Genauso ist es mit allen Gärten, wo nur eine bestimmte Pflanze, ein bestimmtes Beikraut oder Wildkraut wächst, über das der Gärtner oft unglücklich ist. Das hat mit der Bodenqualität zu tun. Wenn man nicht eingreift, versucht sich der Boden über die Jahre, vielleicht auch über Jahrzehnte, selbst zu heilen. Wir nutzen oft Wachstums-/Mineraldünger und Pflanzengifte und diverse Mineralien, um der Natur eine Richtung vorzugeben, gegen die sie sich oft zu wehren versucht. (Es ist ein bisschen so, wie wir das mit uns selbst machen: Wir beziehen für unseren Körper teure Zusatzstoffe aus der Apotheke, von denen man mittlerweile weiß, dass sie keinen positiven Nutzen haben und gesunden Menschen sogar schaden können.) Leider stimmt die Wachstumsgeschwindigkeit von Boden, Bäumen und Pflanzen in der Regel nicht mit der des Menschen überein. Manche Böden brauchen über tausend Jahre, um einen Zentimeter Humus aufzubauen. Insbesondere Bäume haben einen ganz anderen Zeitstrahl als wir. Wenn man sich vorstellt, dass der älteste Baum der Welt mehr als fünftausend Jahre alt ist, was bedeuten dann zwanzig, dreißig, vierzig Jahre in so einem Baumleben, die für uns Menschen die entscheidenden Lebensjahre sind?

Es ist schwierig, einen wirklich gesunden, naturnahen Garten anzulegen, denn im Grunde dürften wir *keine* fertigen Bäume einbuddeln, sondern nur Samen, und sollten dem Baum beim Wachsen zuschauen. Weil uns aber in Anbetracht unseres vergleichsweise kurzen Menschenlebens die Geduld und die Zeit fehlen, nehmen wir kleinere und größere Bäume, die aus Baumschulen kommen oder von Freunden aus deren Gärten, oder wir buddeln sie aus einem Wald aus und setzen sie ein. Das mache ich auch. Wir sollten uns aber bewusst sein, dass diese verpflanzten Bäume sehr leiden, wie man mittlerweile weiß, und die Fähigkeit, mit anderen Bäumen und deren Wurzelsystem zu kommunizieren, verlieren oder erst nach Jahren stark eingeschränkt kommunizieren können.

Wildgewachsene Bäume sind robust und an das Klima, an alle Gegebenheiten der Natur, in der sie wachsen, angepasst. Ihnen kann nichts so schnell etwas anhaben. Gepflanzte Bäume hingegen müssen wir besonders in den ersten Jahren hegen und pflegen, weil sie ohne unsere Hilfe verdursten würden, von Rehen angefressen (weil es leider inzwischen zu viel Wild gibt), vielleicht auch sogar verschlungen werden von benachbarten Pflanzen oder Parasiten. Im Grunde genommen ist das ein Zeichen dafür, dass der Baum schwach, ja vielleicht sogar krank ist und sich nicht wirklich wohlfühlt an diesem Standort. Ein Baum hat nun mal keine Beine und kann sich wie wir auf den Weg machen und sich einen anderen Ort zum Leben suchen. Manche meiner Bäume im Garten stehen von Anfang an strotzend vor Kraft da, selbst in einer Hitzeperiode, andere kränkeln, und selbst gutes Zureden und Gießen hilft da kaum. Ich schaffe es nur nicht, den Mickerlingen den Todesstoß zu versetzen und sie auszubuddeln … die Hoffnung stirbt zuletzt.

Vieles, was gepflanzt wird und nicht an die Begebenheiten vor Ort (Klima, Standort, Böden) angepasst ist, kann oft nur mit chemischer Hilfe überleben. Solche Pflanzen müssen dann regelrecht gepäppelt werden, sei es im Garten oder auf dem Feld. Alles Wilde aber, das von selber wächst, hält in meinem Garten die ärgsten Dürrekatastrophen und Regenüberschwemmungen aus und grünt und gedeiht und steht da wie eine Eins. Alles andere, was ich mühsam gesetzt habe, seien es meine Bohnen, Petersilie oder auch Kartoffeln, meine Rosenstöcke oder Pfingstrosen, sie gehen ein bisschen in die Knie, wenn es zu lange heiß ist, und ich muss sie mit einem großen Aufwand hegen und pflegen und vom Gewuchere anderer Pflanzen befreien.

Dass ich meine Wiesen nicht gleich mähe, bevor die Blumen geblüht und sich wieder ausgesät haben, ist eine wahre Geduldsprobe und manchmal schwer auszuhalten für mich, wenn ich das Gras immer höher und höher wachsen sehe und fast hüfthoch durch Wildkräuter stapfe. Ich kann dann natürlich auch nicht einfach mal so im Gras liegen. Wegen der Disteln ist Barfußgehen auch kein uneingeschränktes Vergnügen. Mein Kompromiss ist, dass ich mit meinem Mäher einfach Wege in die Wiese reingemäht und auf einen Teil vor meiner Terrasse nur Gras gesät habe und den Disteln einzeln auf die Pelle rücke, wenn sie sich auf meinen Wegen befinden.

Ich denke mir allerdings, der eine oder andere Nachbar von mir wird nicht sehr begeistert von meinem Garten sein. Die Angst vor all den Wildpflanzensamen, die keine Grundstücksgrenze einhalten, liegt in der Luft. Ich kann das gut verstehen. Der eigene Garten ist oft die Verlängerung des eigenen Egos. Das will man im Griff haben. Nur wenige lassen mit Bedacht der Natur in ihrem eigenen Garten freien Lauf. Das merke ich manchmal auch an Spaziergängern, die vorbeigehen und skeptisch über meinen Gartenzaun schauen. Manch einer freut sich aber auch über die Vielfalt. Ich weiß ja, warum ich so einen Garten habe und dass dieser (unter uns) eigentlich doch viel, viel schöner ist – zumindest in meinen Augen – als so ein abgezirkelter, quadratischer grüner Rasengarten, der in erster Linie viel Mühe macht und ein steter Kampf gegen die Natur ist. Ordnung, Kontrolle und Gesetzmäßigkeit interpretieren viele anders als die Natur.

Für mich jedenfalls ist es viel bequemer und einfacher, wenn ich die Natur zum Großteil ihr Werk machen lasse und aushalte, dass es dann halt nicht so ausschaut wie im Kleiderschrank meiner Großmutter, wo alles Bug auf Bug liegt, jede Unterhose frisch gefaltet ist, jedes Nachthemd gebügelt und gestärkt, dass man das Lineal an die Ecken legen kann. Ist es nicht das Wesen der Natur, vielfältig und individuell und gerade nicht genormt auszuschauen? In Gärten, die sehr gepflegt und ordentlich und übersichtlich sind, sehe ich kaum Schmetterlinge, Vögel oder eine Biene. Da gibt es wenig, was diese Lebewesen essen könnten.

Ich denke, das Aushalten dieses für uns empfundenen Chaos' im Gegensatz zu einem gepflegten, in gewisser Weise »sterilen« Garten ist eine Lebensübung. Wenn wir gießen, pflegen, uns abrackern, dann haben wir das Gefühl, wir haben diesen Garten verdient und wir beherrschen ihn. Wie selten gelingt es uns, einfach nur dazusitzen und das Geschenkte und Gegebene zu genießen, es anzunehmen und sich daran zu erfreuen. Ich übe mich inzwischen darin, loszulassen und nicht alles kontrollieren zu wollen. In meinem wilden, arbeitsreichen Leben, wo ich sehr oft die Chefin bin und sage, wo es langgeht, zeigt mir die Natur, wo der Bartl den Most holt. Ich lerne, die Kontrolle abzugeben und mich dem Leben hinzugeben. Demut dem Leben, allem Lebendigen gegenüber macht mich ausgeglichener und »erdet« mich.

Wenn meine Gartenmelde ausgerechnet an meiner schönsten Aussicht zu Tausenden wuchert und kein einziges anderes Pflänzlein mehr und ich mich ein bisschen gräme, dann denke ich an die Worte meiner Freundin Anna Holzer. Sie ist Bergbäuerin und beschäftigt sich mit der Wirkung von Kräutern, insbesondere denen der Alpen, woraus sie auch allerlei Heilmittel und Tinkturen mixt. Als ich über die Vielfalt der Kräuter in ihrem Garten staunte, sagte sie zu mir: »Das, was in deinem Garten wächst, quasi vor deiner Haustüre, das brauchst du.« Gartenmelde zum Beispiel hilft gegen Frühjahrsmüdigkeit, wenn man eine Revitalisierungskur braucht, lernte ich. Sie ist besonders gut für Frauen, weil sie viel Eisen enthält und Wechseljahresbeschwerden lindert. Bis ins Mittelalter hinein war sie übrigens ein gern angepflanztes Gartengemüse, das die einfachen Leute sehr geschätzt haben. So gesehen kommt die Melde mir genau recht. Sie schmeckt einfach köstlich, wie ich finde, viel besser als Spinat, viel interessanter. Sie hat auch weniger Oxalsäure als Spinat und viel mehr Vitalstoffe und sekundäre Pflanzenstoffe. Seitdem mache ich mir öfters einen kleinen Salat mit Melde oder Rührei mit angeschmorter Melde und ein bisschen Knoblauch und am nächsten Tag ein Pesto und verputze es mit Pasta.

Also lasse ich sie weiterwuchern wie alles andere »Unkraut« in meinem wilden Paradies und erfreue mich an kostenlosen Lebensmitteln, den zahlreichen Schmetterlingsarten, am Gesumm der Bienen, der Hummeln und vieler anderer Insekten. Ich sage mir: »Es hat schon alles einen Sinn, und irgendeiner freut sich über dieses naturgemachte Festmahl.« (Okay, ich gebe zu, ein paar weniger Gelsen, also Stechmücken, und weniger Disteln wären mir schon recht …)

Wenn Sie also einen kleinen Garten haben oder selbst eine

Terrasse, einen Balkon, seien Sie doch so großzügig und geben Sie wenigstens ein Eckchen den Insekten zurück. Säen Sie geeignete Samen für Insekten oder Wildbienen aus oder lassen Sie dort stehen, was sich von selber aussät, und schauen Sie einfach zu, was dann so angeflogen kommt.

Die Kunst des Sammelns

Nun wissen wir zwar, was die Bienen gerne schlürfen und sammeln. Aber wie genau gehen sie eigentlich beim Sammeln vor? Wie findet denn diese Biene zum Beispiel so minikleine Blütchen und Pollen wie die vom Spitzwegerich?

Zum einen hat jede Pflanze ihre eigene Strategie, um Insekten oder Vögel anzulocken. Manche machen das durch einen starken Duft oder durch ein besonderes Farbenbild, die anderen mit einer bestimmten Blüten- oder auch Blütenkelch-Form, so dass man gut an den Nektar herankommen kann oder nur ganz bestimmte Insekten diesen Nektar ansteuern. Andere Blüten locken mit kleinen, zittrigen Bewegungen oder mit einer Blütenblattform, die bei leisem Wind ein Muster, ein Wehen erzeugt, dass die Wildbiene und die Biene von Weitem erkennt: »Oh, kenn ich. Essbar! Ran an den gedeckten Tisch!«

Blüten locken auch elektrisch, fand ein Forscherteam heraus. Sie erzeugen elektrische Felder, die Bienen und andere Insekten mit einer Art »E-Sensor« wahrnehmen. Kommt so eine Biene auf eine Blüte geflogen, verändert diese ihr elektrisches Feld, und die nachfolgende Biene erkennt, ob kürzlich Konkurrenten da waren. Neben der Fähigkeit, Farben, Düfte und Muster zu erkennen, steht der Biene somit ein weiteres Instrument zur Verfügung, um Blüten besser zu unterscheiden. Im Gegenzug können Blüten ihre Bestäuber über den wahren Nektar- und Pollenvorrat informieren. Das ist eine Lehrstunde in ehrlicher Werbung. Denn Bienen würden schnell lernen und das Interesse an so unergiebigen Blumen verlieren, wenn die Informationssignale sie in die Irre führen.

Manchmal sieht man ja so eine Biene mit Volldampf wie auf der Autobahn vorbeirasen, dann fragt man sich: »Wie macht die das? Die muss ja irre werden bei so vielen Blüten und Pflanzen und Eindrücken!« Zum einen sieht sie, anders als wir Menschen, schon mal bis zu dreihundert Bilder pro Sekunde, ungefähr sechsmal so viele wie wir Menschen. Sie benutzt nicht nur ihre Augen, sondern auch den mit den Augen verbundenen Gleichgewichtssinn sowie unzählige feinste Härchen zur Wahrnehmung elektrischer Felder, die von Blüten ausgehen.

Die Biene gibt sich auch nicht mit nur zwei Augen zufrieden, sondern hat gleich fünf: drei Facettenaugen zum Farbsehen, allerdings eher im kurzwelligen Bereich, und drei Punktaugen für ihre Tagesaktivitäten zum Unterscheiden von Hell und Dunkel. Bienen sind rotblind. Dafür »sehen« sie ultraviolettes Licht, das wir wiederum nicht sehen, purpurrot. Weiße Blüten gibt es zum Beispiel für die Bienen nicht, sie reflektieren stets eine gewisse Menge Ultraviolett. Das haben sich im Laufe der Evolution Pflanzen in ihren Anlockungsstrategien für bestäubende Insekten zunutze gemacht, indem Muster auf ihren Blüten entstanden sind, die wir allerdings nicht erkennen können.

Mustererkennung spielt eine große Rolle beim Sammeln. Wobei die Bienen die Expressionisten unter den Blütenblattmalern gegenüber den Impressionisten bevorzugen, also eher einen Kandinsky als Monet mögen. Denn sie können zwar Dreieck, Kreis und Rechteck nicht auseinanderhalten, aber sie erkennen stark gegliederte gegenüber schwach gegliederten Strukturen. Auch der für uns an einem schönen Sonnentag einheitlich blau aussehende Himmel ist für sie gemustert. Ab einer Geschwindigkeit von fünf Kilometern pro Stunde schaltet die Biene beim Fliegen sozusagen auf einen Fokus-Modus, dann sieht sie links und rechts nur noch schwarzweiß. Übrigens nimmt sie deshalb auch schnelle Bewegungen besser als langsame wahr. Weshalb man sich am Stock nie hektisch verhalten sollte, um nicht die Bienen zu stressen und gar gestochen zu werden.

Ich bin von der Intelligenz der Bienen immer wieder fasziniert. Der belgische Schriftsteller und Literaturnobelpreis-Träger Maurice Maeterlinck hat in seinem 1901 erschienenen Buch »Das Leben der Bienen« geschrieben, dass das Gehirn der Biene nach dem menschlichen das vollkommenste in der gesamten Natur sei. Man könne sogar Bienen trainieren, dass sie an einem Faden ziehen, um dann von einer künstlichen Blume gefüttert zu werden. Zahlreiche Indizien aus der Forschung sprechen inzwischen dafür, dass Bienen lernen, Situationen durchspielen, Konsequenzen voraussehen und auch unterschiedliche emotionale Zustände durchlaufen können. Sie seien selbst in der Lage, menschliche Gesichter zu erkennen, hat der australische Wissenschaftler Adrian Dyer in Experimenten herausgefunden. Noch überraschender sei es für den Wissenschaftler gewesen, »dass die Biene das ursprüngliche Gesicht auch dann erkennen konnte, wenn sie es mit Gesichtern vergleichen musste, die sie vorher noch nie gesehen hatte«. Also merken meine Bienen vielleicht nicht nur am Duft, wer an ihrem Stock herumwerkelt, und sie erkennen mich wieder?

Ihr Hirn ist zwar nur so groß wie ein Sandkorn und hat im Vergleich zum Menschen mit bis zu einer Billion Neuronen nur circa eine Million Neuronen, dennoch können Bienen offensichtlich komplex denken, abstrahieren und sehr viel lernen. In Experimenten zeigen sie eine so bemerkenswerte Intelligenzleistung, dass unter den Bienenforschern mittlerweile weitgehend Einigkeit darüber besteht, dass die Kluft zwischen den geistigen Fähigkeiten der höheren Wirbeltiere und der Insekten und Bienen doch kleiner zu sein scheint als bisher angenommen. Ich frage mich deshalb ernsthaft, ob man nicht Bienen – allgemein Insekten – so wie Wirbeltieren auch Tierrechte einräumen sollte.

Die ungewöhnlichste und nach wie vor nicht vollständig entschlüsselte kognitive wie kommunikative Leistung der Bienen ist ihr sogenannter Schwänzeltanz, mit dem sie einander über Futterstellen (oder neue Nistplätze) informieren. Ein Wunder der Natur.

Was die Arbeitsteilung innerhalb eines Bienenvolkes betrifft, so bleiben die meisten Bienen im Stock. Nach einem ungeschriebenen Kodex und bis heute nicht entschlüsselten Plan hat jede Biene eine bestimmte Aufgabe und wechselt nach Alter (Erfahrung) und Bedarf von einer Arbeitstruppe zur nächsten. Dennoch: Ein bis zwei Prozent aller Bienen sind anders als die anderen. Das sind richtige Abenteurer, die sich in die Natur hinaus stürzen, sogenannte Spurbienen oder »Scouts«, die Nektar und Pollen sammeln, Wasser mitbringen oder eine neue Behausung suchen. Meist sind es die älteren Damen unter den Arbeitsbienen, die ab dem zwanzigsten oder fünfundzwanzigsten Tag ihres Lebens so an die zwei bis zehn Ausflüge pro Tag machen.

Diese Scouts pendeln zwischen drinnen und draußen, gehen schon mal raus, wenn es noch viel zu kalt ist, fliegen mal kürzer, mal weiter nach Norden, Osten, Westen und Süden, um zu schauen, ob es irgendwo eine gute Nahrungsquelle gibt. Oder sie stürzen sich in dunkle Rauchfänge, erforschen Höhlen und Astlöcher, ob das eine passende Wohnung sein könnte. Von der kleinsten Pflanze bis zum allergrößten Feld, von der einzelnen Kornblume oder der wilden Malve bis zum Ruprechtskraut – die Biene findet alles und bringt die Information, wie toll diese Futterquelle oder die mögliche neue Behausung ist (oder auch nicht), in die Beute zurück. Sie hat also eine Geschichte zu erzählen von einem Flug und einer Nahrungsquelle oder auch von potenziellen Gefahren. Wenn ich mir eine Position im Bienenstock aussuchen dürfte, dann wäre es sicher, so eine kleine verwegene Spurbiene sein zu dürfen.

Um nur einmal ihren winzigen Honigmagen zu füllen, der lediglich etwa ein halbes Gramm Inhalt fasst, muss eine Biene tausend bis tausenfünfhundert Blüten anfliegen. Da hat sie aber nur den Nektar, der ja noch entwässert und zu Honig veredelt werden muss. Der Flugradius einer Biene liegt bei drei bis sieben Kilometern. Für eine Portion von circa zwanzig Gramm Honig auf dem Frühstücksbrötchen fliegen sie rund dreitausend Kilometer. Welch eine unglaubliche Merk- und Kombinationsfähigkeit die Sammlerinnen auf ihrem Weg aufbringen müssen! *Wir* würden ewig dafür brauchen und mathematische Beispiele benötigen, um den besten, d.h. effizientesten Weg durch ein Gewirr von verschiedenen Punkten zu finden, von denen jeder nur einmal angesteuert werden soll. Bienen wägen auch ab, ob es sich überhaupt rentiert, einen weiten Weg auf sich zu nehmen, ob der zu erwartende Sammelertrag den Energieverbrauch für diesen Flug und die möglichen Gefährdungen überhaupt rechtfertigt. Manche drehen bei und denken sich: »Nö, das lohnt sich echt nicht. Tschüss.« Und manche haben sich wohl ausgerechnet, dass sich das gerade so ausgehen könnte. Wie gesagt, sie lernen schnell.

Während des Fliegens in immer größer werdenden Spiralen kartografieren die Scouts nämlich in ihrem Kopf die Landschaft. Wie genau das funktioniert, erforscht Professor Randolf Menzel von der Freien Universität Berlin, den ich in seinem Bienenlabor besuchte (mehr darüber im Kapitel »Kommunikation ist alles«). Dabei benutzen sie unter anderem eine Art Sonnenkompass und wählen den kürzesten und effizientesten Weg zu all diesen Blüten, damit sie so wenig Energie wie möglich hierfür verbrauchen. Deshalb wagen sich nur die älteren und erfahrenen Bienen überhaupt in die große, weite, schöne, aber eben auch gefährliche Landschaft, um ihrem Volk das Überleben zu sichern.

Mit dieser Karte im Kopf kommt unser Scout wieder in den Stock zurück, stellt sich auf einen ganz bestimmten Platz, den sogenannten Tanzboden, und fängt an zu tanzen, so eine Art Ausdruckstanz – entweder den einfachen »Rundtanz«, wenn es um nahe liegende Futterquellen geht, oder den sogenannten »Schwänzeltanz«, wenn die Ziele weiter entfernt liegen. Mit ihrem Tanz erzählt sie anderen interessierten Bienen, die sich sofort um sie scharen, was sie so alles gesehen hat und wie man am besten dahin kommt. Schon Aristoteles hat diesen Tanz beschrieben und über seine Bedeutung gerätselt. Aber erst der österreichische Verhaltensforscher Karl Ritter von Frisch hat diesen symbolischen Tanz für die Kommunikation unter den Bienen zu entschlüsseln begonnen – und dafür 1973 den Nobelpreis bekommen.

Meinen ersten »Schwänzeltanz« habe ich beobachtet, als ich in der »Fischermühle« imkerte und wir eine Wabe zogen, die voller Bienen war. Dort sah ich, dass zwei, drei Bienen ruckartig in einer Art Kreis herumgetanzt und andere Bienen sie abgetastet oder verfolgt haben. Ist das nicht großartig? Da tanzt so eine Biene ihren Zuschauerinnen eine kleine Geschichte vor: »He, ich habe da hinten eine Kornblumenwiese gefunden, die ist ungefähr hundertfünfzig Meter südöstlich von hier. Hier ist der Winkel zur Sonne dazu. Flieg mal hin – das ist ein Riesenkornfeld, lohnt sich eine ganze Weile!« Oder eine andere erzählt tanzend: »Oh, ich habe nordöstlich ein Rapsfeld entdeckt. Das ist aber sehr klein. Also ich tanze da jetzt mal nicht so wild, weil es nicht so super ist. Aber ich biete es mal an.«

Je intensiver der Tanz, desto ertragreicher also der Fundort. Aufgrund der Vibrationen, die eine tanzende Biene durch ihre Bewegungen, aber auch bestimmte Schnarrlaute in ihrem Brustkorb in den Waben auslöst, nehmen ihre Schwestern im

Dunkeln der Beute den Tanzplatz wahr und umringen die Tänzerin neugierig. Sie tasten sie mit ihren Antennen ab, riechen an ihr bzw. an den Duftstoffen, die sie als Probe mitgebracht hat und nun abgibt, und damit sagt, wo sie so überall war, und die interessierten Bienen tanzen dann mit, um sozusagen körperlich zu verstehen, wo es dieses Futter gibt. Das ist ein richtiger Wettbewerb. Die Tänzerin mit dem schönsten Tanz bekommt am meisten Anhängerinnen für ihren Vorschlag. Aber nicht nur das. Es gibt auch Saboteurinnen unter den Zuschauerinnen, die bestimmte Vortanzende durch Herumschreien und Kopfnüsse zu stoppen oder auf eine andere Scoutbiene abzulenken versuchen. Oder aber, eine heimkehrende Sammlerin hat entdeckt, dass sich ein Feind dem Stock nähert. Dann presst sie, wie Jürgen Tautz mit seinem Team an der Uni Würzburg herausgefunden hat, den Brustkorb mit diesem Schnarrlaut gegen die obere Plattform der Wabe. Dieser Ton löst wiederum bei den anderen Bienen im Stock – als hätten alle gleichzeitig einen Telefonanruf der Sammlerin bekommen – ein Warnfiepen aus, auf das sie ein zischendes Rauschen als Antwort geben. Das Ganze ist kaum zu hören, kann aber an den Wabenschwingungen erfasst werden. Solange dieser Warndialog im ganzen Volk anhält, wird der Tanzbetrieb eingestellt, und es fliegen keine Bienen mehr zum Sammeln los.

Die Bienen gehen bei dem ganzen Tanzmarathon sehr ökonomisch vor. Es könnte ja zu anstrengend sein, gleich mitzutanzen. Sie schnuppern kurz an der Tanzenden und checken, ob sie den Duft des Nektars einer Futterstelle schon kennen, oder prüfen das elektrische Feld der Tanzenden auf bestimmte Informationen hin (wobei die Forschung darüber noch in den Anfängen steckt). Wenn sie denkt: »Och wie langweilig. Kenn ich doch schon alles!«, tanzt sie gar nicht erst mit, um weitere Informationen über die geografische Lage und Qualität zu bekommen – kostet ja Kraft –, sondern fliegt gleich los. Bienen sind nun einmal blütenstet. Sie fliegen, solange es geht, dieselbe Quelle an, vielleicht aus Energiegründen? Erst wenn die bekannte Futterquelle allmählich versiegt, machen sich die anderen Bienen die Mühe des Mittanzens, um mehr Informationen aufzunehmen. Dabei konkurrieren sie darum, so nah wie möglich an der Tanzenden zu sein, sie viel zu berühren, damit sie ja nichts verpassen von ihrer Geschichte. Interessanterweise ist dieser Tanz nicht ganz so platzgreifend, wie von Frisch dachte und es noch in einigen Büchern abgebildet ist. Wie man an der Uni in Würzburg mit Zeitlupenaufnahmen herausfand, ist es eher ein ziemlich akrobatisches Hin- und Her- und Hoch- und Runterschaukeln in extremem Grätschstand, wobei die Füße immer wieder angehoben und nur wenig versetzt werden. Ich stelle mir das also eher wie African Dance oder indischen Tempeltanz vor …

Wenn man den Tanzboden übrigens versetzt, dann suchen die Bienen, die zurückkommen, so lange ihren »Tanzclub«, bis sie ihn gefunden haben und da weitertanzen können. Er besteht auch immer nur einen Tag lang mit all seinen nachschwingenden Düften. Während der Nacht, wenn die meisten Bienen schlafen oder ruhen, verfliegt dieser Duftcocktail, und die Bienen eröffnen fluglochnah am nächsten Morgen wieder einen neuen Tanzboden.

Die Kommunikation der Bienen untereinander entscheidet also darüber, was so ein Volk an Pollen und Nektar sammelt. Es kann sein, dass zwei Bienenvölker sehr dicht aneinander stehen und trotzdem völlig anderen Honig in ihren Beuten haben. Weil die Bienen noch immer selbst bestimmen, wo sie hinfliegen und was sie sammeln. Ebendeshalb gibt es keinen wirklich sortenreinen Honig, so wie er uns überall verkauft wird, wo dann »Akazienhonig« draufsteht oder »Sonnenblumenhonig«. Das ist auch gut so. Gerade diese kleine Mischung mit Spuren von anderen Pflanzen und Blüten macht den Geschmack doch erst so einmalig. Wenn ich Honig schleudere, dann kann ich den Unterschied der Honige von meinen Völkern schmecken. Das ist verrückt. Zur gleichen Zeit am gleichen Tag gesammelt, nur ein paar Hundert Meter auseinander, schmecke ich doch den feinen Unterschied von jedem Volk.

Lehrjahre. Learning by doing

Ich wollte natürlich bei meinen Bienen alles richtig machen. Las viel in Büchern, holte mir Rat bei Norbert Poeplau oder bei anderen Imkern. Ratschte mit Manfred Zobel, meinem Imkerpaten, der in der Nähe von Kerkow wohnt, über seine Bienen oder befragte Leute, die über Bienen forschten. Es waren (und sind) Lehrjahre, teils harte Lektionen, aber der eigentliche Lernprozess ist ein fröhliches Learning by doing.

Zum Beispiel der Umgang mit dem Smoker, den ich bei den Bienen anmache. Smoken heißt »Rauch hineinblasen« in den Bienenstock, nachdem man den Deckel der Beute aufgemacht hat. Man macht das, um die Bienen zu irritieren und vom Imker abzulenken. Sie riechen den Rauch und denken: »Der Wald brennt!« Sofort geht es bei ihnen ums Überleben. Sie sind dann damit beschäftigt, sich zu organisieren und ihre Mägen mit Honig zu füllen, um dann vielleicht abflugbereit zu sein, wenn der »Waldbrand« sich ihrer Behausung nähert. So vergessen sie den Imker.

Der Smoker ist so ein kleiner Zylinder aus Blech mit einem Blasebalg und einer kleinen Öffnung am oberen Ende, in dem ich entweder Kernholz verbrenne oder getrockneten Rainfarn, den ich gesammelt habe. Andere Imker geben bestimmtes Laub oder eine Art Kräutermischung mit Holzspänen oder Mulch hinein. Jeder hat da so seine eigene Mischung. Hauptsache, das Zeug verglimmt, und es raucht gut. Verschiedene

Norbert Poeplau und ich im Herbst bei *Marta*

Mischungen kann man auch kaufen. Ich nehme am liebsten Rainfarn, weil er eine insektenabwehrende Wirkung haben soll, hier bei mir in der Uckermark zuhauf an wilden Wiesen und Straßenrändern wächst und ich den Geruch mag. In der alternativen Medizin ist er ein Wunderkraut gegen Würmer und Herpesviren. Noch besser ist aber, dass er in Nachbarschaft mit Kartoffeln den Kartoffelkäfer so gut wie ganz vertreiben soll, was ich nächstes Jahr unbedingt ausprobieren möchte. Mein Smoker-Material kostet also nix und kommt aus der Region.

So ein Smoker ist eine ganz schöne Aufregung für die Bienen, deshalb sollte man seinen Einsatz auch nicht übertreiben. Man kann beim Hineinblasen richtig hören, wie es die Bienen erschreckt und sie erst anfangen hektisch zu summen, dann nervös werden, hin und her trippeln und den über ihnen stehenden Menschen gar nicht mehr wahrnehmen. Der nutzt nun die Gunst der Stunde, um an den Rähmchen oder an den Bienen zu arbeiten … Wenn man allerdings zu viel Rauch reinpustet, dann werden sie ärgerlich und übertragen diese Unruhe aufs ganze Volk. Dann finden sich auch immer ein paar lebensmüde Bienen, die dir zeigen wollen, wer die Herrin im Haus ist, und Attacken gegen dich fliegen.

Bei mir ist es aber meist andersrum. Einmal machte ich den Smoker zwar an, vergaß ihn zu benutzen und mal wieder die Zeit. Weil ich noch eine blutige Anfängerin war, dauerte die Durchsicht und das Verstehen, was ich da sah, eine kleine Ewigkeit. Ich träumte so vor mich hin, schaute mir die Bienen an … jede einzelne Wabe … und ein paar Maden … und wie vielleicht der ein oder andere Drohn schlüpft oder die Arbeiterinnen … ob ich die Königin finde … und wie der ganze Wabenbau so ausschaut … Entdeckte einen Bienentanz, wollte wissen, ob eine Biene in einer Wabe schläft oder nur drinsteckt, weil sie die beheizt … Und so verrann die Zeit …

Mit dem Rauch aus dem Smoker kann man die Bienen für einen Moment ablenken.

Ich war konzentriert und ungestört, weil meine Bienen friedlich waren. Doch nach einer halben oder dreiviertel Stunde fingen sie an, unruhig zu werden. Auf einmal änderte sich der Ton im Volk, wurde dringlicher, als würden die Bienen sagen: »Nu reicht's aber. Komm endlich zu Potte und lass uns in Ruhe!« Einige Bienen flogen mich aufgeregt an und wurden immer aggressiver. Da schreckte ich auf und dachte: »Oh Gott, die Armen! Da habe ich denen jetzt das Dach überm Kopf weggerissen, es zieht mörderisch, und ich spiele rum. Sofort schloss ich – nachdem ich alle Rähmchen wieder an ihrem Platz hatte – den Deckel der Beute, denn ich hatte gehört, dass ein Volk manchmal Tage braucht, um seinen Stock wieder auf die richtige Temperatur einzupegeln. Viel Arbeit, und das nur, weil ich so neugierig bin …

Ein anderes Mal passierte es mir, dass ich eine volle Bienenwabe mit vielen Bienen drauf so ungeschickt an meine Beute gelehnt hatte, dass sie umfiel, auf die Wiese plauzte und damit sicher einige Hundert Bienen erschlug. Die anderen summten wie verrückt und stiegen wie eine Wolke auf. Aber keine hat mich gestochen. Vielleicht haben die sich ja gedacht: »Mann, Mädel, du bist so batschert – das ist ein Wort im Wienerischen und heißt ungeschickt –, aber wir wissen, dass du es gut meinst und noch lernst, und deswegen wollen wir mal beide Augen zudrücken. Weil du uns nicht schaden wolltest und es aus purer Dummheit geschah.«

Aber es gibt auch Grenzen bei den Bienen. Nachdem ich im ersten Jahr kein einziges Mal gestochen worden bin und gedacht hatte: »Okay, meine Bienen stechen einfach nicht«, wollte ich vor drei Freunden, jungen Burschen, die mich besuchen kamen, ein bisschen angeben. Mit meinem Volk *Oglala,* das damals noch auf der Terrasse von Gut Kerkow stand, die man, wie schon erwähnt, nur vom Wohnzimmer aus betreten konnte. Ich hatte ein Essen gemacht und als Dessert kleine gebackene »Honigmäuse« kredenzt.

Nachdem ich stolz eine leere Bienenwabe gezeigt hatte, die im Wohnzimmer stand, und heftig von meinen Bienen schwärmte, sind meine Gäste neugierig geworden: »Hast du denn keine Angst vor den Bienen? Stechen die dich nicht?«

»Nee, die stechen nicht, die stechen nie«, antwortete ich leichthin. »Kommt mal mit, ich zeige euch mal meine Bienen!« Ich ging zu *Oglala* raus auf die Terrasse, öffnete den Deckel, sagte: »Kommt mal, schaut mal, das sind meine Bienen!« Und – wusch! – in dem Moment stürzten sich drei Kamikaze-Bienen auf mich, stachen mich in die Hand, in den Hals und in den Arm … »So 'n Mist!«, jaulte ich auf, strich das Wachstuch glatt, klappte die Faserplatten an ihren Platz und schloss den oberen Deckel.

Für mich war das eine Lehre. Ich habe seitdem doch einen

gewissen Respekt vor meinen Bienen. Zwar haben mich nur drei gestochen und nicht zwanzig oder dreißig, und sie flogen auch keine konzertierte Attacke, aber es kam mir so vor, als hätten sie gesagt: »Hey, Mädel, wir sind nicht dazu da, uns vorführen zu lassen. Wir sind immer noch Bienen und *keine Hausbienen,* die Männchen machen, wenn du es wünscht. Wie alle Bienen sind wir ein bisschen unberechenbar. Auch, wenn wir keinen Ärger mit dir wollen und dich herumprobieren lassen: Obacht! Sei ein bisschen demütiger uns gegenüber.« Seitdem bin ich einige Male gestochen worden. Weil ich entweder eine Biene grob berührt oder die Wabe zu nah vor meinem Auge hatte – ich bin auf dem einen Auge halb blind mit meinem Sehfehler. Oder das Wetter stimmte nicht, und die Bienen waren mit den Widrigkeiten hart am Kämpfen. Ich bleibe dabei: Sie sind meist ausgeglichen und friedlich. Wir verstehen uns.

Vielleicht hat es auch etwas damit zu tun, dass ich – wie mein Freund Norbert Poeplau es mir einst vorgemacht hat – nicht verschleiert zu den Bienen gehe. Ich trage nur einen Gesichtsschleier, wenn ich einen öffentlichen Auftritt vor mir habe, weil es mir schon passiert ist, dass mir eine Biene ins Gesicht gestochen hat und ich so angeschwollen bin, als hätte mich jemand zusammengeschlagen. Ich kann ja nicht jedem erzählen, wieso ich so desolat aussehe. Trotzdem bin ich mir immer bewusst, dass die Bienen einen schlechten Tag haben können, gereizt sind oder vielleicht im Stress, weil irgendetwas in dem Volk nicht stimmt, weil sie krank sind, die Königin zu alt ist oder verloren gegangen oder gestorben oder weil es einen anderen Stressfaktor gibt, der sie »stichfreudig« macht.

Ich esse zum Beispiel nie reife Bananen vor den Bienenkörben, denn Bananen gasen den gleichen Duftstoff aus, den die Bienen abgeben, wenn sie Alarm schlagen. Da sie mit diesem Geruch anderen Bienen signalisieren: »Hier ist ein Feind, helft mir ihn niederzustechen«, kann es schon mal passieren, dass einen dann selbst das friedlichste Volk plötzlich angreift. Bienen haben einen hochentwickelten Geruchssinn. Aber sie riechen nicht mit der Nase, sondern mit ihren Antennen. Winzige, mit Häutchen verschlossene Poren nehmen Duftstoffe auf, Nerven leiten den Reiz weiter. Sie können über ihre zwei Antennen auch die Richtung bestimmen, aus der ein Duft stammt, und beim Besuch einer Blüte den Pollengeruch vom eigentlichen Blütenduft unterscheiden. Mit bestimmten Drüsensekreten markieren sie Blüten für andere Bienen aus ihrem Stock.

Aber wie gesagt: Gewöhnlich sind meine Bienen so friedlich, dass ich ihnen in Ruhe und mit Genuss beim Arbeiten, beim Putzen und Hin-und-her-Krabbeln zuschauen kann. Ab und zu nasche ich aus dem frischen, körperwarmen Honig direkt aus der Honigwabe. Manchmal streichle ich ein paar Bienen, weil es mich fasziniert, wie gutmütig sie sein können.

Dass Bienen auch ganz anders sein können, habe ich bei einem Imkerkollegen erlebt, den ich bei seinen Bienen besucht habe. Ich erblickte ihn schon von Weitem. Er war wie üblich in seiner Imkertracht, ganz in Weiß verhüllt, die Finger in Handschuhe eingepackt, und er hatte hohe Schnürstiefel an, so dass wirklich kein Zentimeter Haut frei war. Ich näherte mich seinem Bienenwagen, da kam er mir schon entgegen und sagte etwas aufgeregt: »Lass uns zur Seite gehen, lass uns zur Seite gehen. Damit du nicht gestochen wirst.« Er zerrte mich von den Ständen weg.

Ich dachte mir: »Wieso so weit? Das sind doch ungefähr 10, 15 Meter? Das ist ja eine Weltumrundung. Wie sollen die mich denn aus so einer Entfernung stechen?« Aber schon stürzten sich die Bienen auf mich. Sie fliegen nämlich manchmal auch sogenannte Scheinangriffe. Als würden sie sagen: »Hau ab!« Oder wenn sie stechen wollen und es ihnen beim ersten und zweiten Anlauf nicht richtig gelingt, dann kann man diese Aggressivität schon am Ton ihres Summens und Fliegens hören. Manchmal verfolgen sie einen mehrere Hundert Meter, selbst wenn man die Beine in die Hand nimmt … Hier kämpft David gegen Goliath …! Aber wir wissen ja, wer gewonnen hat.

Natürlicherweise lässt eine stechwillige Biene, die einen als Opfer identifiziert hat, auch nicht so schnell los. Da nutzt es nichts, sich dreimal im Kreis zu drehen oder zwei Meter weit wegzugehen, sie verfolgt einen regelrecht. Man kann sie auch nicht abschütteln, und sollte sie bloß nicht anpusten! Das mögen sie gar nicht. Sie kommt immer wieder, bis sie gestochen hat. Obwohl sie dann sterben muss. Denn wenn eine Biene ein Säugetier sticht, wird ihr mit dem Stachel, an dem ein Widerhaken ist und der Giftapparat hängt, der ganze Hinterleib herausgerissen. Oder sie bleibt in der ledrigen Haut des Säugetiers hängen, weil sie mit dem Stachel nicht mehr rauskann. Da ist quasi die Evolution noch nicht hinterhergekommen, da es die Biene schon vor den Säugetieren gab. Oder aber: Weil es so viele Bienen gibt und relativ wenige durch das Säugetier-Stechen sterben, hat sich die Evolution in den letzten Tausenden von Jahren den Luxus erlaubt, das noch nicht zu verändern? Jedenfalls bin ich damals sehr schnell weggehüpft vom Imkerwagen. Bienen haben ein gutes Gedächtnis: Am gleichen Tag muss man dann gar nicht erst wieder kommen.

Da ich solche Erfahrungen eher selten hatte, wurden meine friedlichen Bienen gern besucht. Hin und wieder kam jemand zu mir, um zu schauen, wie es in meinen Stöcken so zugeht. Manchmal werde ich dann auch gefragt, ob ich nicht ein paar Königinnen von meinen friedlichen Bienen verkaufen mag. Was ich gewöhnlich ablehne. Denn ich habe gar keine Königinnen zu verkaufen oder zu verschenken. Ich züchte keine.

Was ich anbieten kann, ist eventuell mal eine Weiselzelle, also eine verdeckelte Wabe, in der eine Prinzessinnenlarve ist. Die könnten sie dann in ein Volk hängen, das ohne Königin ist. Ich tue das aus Gründen, auf die ich gleich komme, sehr ungern. Aber natürlich mache ich auch mal eine Ausnahme. Ich weiß aus Erfahrung und Erzählungen, dass die friedlichen Völker einiger Imker, die Weiselzellen hergaben, plötzlich doch stechfreudig wurden, wenn sie zu einem anderen Imker kamen. Denn Bienen haben eine Art kollektives Gedächtnis als Superorganismus, wobei einzelne Bienen über ein kommunikatives Netzwerk Informationen abspeichern und austauschen, positive wie negative. Traumatische Erlebnisse in Superorganismen sind bisher allerdings kaum erforscht.

James Nieh, ein Bienenforscher aus Kalifornien, hat dazu folgendes Experiment gemacht. Er legte eine Futterstelle für Bienen aus und zwickte einzelne Bienen dort mit einer Pinzette. Nachdem sie zum Stock zurückgeflogen waren, beobachtete er, dass diese gezwickten Bienen beim Schwänzeltanz andere Bienen, die auch dort gewesen waren und nun diese Futterstelle auf dem Tanzplatz anpriesen, »stoppten«, indem sie mit dem Kopf gegen sie stießen und kurze Vibrationsstöße mit ihrer Lunge machten. Daraufhin seien immer weniger Bienen zu dieser traumatisch besetzten Futterstelle geflogen.

Künstliche Hinterhalte auf Blumen, wie simuliertes Beißen, aber auch natürliche Fressfeinde wie Gottesanbeterinnen, Raubwanzen oder Krabbenspinnen erhöhten die Anzahl von Stoppsignalen auf dem Tanzplatz um das 88-Fache. Krabbenspinnen haben sich schlauerweise auf junge Blüten spezialisiert, die mehr Nektar liefern, weil sie gemerkt haben: »Ah, da kommen mehr Bienen angeflogen.« Die Bienen, die einem Angriff der Spinne entkommen waren, stoppten nach ihrer Rückkehr im Stock Bienen deutlich häufiger als andere Bienen und »sagten«: »Eh, dahinten auf dem Feld, lasst das mal, da werdet ihr gefressen!«, und erhöhten damit die Überlebenschancen des Gesamtorganismus signifikant. Einige Bienen flogen solche Blüten nie wieder an, andere, vielleicht etwas mutigere, nur mit allergrößter Vorsicht, was auch auf verschiedene Charaktere der Bienen schließen lassen könnte. Diese Experimente lieferten, so Nieh, den ersten Beweis dafür, dass sich die Bienen gegenseitig informieren, wenn es irgendwo gefährlich ist, und sich das auch im Schwänzeltanz ausdrückt. Das sei ein entscheidendes Element, um einen selbstorganisierenden Superorganismus zu steuern.

Als, um ein weiteres Beispiel zu nennen, während des Wettbewerbs um eine reiche Futterquelle auf einer Blüte Wildbienen die Honigbienen angriffen, hätten Letztere nach ihrer Rückkehr auf dem Tanzplatz im Stock die Anzahl der »Stopp-Tänze« gegenüber Bienen, die nach dem Nektar der besuchten gefährlichen Futterquelle rochen, um das Dreiundvierzigfache erhöht. So als wollten sie sagen: »Achtung, da, wo ihr gewesen seid, kommen ab und zu ein paar verrückte Wilde vorbei, die uns das Futter streitig machen! Bleibt mal lieber hübsch weg beim nächsten Anflug.« Dabei zitterten sie und tanzten weitaus weniger als üblich. Bienen hingegen, die keine Opfer gewesen waren, rekrutierten weiterhin ihre noch ahnungslosen Schwestern mit dem Schwänzeltanz und produzierten fast keine Stoppsignale.

Bienen erinnern sich also und warnen einander, um Gefahren zu vermindern und ihre Überlebenschancen zu erhöhen. Ewa wenn sie von einem anderen Tier angegriffen werden oder wir Menschen sie nicht sanft und vorsichtig behandeln, sondern roh und wie einen Gegenstand, sie mit Rauch ärgern oder attackieren. James Nieh wies in seinen Experimenten auch nach, dass Nestraub, also das Wegnehmen von Waben mit Weiselzellen oder von Honig und Pollen, ihre Aggressivität signifikant erhöht. Bienen vergessen traumatische Erfahrungen nicht und wehren sich, so gut sie können, selbst wenn sie keine Chance gegen den Feind haben.

Die Aggressivität bei meinem Besuch hatte mich jedenfalls überrascht, da ich sie von meinen Bienen ja nicht kannte. Ich gehe auch mal im Sommerkleidchen, in Shorts, barfuß, auch in einem Ringer-Laiberl zu ihnen hin und glaube, dass meine Bienen mich an meinem Geruch und vielleicht auch an meiner Art zu gehen oder an meiner Stimme erkennen. Denn ich habe den Eindruck, sie erdulden mich großzügig: »Ah sie wieder, die Olle, und macht wieder irgendwas.« Als sei nicht ich hier der Boss, sondern ihr Haustier, so ein großes, plumpes, ein bisschen ungeschicktes Ding, das ab und zu vorbeischaut.

Who knows, wer hier die eigentliche Bossin ist … Meine Bienen dürfen jedenfalls fast alles machen, was sie wollen. Wenn sie meinen, dass sie auf einmal Ende August mit Drohnenbrut anfangen müssen, obwohl bei »gesitteten« Imkern gerade das Gegenteil der Fall ist, nämlich dass die Bienen alle Männer aus dem Stock schmeißen, na dann bitte schön! Wenn im September und Oktober auf fast allen Honigwaben plötzlich wieder kleine Brutnester sind, dann frage ich mich schon, wer zum Kuckuck das Kommando da drin hat! Also ich bin's nicht.

Das Bienenvolk als Ganzes ist eine große Individualistin, und jedes Volk hat andere Eigenschaften. Die Individualität, der Charakter jedes Volkes zeigt mir deutlich, dass die Bienen das auch so sehen. Wer weiß, welcher geheime Plan dahintersteckt, dass sie sich oft nicht imkerkonform benehmen. Doch jenseits der Unterschiede in ihrem Verhalten läuft ihr geheimer Bienenplan wie am Schnürchen. Ich schaue in meine Bienenstöcke und bin immer wieder aufs Neue fasziniert, was für eine organisatorische Leistung sie vollbringen, wie es ihnen gelingt, unter immer anderen Umständen mit der größten Effizienz und dem geringsten Energieaufwand ihr Volk ins nächste Jahr zu bringen. Dafür brauchen sie keine Anweisungen und keinen Menschen. Niemals könnten wir ihnen zum Beispiel einen so perfekten Flugplan ausarbeiten, der es ermöglicht, die größtmögliche Zahl Blüten in der kürzestmöglichen Zeit anzufliegen. Weshalb man ja in China, wo es in manchen Landesteilen keine Bienen mehr gibt, Menschen auf Bäume setzt, um die Blüten per Hand zu bestäuben. Diese menschenbestäubten Bäume und Pflanzen geben signifikant weniger Obst und Gemüse ab, als wenn Insekten die gleiche Tätigkeit leisten würden.

Ich wurde als Imkerin natürlich auch schon bald mit Krankheiten und Besonderheiten meiner Bienen konfrontiert. Auch als ich das erste Mal Wachsmotten in meinem Imkerzimmer hatte, war ich schockiert. Als ich die Kisten mit den ausgebauten Waben öffnete, roch es unangenehm streng und seifig, und dann sah ich viele weiße, wurmartige, schnell wuselnde Maden über die Brutwaben kriechen. Teile der Waben waren wie mit einem weißen Spinnennetz überzogen oder schon gänzlich aufgelöst. Auch ein paar längliche, braungraue, nachtfalterähnliche erwachsene Wachsmotten entdeckte ich. Hilfe!

Norbert, den ich daraufhin anrief, lachte nur und meinte trocken: »Keine Sorge, Sarah. Irgendwann passiert das jedem Imker mal.« Unbebrütete Waben sind nicht gefährdet, lernte ich dann, und dass die Motten normalerweise Wabenreste fressen, sich also hauptsächlich von Pollenresten und den zurückgelassenen Kokons der geschlüpften Bienen ernähren – was sie jedoch vor allem für die Lagerung von Honigwaben gefährlich macht. An sich sind diese Wachsmotten in der Natur sehr nützliche Tiere. Sie reinigen insbesondere Höhlen, die von wilden Bienen- oder Hummelvölkern verlassen wurden oder in denen ein Volk gestorben ist. Wenn wilde Bienenvölker eine neue

Behausung suchen, riechen sie es, wenn zuvor Wachsmotten darin ihren Putzjob gemacht haben, und ziehen besonders gern in solche Stöcke ein. Ich behandelte dann alle meine Waben mit B401, einem biologischen Wachsmottenmittel, und wiederhole das seither zwei- bis dreimal im Jahr auf all meinen Waben.

Ich machte so einige Erfahrungen in meinem ersten Jahr – aber die schwerste war der Tod meines ersten Bienenvolks, *Athos,* das im Kranichbruch stand. Als ich es eines Tages besuchte, lagen kreuz und quer lauter winzige Bienenleichen in den Wabengängen. Irgendwann zwischen Oktober und Dezember musste das Volk gestorben sein. Obwohl ich ja wusste, dass der Tod eines Volkes nichts Ungewöhnliches ist und jedem Imker passieren kann, machte ich mir Vorwürfe, ob ich vielleicht doch nicht richtig für diese Bienen gesorgt hatte, und mich überkam eine tiefe Traurigkeit. Manch einer wird denken: «Come on, das sind doch nur ein paar Insekten. Wie kann einen der Tod von so ein paar Viechern berühren?« – Wer aber je einen Hund oder eine Katze gehabt hat und sich nach einiger Zeit wundert, wie nah dieses Tier einem gekommen ist, der wird eher verstehen, wenn ich sage: Jeder Imker entwickelt eine Beziehung zu seinen Bienen. Mal enger oder weniger eng. Auf jeden Fall fühlt man sich verantwortlich und sorgt sich um sie. Je mehr Zeit und Kraft und Gedanken man in sie investiert, desto mehr wachsen sie einem ans Herz.

Auch mein Volk *Izeta* verlor ich in jenem Jahr. Als ich im Jänner bei eisiger Kälte die Beute öffnete, sah ich außer einigen einzelnen toten Bienen nur gähnende Leere zwischen den noch gefüllten Honigwaben. Was war passiert? Ich vermute, dass sie in den letzten warmen Herbsttagen gestorben waren, als sie noch fliegen konnten. Aber wieso sind sie nicht zurückgekehrt? Wieso sind überhaupt fast alle ausgeflogen?

Später erfuhr ich, dass dieser rätselhafte Tod weltweit auch bei vielen anderen Völkern zu beobachten ist. Besonders dramatisch ist es in Kalifornien mit seinen Tausenden von Quadratkilometern Mandelbäumen in Monokultur, die mit quer durchs Land gekarrten Wanderbienen bestäubt werden. Eines Tages schauen die Imker in die Beuten, und die sind dann einfach leer. Diesen Zustand nennt man *Colony Collapse Disorder,* meist abgekürzt CCD. Die Ursachen sind vielfältig und bisher nicht ausreichend erforscht. Eine starke Vermutung ist, wie ich schon sagte, dass durch Neonikotinoide, also Pestizide, die das zentrale Nervensystem von Insekten schädigen, das Hirn der Bienen angegriffen wird und damit ihre Orientierung, ihr Tanzverhalten und andere Interaktionen so schwer beschädigt werden, dass das ganze Volk letztlich zum Tode verurteilt ist. Sie beginnen ineffizient zu sammeln, so dass sie mehr Energie verbrauchen, als ihnen zugeführt wird, und sie deshalb ihre Lebensfunktionen nicht mehr aufrechterhalten können. Oder sie finden schlicht nicht mehr nach Hause. Vielleicht hatte ausgebrachtes Gift damals ja auch meine *Izetas* umgebracht. Vielleicht sind auch verschiedene Umstände zusammengekommen und haben so das Leben meiner Bienen beendet.

Nachdem *Izeta* gestorben war, habe ich die Bienenbeute mit Feuer ausgeflammt, um eventuelle Parasiten zu töten und die Übertragung von Krankheiten ins nächste Volk zu verhindern. Danach hängte ich im Frühjahr leere Rähmchen hinein, in der Hoffnung: Vielleicht irrt ja irgendwo ein Volk herum und sucht eine besonders schöne neue Wohnung? Dieser Hochstand unter den Akazien und Linden, den ich so sehr liebe, ist doch ideal für ein Bienenvolk, dachte ich.

Tatsächlich. Als ich schon nach einigen Tagen wieder hinging, summte es am Loch. Ich konnte es gar nicht fassen und juchzte auf vor Glück. In meinen Hochstand war tatsächlich ein wildes Bienenvolk von selbst eingezogen! Das war eine viel größere Freude für mich, als wenn ich ein neues gekauft hätte.

»Ein gutes Omen«, sagte ich mir. »Die Bienen wollen zu mir und machen mir wieder Mut.« Ich nannte sie deshalb auch wieder *Izeta.*

Leider sollte das nicht der letzte Tod eines Volkes gewesen sein.

Mein erster Honig

Bienen zu halten, sich um sie zu kümmern, sie zu beobachten ist eine große Freude. Aber der reale Lohn für das Imkern ist doch meist der Honig. Die Honigernte ist noch immer jedes Mal aufregend für mich, als würde ich einen Schatz bergen. Deswegen war meine erste Honigernte so etwas wie eine Klimax für alle vorangegangenen Mühen und Arbeiten mit und an meinen Bienen. Allein die wochenlange ungeduldige Neugier beim Reinschauen in die Bienenbeuten, ob es denn nun schon genug verdeckelte Honigwaben gibt! Denn Honig kann man erst lagern, wenn der Wassergehalt unter zwanzig Prozent liegt. Fertigen eingedickten Honig erkennt man daran, dass die Bienen den Honig mit Wachs verschließen und damit als Vorrat sichern.

Nun ist es so, dass in meiner Einraumbeute auf den großen länglichen Rähmchen außer der Brut fast immer auch ein Honigrand vorhanden ist, an den ich nicht rankomme, weil Brutwaben niemals geschleudert werden. Die Bienen haben ihn in der Nähe des Brutnests platziert, um immer genügend Energie spendendes Futter für die anstrengende Brutpflege zu haben. Bei den Magazinbeuten-Rähmchen der professionellen Imkereien hingegen gibt es keinen solchen Honigrand. Dort hat man einen abgetrennten Honigraum, und die Honigringe und der Pollen befinden sich über dem Brutraum, damit man mehr und besser Honig ernten kann.

Beim Öffnen der Beute

Volkkontrolle. Alles in Ordnung? Ja.

In manchen Völkern haben meine Bienen sehr lange sehr viele Drohnenwaben gebaut und Brut gelegt, dass ich manchmal eine fast komplette verdeckelte Honigwabe in der Beute drinnenlassen musste, obwohl ich auf dieser nur vereinzelt fingergroße Brut statt eine handtellergroße Brutfläche gesehen hatte.

Meine allererste Honigwabe erntete ich bei *Marta* – vier mit Honigwaben volle Rähmchen waren mein allererstes Erfolgserlebnis. Was Berufsimker nur müde lächeln lässt, ließ mich vor Freude herumhüpfen, am liebsten hätte ich ein kleines Liedchen gesungen. Ich war erstaunt von der Schwere der Honigwaben, die mir fast aus der Hand rutschten, so dass ich Mühe hatte, sie beim Abfegen der noch darauf herumkrabbelnden restlichen Bienen festzuhalten. Nach dem Herausnehmen und Abfegen mehrerer Waben stand ich in einem wilden Bienengeschwirr. Hunderte, ja Tausende Bienen schwirrten herum und versuchten, sich zu orientieren. Manche ließen sich schnell nieder, andere flogen um die Beute herum oder zum Eingangsloch, um wieder in die Beute hineinzukommen.

Ich wusste aus meinen Erfahrungen in der »Fischermühle«, dass ich schnell und konzentriert arbeiten muss, weil die Bienen automatisch von ihrem Wabengeruch angezogen werden, als wäre ein Magnet unter der Beute. Also stellte ich zügig die abgefegten Honigwaben in einen Honigwaben-Transportbehälter und schloss sofort den Deckel. Aber ich hatte es geschafft. Der Schatz war gehoben.

Anschließend fuhr ich weiter zu meinen anderen Völkern *Selawie, Toffie, Ataraxia, Oglala* und meinem neuen Volk *Rosalie,* das ich mir als Ersatz nach dem Tod von *Athos* zugelegt hatte. *Rosalie* bedeutet die Heitere, die Harmonie Befördernde. Das wünschte ich mir für mein neues Volk, das in die Beute von *Athos* am Waldrand im Kranichbruch eingezogen war. Ich erntete auch den Honig dieser Völker und brachte den vollen

Honigwaben-Transportbehälter in mein Imkerzimmer. Als ich ihn öffnete, schwirrten sofort ein paar blinde Passagiere auf. Egal wie sehr man die Waben vorher absucht, irgendwelche Bienen schmuggeln sich immer in den Kasten hinein. Ich öffnete das Fenster und hoffte, dass sie zurück in ihren Stock oder eine neue Heimat finden würden.

Im Imkerzimmer stehen meine Schleudermaschine und ein Tisch mit einem Behälter, auf dem eine Art Rahmen sitzt, auf dem ich die Honigwaben ablegte, um sie vom Wachs zu entdeckeln. Da stand ich also vor den honigschweren Waben und hatte das gute Gefühl, nur das Sparbuch der Bienen geplündert zu haben, nicht das Konto. Ich lasse meinen Völkern so viel, wie sie zum Überleben brauchen, um über den Winter zu kommen, und den Rest nehme ich mir für die Logis, die ich ihnen gebe. Auch dafür, dass sie möglichst gesund bleiben, indem ich sie beobachte, Mäuse und Marder fernhalte und die eine oder andere Blüte anbaue. Ich finde, das ist ein guter Deal für beide Seiten.

Ich hatte mir vorher im Traume nicht vorstellen können, wie viel Genuss mir das Imkern bereiten würde! Unzählige Honigwaben zu entdeckeln, ist ja nun nicht gerade etwas, worum man sich reißt. Es klebt und ist eine Fitzelarbeit, die bei vielen Waben schnell monoton werden kann. Als ich aber vor meiner ersten entdeckelten Honigwabe stand, konnte ich nicht widerstehen, den frischen, noch leicht warmen Honig mit dem Finger aus der Wabe zu drücken und dieses sattgoldene, flüssige Brot der Bienen um meinen Zeigefinger zu wickeln und in den Mund zu stecken … Was für ein Genuss und doppelte, ja dreifache Belohnung für all die Mühe in den letzten Monaten! Ich hatte nicht nur die Freude, am Leben der Bienen teilhaben zu dürfen, sondern durfte auch ein süßes, gesundes Naturprodukt ernten, das nicht verdirbt. In den Pyramiden hat man 4000 Jahre alten, noch essbaren Honig gefunden.

Nun kam der restliche Honig dran. Zum Schleudern hatte ich eine runde Tonne aus Edelstahl mit einer Kurbel dran, die eine Zentrifuge betätigte, gekauft. Der Honig wird gegen die innere Wand geschleudert und fließt die Wände hinunter. In meine kleine Schleuder kann ich vier Waben auf einmal einschichten. Es gibt zwar auch elektrische Schleudern, aber ich hatte ja nur ein paar Waben. Da lohnt sich der Aufwand nicht. Zuerst also die eine Seite ausschleudern, dann wendete ich die Waben, um mit der anderen Seite das Gleiche zu tun. Und dann floss durch ein kleines Loch in Bodennähe endlich mein erster eigener Honig in einen Edelstahleimer, durch zwei Siebe hindurch, so dass feine Wachs- und Wabenrückstände darin steckenblieben. Das Ganze war eine klebrige Angelegenheit. Irgendwann klebte einfach alles: die Rahmen, die Schleuder, meine Hände, die ich immerzu an der Schürze abwischte, die dann auch klebte, und wenn etwas runtertropfte, klebten die Schuhsohlen. Immerzu musste ich mir die Hände waschen, da der Honig auch ans Dekolleté, Hals und Gesicht weiterwanderte, als ob er durch die Luft flöge … Aber vermutlich lag das an meiner noch etwas unprofessionellen und unbeholfenen Arbeitsweise.

Nachdem ich die Waben geschleudert hatte, ließ ich die mit dem Honig gefüllten Stahleimer erst einmal zwei Tage lang stehen. Viele Imker rühren dann diesen geernteten Honig noch über drei Tage hin mit einer Art überdimensionalem Quirl oder Stampfer um, um ihn cremig zu halten, damit die Zuckerkristalle fein bleiben. Erst danach füllen sie ihn durch eine Portionsmaschine in Honiggläser. Ich habe meinen Honig schon nach zwei Tagen abgefüllt, ohne ihn richtig oft cremig zu rühren. Später habe ich aus Zeitmangel sogar ganz auf das Rühren verzichtet und kaum einen Unterschied festgestellt. Mein Honig wurde zwar – wie jeder gute Honig – fest, aber er blieb immer in gewisser Weise weich und cremig und angenehm in der Textur. Ich glaube, das liegt daran, dass ich keinen sortenreinen Honig mache, sondern immer eine bunte Mischung von allem habe, was die Bienen so finden übers Jahr. Beim Nektar unterschiedlicher Blüten sind die Zuckerkristalle, die für die Textur verantwortlich sind, unterschiedlich groß. Je feiner und kleiner sie sind, desto cremiger ist ein Honig. Manche Imker »impfen« grobkristallinen Honig mit feinkristallinem, um ihn cremiger zu machen. Der Impfhonig wird dazu in den noch flüssigen Honig eingerührt. Kurz bevor der Honig fest wird, füllt man ihn ab. Im Glas kristallisiert er dann feincremig. Da ich sehr viele Blüten und damit unterschiedlich große Zuckerkristalle in meinem Honig habe, wirkt hier genau dieser Effekt, so dass er so wunderbar geschmeidig ist. Das ist zumindest meine bisherige Erfahrung.

Ich hatte nun drei ganze Eimer voller Honig gewonnen, das waren etwa 15 Kilo Honig von sechs Völkern, also pro Volk ungefähr 2,5 Kilogramm. Für Profiimker, die wie gesagt bis zu 70 Kilo ernten pro Volk, ist das eine lächerlich geringe Menge. Aber für meine Bedürfnisse war das völlig ausreichend. Ich war stolz wie Bolle.

Zum Abfüllen hatte ich Gläser aus dem Netz bestellt. Auch das Abfüllen war eine leicht klebrige Angelegenheit. Dann, am Ende, standen vor mir nur noch saubere, glänzende mit Honig gefüllte Gläser. Ich stellte sie ins Regal. Obwohl ich noch keine Etiketten hatte, waren es für mich die schönsten Gläser mit dem wunderbarsten Inhalt der Welt: mein erster eigener Honig! Von diesem Honig habe ich heute noch wenige Gläser. Sie erinnern mich an die Aufregung und den Stolz, den ich bei der ersten Honigernte empfunden haben. Wie glückselig ich war, dass Bienen tatsächlich Honig produzieren und ich in der Lage war, an diesen Honig ranzukommen, ohne Völker zu zerstören oder sie mit Honigersatzstoffen füttern zu müssen.

Da ich nur wenig Honig ernte, ist an Verkaufen kaum zu

denken. Ich glaube aber, der wahre Grund, warum es keinen Honig von mir (oder *noch* nicht) in unserem Hofladen gibt, ist, dass ich noch zu stolz auf jedes einzelne Glas Honig bin und weiß, wie viel Arbeit und Liebe darin steckt, weshalb ich den Preis von vier, fünf oder sechs Euro überhaupt nicht für angemessen halte. Er wird weder den Bienen noch der Arbeit der Imker gerecht.

Natürlich war ich auch neugierig, was meine Bienen so alles gesammelt hatten. Deshalb schickte ich von den ersten Gläsern eines zum Bieneninstitut, um eine genaue Pollenanalyse meines Honigs machen zu lassen. Nach ein paar Wochen erhielt ich eine Auflistung, wie viele verschiedene Pollen von welchen Pflanzen in meinem Honig waren, wie der Wassergehalt war und wie der Enzymgehalt, der sich als höher erwies als bei handelsüblichem Honig. Dank dieser ellenlangen Pollenliste war ich sicher, dass meine Bienen nicht nur konventionelle Rapsfelder angeflogen hatten, sondern eifrig die ganze wilde Natur durchforsteten, um noch von den kleinsten Blüten und Bäumen und Büschen Pollen und Nektar nach Hause zu holen und Honig daraus zu machen.

Solche Institute für Analysen sind sehr wichtig. Denn weltweit nimmt der Betrug mit falschem und noch dazu sehr teurem Honig zu. Auch Europa wird mit falschem Honig überflutet. Auf der Liste der weltweit am häufigsten gefälschten Lebensmittel steht Honig auf Platz drei (nach Olivenöl und Milch). Dabei kann »gefälscht« vieles bedeuten. Der Honig kann lebensmitteltechnische Tests nicht bestanden haben, oder das Herkunftsland ist nicht richtig angegeben, um zu vertuschen, dass der Honig weniger hochwertig als sein Preis ist. Honig aus der Ukraine zum Beispiel ist oft nur ein Drittel so teuer wie der aus Deutschland. Honig kann auch gestreckt sein oder gar nur aus Zucker bestehen mit etwas Honigaroma darin … 2013 gab es den sogenannten Honeygate-Skandal über den

Handel eines Hamburger Unternehmens mit gefälschtem Honig aus den USA. Seitdem hat leider auch Honig, der Inbegriff des Naturprodukts, seine Unschuld verloren. Doch gefälschten Honig zu identifizieren, ist gar nicht so leicht. Es sei wie ein Wettrüsten in der Lebensmittelbranche, konnte man im August 2018 in der »Neuen Züricher Zeitung« über den Kampf zwischen Honigfälschern und den Kontrolleuren, die sie verfolgen, lesen. Dabei ginge es zu wie beim Doping. Fälscher wie Kontrolleure engagierten beste Lebensmitteltechniker, um den Nachweis zu vertuschen oder zu erbringen, je nachdem.

Kostbaren, aber falschen Waldhonig könne man zum Beispiel leicht mit einem Strommessgerät erkennen, da er wegen der Minerale im Honigtau eine andere Leitfähigkeit hat als Blütenhonig. In China, dem mit Abstand größten Honigproduzenten der Welt, schreibt die NZZ, stellen manche Imker Futterstellen mit Zuckersirup vor den Stöcken auf. Die Bienen verschwenden keine Zeit und Energie mehr zum Sammeln an Blüten und füllen die Waben somit schneller. Man warte auch nicht immer fünf Wochen, bis die Tiere den Honig mit ihren Flügeln befächelt und getrocknet haben, sondern schleudere eine wässrige Brühe aus den Waben und trockne sie in der Fabrik nach. Welch unschöne Vorstellung!

In Deutschland forscht man an der Universität Bayreuth über das Honigfälschen. Die Studenten dürfen sich dann immer mal wieder daran üben. Dort hat man ein Messgerät – einen Supermagneten, der eigentlich hilft, den HIV-Virus oder antibiotikaresistente Keime nachzuweisen – einfach einmal für Honig-Tests eingesetzt und festgestellt: Es eignet sich wunderbar dafür. Bis zu zweihundert Inhaltsstoffe des untersuchten Honigs zeichnet dieses Messgerät auf und liefert so eine Art »molekularen Fingerabdruck«. Das Problem ist nur, dass man erst mal eine Honigdatenbank bräuchte, um Vergleichsdaten zu reinem Honig zu haben. Das wäre aber immens teuer …

Nun, bei meinen golden schimmernden Kostbarkeiten gibt es das Problem des Fälschens nicht. Mit meinen ersten Gläsern habe ich auch ein bisschen angegeben. Stolz hatte ich einen Korb voller Honiggläser an jeden Mitarbeiter auf dem Hof verteilt. Irgendwie hatte ich in meinem Honigglückstaumel ein besonderes Lob erwartet. Doch für viele Leute ist es einfach nur: ein Glas Honig. Und nicht DER Honig, der geniale Superhonig und künftige Lieblingshonig von Fräulein Wiener. Tja, das Leben ist kein Wunschkonzert.

Ich genieße meinen Honig jedenfalls immer noch wie am ersten Tag. Am liebsten pur. Da hat er meiner Meinung nach die wohltuendste Wirkung auf den Köper. Auch der Geschmack ist am besten, wenn Honig wie Trüffel roh verzehrt und nicht erhitzt wird. Ich esse zwar gerne Honigbrot und habe schon Bananen, Äpfel und Birnen in Honig gewälzt oder mit Honig überzogen. Aber am allerliebsten esse ich den Honig tatsächlich einfach so auf dem Butterbrot oder in der Frühe manchmal statt Zucker in einer Topfenspeise (Quark). Überall, wo man sonst Zucker in Cremes, Müsli und Breie rieseln lässt, nehme ich Honig.

Dadurch, dass Honige so verschiedene Geschmäcker haben, kann man seine Topfen- oder Joghurtspeisen mit dem Honig stark verändern. Ich gebe zum Topfen meist noch etwas geschlagene Sahne, manchmal auch noch ein bisschen Schmand, dazu zwei Esslöffel Honig und mische alles mit Nüssen, und je nach Jahreszeit mit ein paar getrockneten oder frischen Beeren. Im Frühsommer nehme ich dafür gern Mirabellenröster (Röster ist in Österreich ein dickeres Kompott), weil ich davon jede Menge gelbe und rote Wildzwetschgenbäume in meinem Garten habe. Hier in der Uckermark heißen sie Spillinge, in Österreich Kriecherl, wobei sie nicht ganz dasselbe sind. Kriecherl, die ich aus meiner Kindheit in Österreich kenne, sind runde schwarzrote oder dunkelgelbe Wildpflaumen in verschiedener Größe, von blaubeergroß bis aprikosengroß. Aus ihnen kann man Säfte, Likör, Kompott, Marmelade oder Chutney machen.

Viele benutzen Honig auch als Marinade für Salate oder Fleisch, gerade beim Grillen. Wenn ich eine besondere Kruste haben möchte auf meiner Ente oder meinem Schweinsbraten, dann serviere ich das Fleisch mit Honig, weil es dann so schön karamellisiert und das einen besonderen Geschmack gibt. Aber im Grunde bin ich kein großer Fan von Süßsauer oder Süßsalzig, deswegen gebe ich in all meine Salate auch keinen Honig und erst recht keinen Zucker. Am liebsten versenke ich ihn in schwarzem Tee, den ich jeden Nachmittag trinke, schaue auf das Glas auf dem Tisch und denke an meine Bienen.

Inzwischen haben meine Gläser auch ganz besondere Etiketten bekommen, die mein Sohn entworfen hat. Artur hat Illustrationsdesign studiert und sich besonders der analogen Drucktechnik, das heißt dem Holzschnitt, Bleisatz und Schriftsatz, verschrieben, die schwarze Kunst, die in Deutschland schon lang nicht mehr gelehrt wird. Er hat eigene, bis zu hundertzwanzig Jahre alte Druckmaschinen, die museumsreif und heute nirgends mehr in der normalen Berufswelt im Einsatz sind. Mit dieser Technik kann man sehr besondere Druckerzeugnisse herstellen. Das passt zu dem individuellen Charakter meiner Völker wie die Faust aufs Aug. Durch die Etiketten verbinden wir beide unsere Leidenschaften miteinander. Das gefällt mir.

Frühlingserwachen

An einem warmen Frühlingstag Anfang März sehe ich von meinem Wohnzimmerfenster aus einige Bienen aus der Beute von *Oglala* fliegen. Das Volk steht nah an meiner Terrasse, so dass ich die kleinen dunklen Knubbel gut erkennen kann. Der Winter ist endlich vorbei, die Temperaturen klettern auf über zwölf Grad. Gleich hinter *Oglala* stehen die zwei Kaltblutpferde meines Nachbarn. Wir beobachten uns manchmal gegenseitig.

Die *Oglalas* sammeln jetzt Nektar von Haselnüssen, von den dunkelgelb blühenden Kornelkirschen, Weißdornbüschen und den ersten Frühlingskrokussen. Die Schlehen bieten jetzt ein reichliches Pollenangebot und auch Frühlingsschlüsselblume, Schneeglöckchen und Märzenbecher sind für ein bisschen Pollen und Nektar gut genug, um angeflogen zu werden.

Ich sehe meine Bienen nach dem langen Winter endlich wieder. Darauf habe ich gewartet. Gegen Ende des Winters macht sich immer eine leichte Anspannung in mir breit, wie es den Völkern geht und was aus ihnen geworden ist. Die alles entscheidende Frage ist: Haben sie überlebt? Sind sie stark genug, um in ein neues Jahr zu starten, oder sind sie so geschwächt, dass sie die nächsten Wochen nicht überleben werden? Noch schlimmer: Fliegt da überhaupt was vor dem Flugloch? – Und dann die Erleichterung: Meinen Völkern *Oglala, Ataraxia, Marta, Selawie, Toffie* und *Rosalie* scheint es gutzugehen. Als ich sie im Winter immer mal wieder aufsuchte und an der Beute lauschte, hatte ich nichts Auffälliges bemerkt. Wenn man das Ohr konzentriert an das Holz presst, kann man ein gleichmäßiges und sehr feines Summen wahrnehmen.

Aber das will nicht unbedingt was heißen.

Im letzten Frühjahr ist ein großer Teil meines Volkes *Toffie,* das in einer rosa angemalten Beute in der Nähe des Friedhofs steht und mich schon bald nach seinem Einzug mit der am schönsten, buntesten schillernden Pollenwabe und den meisten Weiselzellen beglückt hatte, geschwärmt und über die Felder davongeflogen. Ich suchte nach ihm, konnte ihn aber nicht finden und hoffe, er hat anderswo überlebt.

Als ich das zurückgebliebene *Toffie*-Volk im Frühjahr auf einer meinen Touren besuchte, rührte sich nichts. Dabei war es doch schon April, und sie hätten längst ihre ersten Ausflüge machen müssen. Aber ich sah keine Bewegung vor dem Stock, keinen Reinigungsflug zur Leerung der Kotblase, kein Ausspähen neuer Futterquellen. Stille. Beim Lauschen an der Beute konnte ich das, was ich hörte, nicht eindeutig *Toffie* zuordnen. Sollte etwa auch dieses Volk wie *Athos* und *Izeta* gestorben sein?

»O nein, nicht schon wieder!« Resignation hatte mich gepackt. Ich habe es nicht übers Herz gebracht, die Beute zu öffnen. Ich fuhr erst einmal nach Hause, um zu frühstücken und mich für ein mögliches Unglück zu stärken. Da meine Bienen ja nicht alle an einem Platz stehen und ich so jedem Volk allein schon deshalb eine größere Aufmerksamkeit schenken kann, sind die einzelnen Völker für mich kleine Persönlichkeiten, die mit mir kommunizieren. Dieses eher unauffällige *Toffie*-Volk war mir sehr ans Herz gewachsen. Jochen, ein guter Freund und mein langjähriger Geschäftspartner, hat dem Volk den Namen seines damaligen Freundes gegeben. Heute sind die beiden verheiratet. *Toffie* war also ein gutes Omen für diese Liebe.

Aufs Schlimmste gefasst, war ich nach einem viel zu langen Frühstück erneut zu *Toffie* gefahren. Nach wie vor war keine Biene zu sehen. Nicht ein winziges Flügelchen. »Nicht gut. Gar nicht gut!«, dachte ich. Es nutzte nix. Ich nahm den Deckel ab, ohne den Smoker anzumachen, ohne meine sonstigen Vorbereitungen, riss das Wachstuch und die Hanfplatten vom Stock herunter und schaute in die Beute …

Zahlreiche Bienenaugen glotzten irritiert zurück. So als wollten sie sagen: »Wer stört uns da in unserer gemütlichen Winterkugel?! Mach zu, es zieht!« Kaum eine Biene flog auf. Erleichtert schloss ich schnell die Beute. Offensichtlich hatten es meine *Toffies* so gemütlich warm, dass sie nicht daran dachten, endlich die Frühlingssaison zu eröffnen. Wer weiß, warum das eine Volk sich noch rekelnd in der Beute aufhält, während andere schon eifrig Pollen und Nektar eintragen? Sie haben eben verschiedene Charaktere.

Ein Jahr später ist nun nach einem zwischendurch recht kalten Winter mit bis zu minus zwölf Grad ein perfekt warmer Märztag angebrochen. Es ist windstill, die Sonne scheint, kaum eine Wolke ist am Himmel zu sehen. Ich weiß, abends wird es wieder empfindlich kühl werden, und nachts werden die Temperaturen auf fünf bis sechs Grad sinken. Aber jetzt um die Mittagszeit hat es heute wohl schon knapp sechzehn Grad.

Viele Berufsimker weltweit arbeiten bei jedem Wetter an den Bienen. Das müssen sie bei der Anzahl der Völker, die viele halten (es können hunderte bis tausende sein), und wenn sie damit ökonomisch wirtschaften wollen. Bei den frei stehenden Beuten sagen die Imker gern: »Hauptsache, es regnet nicht zu stark und gibt keinen Sturm.« Ich leiste mir den Luxus, meist bei Kaiserwetter zu meinen Bienen zu gehen. Da sind sie wie ich gut gelaunt und der Einbruch in ihr Haus wird wohlwollender aufgenommen.

Ich fange bei *Oglala* an, meinem Lieblingsvolk in meinem Garten, in der hellblauen Beute mit den weißen Wölkchen. Im Schnee unter der Bienenbeute entdecke ich kleine braune Flecken. Das ist Kot der Bienen, den sie in der langen Winterpause in ihrer Kotblase zurückbehalten haben und die nun entleert wird.

Oglala wird verwöhnt. Obwohl der nächste See nur hundert Meter Luftlinie entfernt liegt, bekommen die Bienen manchmal noch eine extra gefüllte Bienentränke, damit sie sich beim Wasserholen bloß nicht überanstrengen. Ein bisschen ist das so, als würde ich meinem erwachsenen Sohn noch die Schuhe ausziehen, wenn er auf dem Sofa sitzt (was ich nie getan habe). Nur fliegen meine Bienen diese Wassertränke kaum an. Die denken sich wohl auch. »Eh Mädel, die paar Meter schaffen wir auch noch zum See.« Nix für ungut. Manchmal will man ja auch nur seiner Zuneigung Ausdruck verleihen, und wenn es mit einer Wassertränke ist.

Ungerechterweise bekommen meine anderen Völker keine solche Sonderbehandlung. Dabei hätten diese es vielleicht nötiger, denn frisches Wasser müssen sie von viel weiter weg holen. Zum Glück leben sie ja nicht gleich nebenan, sondern sind weit verstreut im Gelände, so dass es keine Eifersucht gibt und ich eventuelle Benachteiligungen von mir weisen kann. An den strapazierten Spruch vieler Mütter: »Ich hab euch doch alle gleich lieb!«, hab ich noch nie so recht glauben können. Andererseits: Sobald ich bei einem der Völker bin, zählt nur dieses und bekommt all meine Aufmerksamkeit, Sorge und Zuneigung ab.

Ich bereite meinen Smoker für *Oglala* vor, gebe den getrockneten Rainfarn, den ich letzten Herbst gesammelt, aufgehängt und getrocknet habe, hinein, dazu ein bisschen altes Stirnholz, und zünde ihn an. Vorsichtig öffne ich *Oglalas* Beute. Jeden Frühling denke ich, wer weiß, vielleicht haben sie ja vergessen, dass sie letztes Jahr noch sanft und wir Freunde waren? Zwischen dem Wachstuch und dem Dach haben sich einige Spinnen verwebt und einige Ameisen begonnen, es sich gemütlich einzurichten. Vorsichtig entferne ich sie. »Sorry, Freunde, hier wohnt *Oglala*. Sucht euch ein anderes Zuhause!«

Dann öffne ich das Wachstuch von der dem Flugloch abgewandten Seite und lüpfe es ein wenig. Ich bin gespannt, wie sich das Bienenvolk entwickelt hat, wie stark oder klein es geworden ist und ob es noch Honig hat. Erfreut stelle ich fest, dass bei *Oglala* noch reichlich Honig vorhanden ist vom letzten Herbst und sich das Volk aus der Wintertraube gelöst und schon ein kleines, nicht ganz faustgroßes Brutnest angelegt hat. Das heißt, die ersten Eier liegen schon am Boden der Wabenzellen direkt in der Mitte auf einer ansonsten fast leeren Wabe. Die Maden warten nun darauf, von den Ammen mit dem aus dem Sekret der Futtersaft- und der Oberkieferdrüse erzeugten Gelée royale genährt zu werden, das die Maden der künftigen Arbeiterinnen und Drohnen zwar nicht wie die Königin ihr Leben lang, also um die fünf Jahre, aber immerhin in den ersten drei Tagen bekommen. Das gibt ihnen sofort einen enormen Wachstumsschub. In der Nähe der Eier erkenne ich gesammelte Pollen. Diese werden mit Honig vermischt und die Larven danach damit gefüttert.

Die Königin suche ich nicht wirklich. Noch ist es zu kalt, um den Deckel so lang aufzulassen und sich Zeit beim Suchen zu nehmen. Es muss schnell gehen, sonst könnten meine Bienen durch den Temperatursturz an der Öffnung Schaden nehmen. Aber da es Eier gibt, bin ich mir sicher, dass die Königin noch vor mindestens drei Tagen gelebt haben muss. Trotzdem habe ich eine Befürchtung. Wenn es jetzt einen kalten Wintereinbruch gäbe, der länger andauert, müssen die Bienen viel Honig schlabbern, um zu überleben. Besonders Pollen brauchen sie nun für die Maden. Doch dafür kommen sie nicht umhin, auszufliegen. Bei Kälte wird das allerdings schwierig. zu Hause bleiben ist angesagt, und das ist eine große Gefahr für sie, weil gleichzeitig im Volk neue Bienen schlüpfen und diese wiederum versorgt sein wollen. Die Bienen müssen also erst einmal sicher über den Frühling kommen, was man »durchlenzen« nennt.

Aber heute ist es warm.

Zufrieden schließe ich den Beutendeckel von *Oglala* und mache mich auf den Weg zum NABU-Gelände, wo das Volk *Selawie* seinen Hochstand auf der Streuobstwiese hat. Auf dem NABU-Gelände hinter dem Besucherzentrum mit Ausstellungen über die Fauna und Flora der Uckermark und geschützt durch eine kleine Waldgruppe stehen noch andere Bienenvölker, allerdings in großem Abstand zu *Selawie.* Ich erkenne *Selawies* Beute auf dem Hochstand immer schon von Weitem, denn sie ist bemalt mit zarten weißen und blauen Blütchen auf langen grünen Stängeln. Dieses Volk machte mir am Anfang wegen der Sommerhitze unter den noch jungen, kleinen Obstbäumen ein bisschen Sorgen, da es nur wenig Schatten hatte. Deshalb baute ich ihnen ein kleines Holzsonnendach, damit die Hitze nicht von oben direkt auf die Zinkbleche knallt und sie aufheizt. Für den Winter hingegen brachte ich, damit sie nicht so frieren, seitlich noch kleine Holzwände als eine Art Windfang an, obwohl die Wände dieser dem Wind besonders ausgesetzten Beute schon doppelt so dick waren wie die der anderen Beuten – nämlich vier Zentimeter statt zweieinhalb Zentimeter. Außerdem hatte ich seitlich zusätzliche Holzwände zur Verstärkung angebracht. Das alles gefällt den Bienen, denke ich. Auch durch das Gewicht der Beute bedingt, lasse ich sie dort in Frieden stehen und hoffe, dass es den Bienen gut geht und ich nie in die Verlegenheit kommen werde, sie eines Tages umsetzen zu müssen.

Mit Bienenaugen betrachtet, ist der Platz hervorragend. Am Rande der Streuobstwiese wuchern alle möglichen Wildblumen, hundert Meter weiter ist die Straße mit Wildhecken bepflanzt, hernach kommen Kastanien, Robinien und Linden. Solche Bienenplätze gibt es leider immer seltener. Zwar findet man prächtige Bäume, die reichlich Pollen und Nektar anbieten. Sind diese aber binnen zwei, drei Wochen verblüht, insbesondere in heißen Frühjahren wie diesem, kann ein Volk unter Umständen verhungern, wenn es nicht Anschlussfutterquellen gibt.

Meinen *Selawies* geht es zwar gut, wie ich sehe, sie haben allerdings, im Gegensatz zu den *Oglalas,* viel weniger Honig, obwohl alle mit der gleichen Menge Honig in den Winter gestartet sind. Weil so etwas öfters passieren kann und man nie weiß, warum ein Volk Honig verschlingt, das andere hingegen hervorragend haushaltet, hebe ich im Herbst immer ein paar ungeschleuderte Honigwaben auf und hänge einem Volk dann, wenn es knapp werden sollte, eine Wabe an das Brutnest an. Anschließend entferne ich die leeren Waben, die sie schon alle verputzt haben und auf denen sich keine Brut befindet, damit die Bienen nicht so viel Mühe haben, das ganze Nest zu beheizen und zu pflegen. Vielleicht werde ich *Selawie* in den nächsten Wochen noch ein wenig mit Honig nachfüttern müssen.

Denn es kann auch anders kommen. Auch Norbert war schon ein Volk verhungert. Mitten im Sommer! Das Verhungern erkennt man dann daran, dass die toten Bienen alle ihre Zunge oder besser gesagt ihren Rüssel herausgestreckt haben. Wenn ein Volk in einem sehr langen kalten Winter vor den ersten Frühlingstagen verhungert, dann war man unaufmerksam und muss sich einen Fehler eingestehen. Aber ein robustes Jungvolk, das mitten im Sommer verhungert? Norbert meinte, es sei angesichts der Konkurrenz mit anderen Bienenvölkern zu wenig Tracht in der Umgebung gewesen. Manchmal ist auch das Blütenangebot selbst einfach zu gering oder es verringert sich schlagartig zum Beispiel durch das Mähen von Wiesen. Wo gestern noch zahlreiche Blüten standen, finden die Bienen nur noch weggesäbelte Grashalme vor. Oft können sie sich nicht so schnell darauf einstellen, haben aber dann schon reichlich Maden produziert, die nun alle schlüpfen und nach Essen schreien …

Auch das Wetter kann den Bienen einen Strich durch die Rechnung machen. Sehr windige Regionen wie die Uckermark sind eine starke Herausforderung für alle Insekten. Nur die Stärksten schaffen es durch einen Sturm und starke Windböen nach Hause. Bei starkem Wind oder wenn es sehr schnell zu heiß wird, kann der Nektar eintrocknen, und er ist für die Bienen dann nicht mehr erntbar. Auch die Blüten verwelken dann schneller, die Blühsaison verkürzt sich. Die Pflanzen sparen ihre Kraft, um zu überleben.

Viele Imker füttern deshalb in solchen Zeiten ihren Völkern Zuckerwasser zu. Dieses Zuckerwasser wird von den Bienen zu einer honigähnlichen Substanz umgewandelt, einer Art Kunsthonig, den sie wieder in die Waben füllen und mit Wachs verdeckeln. Aber de facto ist es eben Zuckerwasser und nicht die Vielzahl der wunderbaren Inhaltsstoffe von tausend verschiedenen Blüten und Pflanzen, die natürlich auch eine Wirkung auf das Immunsystem der Bienen hat. In manchen Gegenden gibt es so viel Monokultur und schon ab Juni keine Tracht mehr, dass Imker dort schon früh Zuckerwasser zufüttern müssen, damit ihre Bienen nicht sterben. So überleben ihre Völker zwar. Aber ein gutes Bienenleben ist das in meinen Augen nicht. Wildbienen der Region und Bienenvölker, die schon lange hier leben, sind an dieses kontinentale Klima der Uckermark angepasst. Wanderbienen und fremde importierte Völker jedoch haben es da schon viel schwerer. Auch zu viel Regen verhindert neben zu langer oder plötzlicher Kälte das Fliegen. Eine Honigbiene fliegt erst bei ungefähr zehn bis zwölf Grad los, darunter ist sie gerade noch bewegungsfähig, bei vier Grad stirbt sie. Bei der Apis mellifera mellifera, der dunklen Biene, sind einzelne Bienen auch unter zehn Grad unterwegs. Hummeln und andere Wildbienen starten allerdings schon bei noch leicht kälteren Temperaturen.

Nach *Selawie* schaue ich, ob bei meinem neuen Volk *Rosalie* noch alles in Ordnung ist. Ich stelle das Auto ab und gehe die letzten Meter eine kleine Böschung hinab. Dann bin ich endlich da. *Rosalies* Hochstand, der zuvor ja von *Athos* bewohnt war, steht am Waldrand vor sehr hohen Kiefern. Die Aussicht von oben ist zwar wunderbar, doch manchmal frage ich mich, ob es da nicht etwas zu düster ist. *Rosalie* ist ein etwas unscheinbares Volk. Es macht mir keinen Ärger und läuft so mit, so wie ehemalige Klassenkameraden, deren Namen man beim Maturatreffen vergessen hat. Vielleicht ist *Rosalie* auch so unauffällig, weil alles so ist, wie es sein soll. Keine Überraschungen, keine Auffälligkeiten. Als ich auf die Beute schaue, beschleicht mich ein kurzer Moment der Reue. Sind es bei den Menschen nicht oft auch die Unauffälligen, Normalen und Stillen, die keinen Ärger machen und den Betrieb am Laufen halten? Doch selten finden sie Anerkennung, weil es immer jemanden neben ihnen gibt, der um Aufmerksamkeit buhlt und »Hier, ich!« schreit, so wie *Marta,* die ein ziemlich extrovertiertes Volk ist. *Rosalie* weiß wohl, dass es am besten auf sich selbst schaut. Es liegt einen Tick zu weit von allem weg, um es öfters zu besuchen.

Es ist schon später Nachmittag, als ich endlich zu *Marta* fahre, die nach wie vor auf der Streuobstwiese unter einem

Kirschbaum steht. Bei *Marta,* bei der ich meinen ersten Honig erntete, summt es immer besonders laut. Dieses Volk ist stark und vital, und ich werde auch ab und zu mal von einer Biene gestochen. Deshalb habe ich *Martas* Beute mit kräftigen blauen und weißen Strichen wild bemalt. Ich habe das Gefühl, dass *Marta* meinem Charakter am ähnlichsten ist. Marta heißt im Hebräischen »die Gebieterin«. Das passt, denn Sarah heißt »die Herrin«. Da haben sich zwei gefunden ... Auch heute summt es schon heftig. Die Bienen leeren ihre Kotblase und haben ein erstes kleines Brutnest gebaut. Ich schaue nach, ob genug Honig da ist, und bin ganz selig, dass es dem Volk gut geht. Also schließe ich schnell wieder den Deckel und fahre mit meinem kleinen geländegängigen Suzuki zum Dorffriedhof zu *Toffie,* meinem gemütlichsten Volk, das von all meinen Bienenvölkern am weitesten von meinem Haus entfernt ist. Ich habe den Eindruck, dass dieses Volk das weiß, denn wie die Nachzügler von schon etwas älteren Eltern versucht es, mir keine Sorgen zu bereiten, sondern mich möglichst bei guter Laune zu halten.

Wieder entdecke ich nichts Auffälliges und steuere als Letztes für heute Mürow an, wo im Garten meiner Freunde nun schon seit vier Jahren *Ataraxia* ihre Heimat hat. Als ich aus dem Auto steige, bin ich irritiert: Es ist so seltsam still. Ich vermisse das vertraute Summen. Eine böse Vorahnung beschleicht mich. Tatsächlich: Vor dem Flugloch sehe ich keine einzige Biene aus- und einfliegen. Mit großer Sorge öffne ich den Deckel und sehe: Das Volk ist tot. Die Bienen stecken mit ihren Vorderköpfen unregelmäßig in den Waben, die zum Teil verschimmelt sind – anders als beim Tod von *Izeta,* als ich nahezu keine Biene mehr in der Beute gefunden hatte. Ein bisschen Honig in den Waben sehe ich auch noch. Verhungert scheinen sie also nicht zu sein. Aber woran sind sie sonst gestorben?

Es gibt nichts Traurigeres für eine Imkerin, als auf zusammengeschrumpelte tote Bienen zu schauen, die einst emsig jede Wabe gefüllt hatten. *Ataraxia* hielt ich für unerschütterlich. Wenn ich meine Freunde besuchte, hatten sie mich immer animiert, ihnen Geschichten von meinem *Ataraxia*-Volk zu erzählen: Was sie alles können, wie fürsorglich sie sind, wie sie Aufgaben verteilen oder in der Not übernehmen – lauter unglaubliche Geschichten über den Bien, diesen fantastisch organisierten Superorganismus. Ich hatte dann so etwas wie Mutterstolz für dieses Volk verspürt, das ich als besonders schön und friedlich empfand und auf dessen Honig meine Freunde und ich uns jedes Jahr gefreut hatten. Wie oft hatte ich beseelt die köstlich warme, von Honig und Propolisduft geschwängerte Stockluft von *Ataraxia* eingeatmet, sie beobachtet. Das Volk war nicht so extrovertiert wie *Marta,* aber auch keine unscheinbare, zarte *Rosalie.* Ihr Summen hatte etwas ruhig Bestimmtes gehabt, und unter ihren Scouts hatte ich mehr mutige »Kaltduscher« erlebt.

Und nun diese seltsame Stille im Garten, dieses vollkommen andere Bild. Ein Schlachtfeld, der ganze Bien zu einem Häufchen toter Insekten geschrumpft. Die Magie des schwirrenden, summenden, glitzernden, warmen Superorganismus ist verflogen. Ich weiß ja, es sind doch »nur« Bienen. Aber es waren MEINE Bienen. Ich habe sie gekannt. Niedergeschlagen räume ich alle Waben aus, schließe den Deckel und steige wieder ins Auto. Meine Gedanken kreisen: Was genau ist passiert? Bin ich daran schuld? Hätte ich etwas besser machen können?

Auch dieser Tod bleibt mir ein Rätsel. Doch es ist Frühling, die Waben meiner anderen Völker haben bereits genügend Brut. Da meine Freunde das fröhliche Summen in ihrem Garten vermissen, entnehme ich einige Wochen später von meinem Liebling *Oglala* zwei Waben mit genügend Eiern und Honig und einer Königinnenzelle, die schon verdeckelt ist, und setze sie in das verlassene und ausgeflammte Haus von *Atara-*

Mein von *Oglala* abstammendes neues Bienenvolk *Mr. Bien*

xia. Meine Freunde wissen sofort, wie sie ihre neuen Mitbewohner nennen wollen. Als sie die Beute weiß übermalen, damit das neue Volk auch wirklich eine eigenständige Identität bekommt, schreiben wir mit ziegelroten Buchstaben groß darauf: *Mr. Bien.*

Meine alte Oglala-Königin ist geschwärmt

Inzwischen ist es Mai geworden. Im Mai hat es die Biene gut. Noch ist es nicht zu heiß, und der Bien braucht auch noch nicht so viele Wasserschlepper, die Wasser in den Stock schaffen, um ihn innen zu kühlen. Die Monate Mai, Juni und Juli sind die spannendsten. Manche Imker fangen schon Ende Mai an, Honig zu schleudern. Bei mir geht das meist nicht. Es ist ja wie gesagt auch nicht mein oberstes Ziel. Ich imkere, meinem Charakter entsprechend, denke ich, indem ich meine Völker weitgehend sich selbst überlasse – zum einen aus Zeitgründen, da ich einfach nicht jeden Tag zu ihnen gehen kann und will, und auch ein bisschen aus Faulheit. Ich bin nun mal wie ich bin. Meine Bienen sind es auch und tanzen mir mit Vorliebe auf der Nase herum. Wäre ich eine Biene, würde auch ich lieber meine eigenen Waben bauen, würde schwärmen wollen, wann ich möchte, hätte gerne ein paar Brüder in meiner Nähe und würde lieber allein in meinem Revier wildern und nicht zehn andere Völker links und rechts neben mir stehen haben. Die Freiheit, sich nach den eigenen Bedürfnissen richten zu können, gibt mir ein Gefühl von Zufriedenheit. Ich finde, dass Lebewesen, die von einem abhängig sind, eine besonders gute Behandlung verdienen. Da ich nicht von den Bienenprodukten leben muss, kann ich mir diese Anschauungen leisten. Aber natürlich verstehe ich Imker, die eine andere Auffassung haben. Was Berufsimker leisten müssen, ist nicht mit meiner kleinen Luxusimkerei zu vergleichen. Es geht um wirtschaftliche Interessen. Existenzen stehen auf dem Spiel, und diesmal meine ich menschliche Existenzen. Letztlich imkert jeder eben, so gut er kann und darf. Und muss.

Bald sehe ich bei *Oglala* die ersten Orientierungsflüge der neu geschlüpften Generation der Sommerbienen. *Toffie* nimmt sich wie immer etwas Zeit, bei *Marta* sind sie schon länger unterwegs. Aber auch bei den anderen Völkern zeigen sich allmählich die neuen Sommerbienen, die zwischen Frühjahr und Spätsommer schlüpfen, wenn der ganze Betrieb läuft und es eine Menge Arbeit gibt. Die Sommerbiene verbraucht enorm viel Energie und stirbt innerhalb von drei bis sechs Wochen. Doch wenn es zum Herbst hin immer weniger zu tun gibt und es bald nur noch um das reine Überleben und um kraftsparende Aktivitäten geht, dann wächst die Generation der sogenannten Winterbiene heran, die meist bis Ende Februar lebt. Sie sorgt in der kalten Jahreszeit für die richtige Temperatur in der Beute und zieht im Frühjahr die erste Brut auf. Die gleiche Genetik, aber eine so unterschiedliche Lebensdauer. Ich bin jedes Mal beeindruckt.

Die alte *Oglala*-Königin legt noch eifrig Eier, sehe ich. Man weiß, es sind bis zu zweitausend am Tag. Eine unvorstellbare Menge! Und das, obwohl sie nur einmal, ein einziges Mal, bei ihrem Jungfernflug von höchstens einem Dutzend verschiedener Drohnen befruchtet worden ist. Deren Samen – bis zu fünf Millionen insgesamt – hält sie in ihrer Samenblase über Jahre frisch. Indem sie den Samen entweder einer Eizelle zufügt oder nicht, entscheidet sie abhängig von der Größe der Zelle, ob sie einen Drohn (eine männliche Biene) legt, das heißt ein unbefruchtetes Ei, oder eine Arbeiterin, ein befruchtetes Ei. Legt sie ein Ei in eine größere Zelle, die sogenannte Weiselzelle, die die Baubienen gebaut haben, dann zieht sie sich die neue Königin, ihre Tochter, heran.

Meine Völker wachsen nun rasant. Am schnellsten schlüpft eine Königin aus der Zelle. Sie braucht nur sechzehn Tage. Nach einundzwanzig Tagen schlüpft die Arbeiterin. Am längsten braucht der Drohn – vierundzwanzig Tage. *Oglala* hat ungefähr zehntausend Bienen im Winter gehabt. Jetzt wird das Volk über den Sommer auf vierzig- bis fünfzigtausend Bienen anwachsen. Danach nimmt es wieder ab. Noch hat *Oglala* diese Größe nicht erreicht. Je mehr Platz man den Bienenvölkern gibt, das heißt, je mehr neue Waben man dazuhängt, desto mehr sind die Bienen beschäftigt, Honig und Nektar einzutragen und zu brüten. Und die Lust und Zeit – weil es zu eng im Stock wäre –, zu schwärmen, das heißt, sich nach einem neuen Haus umzusehen, kann dadurch abnehmen. Anders als andere Imker, insbesondere solche, die auf wirtschaftlichen Ertrag ausgerichtet sind, möchte ich den Schwarmtrieb aber nicht unterdrücken. Denn das Schwärmen hat seine ganz eigene Bedeutung, auf die ich noch komme.

Am Gewusel der *Oglalas* vor dem Stock erkenne ich, dass es ihnen gutgeht. Wenn man ein bisschen Erfahrung hat und die Bienen beobachtet, nimmt man Unterschiede wahr. Wenn Bienen zum Beispiel Stress haben, bewegen sie sich hektisch oder unruhig und nicht so ausbalanciert. Da muss man auch gar nicht in den Stock hineinschauen. Oft nehme ich mir einen Stuhl, setze mich seitlich zum Bienen-Einflugloch und kann meine *Oglalas* auf diese Weise mit viel Geduld und Liebe beobachten. So, wie das auch viele Bienenforscher machen. Gerade weil ich *Oglala* so nah bei mir habe, hoffe ich, dass ich das Volk eines Tages, wenn es stark genug geworden ist, auch beim Schwärmen beobachten kann.

Ich muss für ein paar Tage nach Berlin. Als ich zurückkomme, sagen meine Bauarbeiter, die einiges am Haus zu tun hatten: »Ach übrigens, wir mussten zwischendurch mal aufhören, weil

Die Beute von *Oglala* in meinem Garten

eine zehn Meter lange Bienenwolke aus deinem Kasten dahinten gestürzt ist, und da haben wir uns lieber mal in Sicherheit gebracht.« Sie lachen zwar, aber ich sehe in ihren Augen noch einen Rest der Panik, die das bei ihnen wohl ausgelöst hat.

»Waas, meine Bienen sind geschwärmt?« Ich fasse es nicht. Ja, ich bin regelrecht enttäuscht, fast ärgerlich, dass meine *Oglalas* das genau in meiner kurzen Abwesenheit getan haben, als hätten sie mich nicht über ein wichtiges Ereignis informiert. »Aber Angst hättet ihr nicht haben müssen«, sage ich den Bauarbeitern. »Die stechen selten beim Schwärmen.« Auch wenn ein Bienenschwarm bedrohlich wirken kann, ist es so, dass die Biene, gerade wenn sie schwärmt oder sich als eine Traube zum Beispiel in einem Baum, einem Busch oder an einem Überhang versammelt hat, nicht sehr stechfreudig ist. Zum einen sind die Bienen viel zu beschäftigt mit der Suche nach einem neuen Haus. Zum anderen greifen sie normalerweise nie an, wenn man sich ihnen sanft nähert und sie nicht hektisch bedroht.

Jetzt hat also *Oglala* tatsächlich die zwei Tage ausgenutzt, um sich auf und davon zu machen. »Und, wie war es ganz genau?«, löchere ich die Bauarbeiter. Ich erfahre nun, dass die Bienen erst in die eine Richtung ums Haus geflogen und dann ein bisschen zurückgeflogen seien, sich anschließend in die Esche gesetzt hätten und danach wieder in die Bienenbeute zurückgekehrt seien – um ein paar Minuten später wieder als gesamte Mannschaft rauszufliegen und dann in einer anderen Richtung am Horizont zu verschwinden.

Das fand ich erstaunlich. Bis dahin hatte ich noch nie gehört, dass ein schwärmendes Bienenvolk in seine ursprüngliche Beute zurückfliegt. Als ich dazu meinen Imkervater Norbert befragte, meinte er, er habe so etwas auch schon gehört. Es sei aber sehr selten und man wisse nicht genau, warum es ab und zu vorkommt. Hm, meine Bienen sind eben eigenwillig. Ausgerechnet dieses tolle Schauspiel mitzuerleben, habe ich nun verpasst. Obendrein haben sie sich auf eine Esche gesetzt, wo ich doch nach meinen Erkenntnissen aus dem Seminar in der »Fischermühle« extra drei Zwetschgenbäume in meinem Garten gepflanzt hatte. Man hatte mir gesagt, dass Bienen sich auf ihnen zum Schwärmen besonders gern niederließen.

Mein Imkerpate Manfred Zobel hält davon nichts: »Es ist nicht die Frucht oder der bestimmte Baum, der Bienen anzieht, es ist die Wasserader, die unter einem Busch oder einem Baum verläuft. Oder wo ein Knotenpunkt ist.« Das würde dadurch bestätigt, dass Bienen sich immer wieder die gleiche Stelle suchen, um sich zu sammeln, nachdem sie aus ihrem Stock geschwärmt sind. »Da kann man Glück haben, und die Bienen hängen in einem Meter Höhe und man kann sie einfach bequem in einen Fangbeutenkasten einschlagen. Oder man hat Pech, und sie sitzen regelmäßig auf zwölf Meter Höhe in einem ausgewachsenen großen Baum, wo man keine Chance hat, die Bienen je zu fangen. Am besten noch in einem hohlen.«

Aber wo sind meine *Oglalas* nun hingeflogen?, frage ich mich. Vielleicht haben sie einen hohlen Baum gefunden? Oder ein anderer Imker hat den Schwarm entdeckt und eingefangen? Wer weiß das schon? Es ist tatsächlich so und steht sogar in den sogenannten »Bienenparagrafen« im BGB (§ 962) als Verfolgungsrecht des Eigentümers: Der Eigentümer des Bienenschwarms darf »bei der Verfolgung fremde Grundstücke betreten«, und wenn die Bienen in eine andere Beute einziehen, »darf der Eigentümer des Schwarmes zum Zwecke des Einfangens die Wohnung öffnen und die Waben herausnehmen oder herausbrechen«. Allerdings muss er den entstandenen Schaden ersetzen. Eine alte Imkerregel sagt: Wenn unter einem Schwarm ein Hut liegt oder ein Gegenstand, dann hat schon ein anderer Imker den Schwarm für sich reklamiert und ist nur schnell nach Hause gefahren, um eine Fangbeute zu holen, das heißt einen Schwarmkasten, um den Bienenschwarm einzufangen.

Ein Volk fängt man ein, indem man den Schwarmkasten unter den Bienen platziert und sie dann, mit einem kräftigen Ruck an dem Ast ziehend, in diesen Schwarmkasten einschlägt. So, als würde man auf einmal viele reife Nüsse vom Baum schütteln wollen. Einmal kräftig gezogen – und die Bienen plumpsen dann wie reife Früchte in den Kasten. Und jetzt kann man nur hoffen, dass die Königin mit dabei ist, weil sonst die ganze Arbeit umsonst war.

Hat man einen neuen Bienenschwarm gefangen, sollte man ihn erst einmal ein bisschen mit Honig füttern und in einem dunklen Raum, zum Beispiel im Keller, über Nacht stehen lassen, vielleicht auch einen zweiten Tag, damit die Bienen sich dort eng zusammenfinden und das neue gemeinschaftliche Gefühl gestärkt wird.

Generationenwechsel ist gesund

Wie anders als wir Menschen doch die Bienen mit künftigen Generationen umgehen! Beim Schwärmen zieht nämlich als Erste immer die alte Königin mit einem Teil des Volkes aus – und nicht die junge. So als sagte ich jetzt zu meinem erwachsenen Sohn: »Hier ist mein Auto, hier sind meine Vorräte, hier ist mein Konto, die Mehrheit meiner Mitarbeiter überlasse ich dir auch. Ich gehe, und du kannst in meinem Haus bleiben. Mit meinen wenigen Getreuen fange ich noch mal ganz bei null an, baue mir ein neues Haus und gründe eine neue Familie.« Vorher hätte mich der Rest der Familie ins Fitnessstudio zum Abnehmen gedrängt, dass ich schlank und fit genug für die große Reise bin und mir zu verstehen gegeben: »He, komm. Friss uns nicht mehr die Haare vom Kopp, und vergiss all das Bisherige. Mach dich auf zu neuen Ufern. Die Zukunft gehört der nächsten Generation!« – (Natürlich sind es immer die Töchter bei den Bienen, aber mit so einer kann ich selbst nicht dienen.)

So in etwa machen es die Arbeiterinnen mit der vom vielen Gelée Royale fettgefütterten Königin, die sonst nicht leicht genug zum Fliegen wäre. Ein Volk kann eine Königin auch auswechseln, wenn sie nicht mehr genug Eier legt, eine Verletzung hat oder ihr Stockgeruch, also die stockeigenen Pheromone nicht mehr stark genug sind. Die Arbeitsbienen füttern sie dann weniger und drängen sie zum Gehen, indem sie sie schütteln.

Oder sie wird von einer jungen Prinzessin mit einem Fiepen gewarnt: »Hau ab, Süße, sonst bekommst du es mit mir zu tun!« Macht sie das nicht oder ist sie schon zu schwach dafür, kann das übel für sie ausgehen, und sie kann dann sogar von der Nachfolgerin getötet werden. Auch Arbeiterinnen stechen die nicht mehr erwünschte Königin manchmal einfach ab. Das geschieht häufiger, als man denkt. Schwärmen ist also eine riskante und sehr mühselige Sache, gerade für eine ältere Königin.

Schwärmen ist aber auch gesund. Und erst Schwärmen macht ein Volk unsterblich. Eine junge Generation ist kräftiger als die alte und das Immunsystem noch weniger mit Umweltgiften belastet. Die Selbstheilungskräfte sind größer. Es ist ein stark reinigender Prozess für den abgeflogenen Schwarm, weil er keine mit Parasiten oder Bakterien kontaminierten Maden in den Waben mit sich führt. Der Bienenforscher Thomas D. Seeley hat beobachtet, dass »mit dem Schwarm rund sechzig Prozent der Arbeiterbienen das Muttervolk verlassen – und damit auch sechzig Prozent der auf ihnen sitzenden Varroamilben«. Außerdem gibt es im alten Stock eine Brutunterbrechung nach dem Ausflug der alten Königin. Auch das hilft gegen den Befall mit der berüchtigten Varroamilbe, sagt Seeley. Bis die neue Prinzessin so weit ist, die Waben wieder zu bestiften, also mit Eiern belegen zu können, findet die Milbe keinen »Blutwirt« in Form einer Made, in die sie sich einnisten und vermehren kann. Vor dem Abflug des Schwarms ist die Zahl der Varroamilben deutlich reduziert, weil sich die Schwarmbienen auf fünfunddreißig Grad Celsius aufwärmen, bevor sie schwärmen. Möglicherweise lassen sich die wärmesensiblen Varroamilben in der Bienenbeute von den »aufgeheizten« Bienen dann fallen, meint der Bienenforscher Thomas D. Seeley.

Hat ein Schwarm dann eine neue Behausung gefunden, kann dieser wieder mit geringerem Milbenbefall anfangen. Die besten Chancen, einen guten neuen Platz für sich zu finden, hat ein Schwarm, wenn er früh im Jahr auszieht – ob das nun der Mutterschwarm ist mit der ursprünglichen alten Königin oder ein Tochterschwarm mit einer noch unbefruchteten Königin. Auch das kann passieren. Tochterschwärme sind nicht selten. Manchmal ziehen nach einem Mutterschwarm noch zwei bis drei Tochterschwärme aus. Manchmal sind es sogar fünf oder in Einzelfällen sogar noch mehr. Am besten schwärmt ein Volk Anfang oder Mitte Mai. Je später es schwärmt, desto schlechter sind seine Überlebenschancen, weil die Bienen es dann oft nicht mehr schaffen, Waben zu bauen, vor dem Winter ausreichend Nektar und Pollen einzulagern und genügend Nachkommen zu produzieren, um die kalte Zeit zu überstehen. Wenn ein Bienenschwarm zu klein ist, kann er sich nicht warm halten, und wenn er zu wenige Vorräte hat, verhungert er. Man sagt: Nur einer von vier wilden Schwärmen überlebt das erste Jahr. Ich hoffe sehr, dass meine alte *Oglala*-Königin nun irgendwo in der Uckermark ein schönes neues Zuhause gefunden hat und überleben wird.

Für den Berufsimker ist ein ausgeflogener Schwarm keine gute Nachricht. Zum einen ist er mindestens die Hälfte, oft vier Fünftel seiner Bienen los. Es gibt dann natürlich auch kaum noch Sammelbienen, die Honig machen können, während gleichzeitig der alte Vorrat in der Zeit der Brutunterbrechung schnell zur Neige geht.

Das will ein Berufsimker natürlich nicht. Er hält ja die Bienen, um so viel Honig zu ernten, dass es wirtschaftlich für ihn ist und sich rechnet. Deswegen vermeidet er das Schwärmen um jeden Preis. Das macht er mit verschiedenen Methoden. Eine wichtige Methode der Schwarmvorbeugung bzw. -verhinderung ist die Entnahme von verdeckelter Brut, das Schröpfen des Bienenvolkes. Durch das künstliche Verkleinern des Volks wird die Schwarmstimmung nachhaltig beendet. Eine weitere

Methode ist die Zucht auf Schwarmträgheit. Schwarmträge Völker sind gerade bei Berufsimkern weit verbreitet. Manche Imker brechen alle Weiselzellen aus. Andere erweitern den Honigraum, um Platz für Honig zu geben. Wenn im Brutnest aufgrund des vielen gesammelten Nektars kein Platz mehr ist für die Königin zum Legen, kann (!) Schwarmtrieb entstehen, muss aber auch nicht.

Die meisten Imker hängen sogenannte »Mittelwände« in die Beute. Das sind gewalzte oder gegossene Platten aus Bienenwachs, auf denen ein Relief mit Sechsecken in der Größe einer Arbeiterinnenzelle aufgestanzt ist. Das ist einerseits eine große Hilfe für die Bienen, weil sie genau wissen, wohinein sie ihr Wachs geben können, und nicht selber alles bauen müssen. Andererseits haben so neue Drohnen keine Chance, weil es ja nur Arbeiterinnen-Zellen sind und die Königinnen nur befruchtete Arbeiterinneneier in diese Waben reinlegen werden.

Manche Imker beschneiden zum Verhindern von Schwärmen einen der Flügel der Königin um ein Drittel oder zur Hälfte, um durch dieses Ungleichgewicht das Fliegen zu verhindern. Zwar empfindet sie angeblich keinen Schmerz, da man glaubt, der Flügel aus Chinin sei ohne Schmerzzellen, doch neuere Forschungsergebnisse deuten darauf hin, dass es sehr wohl Nervenzellen in den Flügeln gibt.

Mich erinnert diese Methode an das betäubungslose Schwanzstutzen der Ferkel in der Massentierhaltung von Schweinen. Das Beschneiden der Bienenflügel ist Tierquälerei. Heute wird es deshalb schon aus Tierschutzgründen eher selten praktiziert. Außerdem nutzt es wenig. Es bewirkt nur eine kurze Schwarmverzögerung mit einem kleinen Zeitvorteil, denn die Bienen fliegen zwar wieder zurück in die Bienenwohnung, wenn sie feststellen, dass ihre Königin nicht mitfliegen kann, werden aber später vielleicht mit einer neu geschlüpften Königin schwärmen.

Andere Imker töten die alte Königin ungefähr alle zwei Jahre, um sie durch eine jüngere, potentere zu ersetzen. Rund achtzig Prozent der Bienenköniginnen in Deutschland sind »standbegattet«, das heißt, die fittesten Drohnen verschiedener Völker aus der Umgebung paaren sich mit der Königin. Andere Imker beziehen sie von Züchtern aus sogenannten Belegstellen. Um zu verhindern, dass Königinnen sich von »irgendwelchen« Drohnen aus anderen Rassen begatten lassen, stellen diese Züchter in bestimmten Gebieten, zum Beispiel auf den ostfriesischen Inseln, kleine Kästchen mit um die tausend Arbeiterinnen und einer unbegatteten Königin, aber ohne Drohnen, auf. Ganz in der Nähe bauen sie wiederum aus der gleichen Rasse Kästchen mit Drohnen auf. Beim Hochzeitsflug bleibt man dann quasi unter sich.

Es gibt auch die künstliche Besamung von Bienenprinzessinnen. Was mich als Hobbyimkerin (und Frau) dabei schmerzt, ist die Vorstellung, so einem kleinen Insekt den Hinterleib aufzuhebeln. Die wenigsten Imker arbeiten in Deutschland mit künstlich besamten Königinnen, und in der Bio-Imkerei ist sie verboten.

Das sind Brachialmethoden, die stark in die Natur eingreifen. Generell bedeutet häufiges Auswechseln einer Königin – aus Zuchtgründen oder weil die Königin gestorben ist und ein weiselloses Volk sonst sterben würde – sowohl für sie als auch das Volk enormen Stress, wie man sich vorstellen kann. So als würde man jedes Jahr oder alle zwei Jahre die eigene Mutter durch eine jüngere ersetzen … Kein schöner Gedanke!

Auch den Transport über hunderte oder sogar tausende Kilometer stelle ich mir für die gezüchteten Königinnen von Belegstellen nicht gerade angenehm vor. Sie werden ja nach der Begattung mit der Post in sogenannten »Königinnen-Käfigen« verschickt. Das sind winzige, circa drei mal drei Zentimeter große Holzkistchen mit einem kleinen Zinngitter davor und einem runden Loch, das mit einem Stöpsel aus Zucker verschlossen wird. Die Arbeitsbienen des neuen Stocks versuchen dann, sich durch diesen Zucker durchzufressen, was ihnen innerhalb weniger Stunden bis maximal einem Tag gelingt. Das ist der Trick: In dieser Zeit hat nämlich die neue Königin ihren Stallgeruch über dieses Volk verbreitet und wird damit als neue Königin akzeptiert.

Wenn der Imker das Schwärmen unterdrückt, muss er für die Verjüngung, also für die Zucht einer neuen Königin in den natürlichen Lebenszyklus des Bien eingreifen: Dafür werden aus dem Bien Arbeitsbienen und Brutwaben mit circa drei Tage alten Maden entnommen. Diese bilden dann ein neues Jungvolk, jedoch ohne Königin. So werden die Arbeitsbienen gezwungen, eine Königin für ihr neues Volk nachzuziehen.

In der Bio-Imkerei wird die Königin aus Züchtungsgründen in der Regel kaum ausgetauscht. Und man setzt auf die natürliche Paarung (also die Standbegattung) mit beliebigen Drohnen. Das ist nicht nur wesensgemäß, sondern auch viel einfacher und preiswerter. Vor allem aber erhöht es die genetische Vielfalt und die Vitalität des Volkes, wenn die Bienen machen können, was *sie* wollen.

In einem Interview mit dem Demeter-Imker Günter Friedmann, einem der Pioniere der ökologischen Imkerei, der seit fünfundzwanzig Jahren genetisch veränderte Bienen konsequent rückzüchtet, las ich eine weise vorausschauende Äußerung des Anthroposophen Rudolf Steiner von 1923. Steiner habe schon damals vorausgesehen, dass das Austauschen der Königin »zwar kurze Zeit eine außerordentlich günstige Maßregel« sei, dies aber »in hundert Jahren die ganze Bienenzucht beenden« könnte. Dadurch sei »nicht mehr jene innige Verwandtschaft herzustellen zwischen der gekauften Bienenkönigin und den Arbeitsbienen, wie sie sich herstellt, wenn die Bienenkönigin von der Natur selber da ist«.

Bei dieser Art Auslese – also der nicht naturgegebenen – werden vor allem extrem sanftmütige Arbeiterinnen und Völker gezüchtet. Doch das liefe dem Wesen der Bienen zuwider, meint Friedmann. Denn es führe eben auch zum Verlust der natürlichen Wehrfähigkeit eines Volkes, wenn man nur künstlich gezüchtete Bienen verwenden würde. Das kann ich nur bestätigen und werde darauf im Kapitel »Sanft oder wehrhaft?« noch zurückkommen.

Demokratie zum Schwärmen

Eine spannende Frage ist: Wie hat das schwärmende *Oglala*-Volk eigentlich entschieden, in welches Zuhause es mit der alten Königin ziehen wird, als es an der Esche hing? Wer hat bestimmt, dass dies nun die bestmögliche Behausung ist und alle dahin fliegen? Nun denken wir als Erstes vermutlich: Na, die Königin natürlich! Aber so ist es nicht. Die Königin ist die erste Dienerin ihres Volkes. Sie würde in einem Organismus die Sexualorgane darstellen. Die Entscheidung, welches neue Haus gewählt wird, ist eine durch und durch demokratische Angelegenheit, wie in Naturvölkern gehandhabt oder im Parlament: das Vorstellen von Sachinformationen, hitziges Palaver, Überzeugungsversuche und schließlich eine Entscheidung der Mehrheit. Dann – beim Bienenvolk zumindest – das sofortige Umsetzen der getroffenen Entscheidung und der Aufbruch zu neuen Ufern. Interessant bei den Bienen ist die absolute Ehrlichkeit und Geradlinigkeit der Diskutierenden: Bienen lügen nicht, und es melden sich nur diejenigen, die wissen, wovon sie reden. Dieser Fakt ist der alles entscheidende, um Bienen überleben zu lassen.

Ich stelle mir das so vor: *Oglala* hängt in der Esche, und ihre Scouts fliegen los, um Informationen einzuholen. Wie schon die nach neuen Nahrungsquellen suchenden Scout-Bienen sind auch die »Makler« unter den Arbeitsbienen richtige Abenteurer, die sich furchtlos in jede Höhlung stürzen, um sie zu erforschen. Viele Kriterien gilt es zu beachten:

Ist das neue Domizil bewohnt oder unbewohnt? Ist es groß genug, um genug Honig einsammeln und ein ganzes Volk ernähren und beherbergen zu können? Nicht zu klein darf es sein, aber zu groß auch nicht, weil man es sonst nicht beheizen kann. Ist die Eingangstür klein genug, um sie verteidigen zu können? Aber groß genug, so dass frische Luft reinkommt und die Bienen gut ein- und ausfliegen können? Vor allem auch hoch genug vom Boden entfernt, dass sie nicht so leicht von Fressfeinden unter den Säugetieren erreicht werden können?

Scheint morgens die Sonne rein? Denn das mögen die Bienen, wie gesagt. Liegt die Behausung so, dass sie gleichzeitig vor Wind und Regen geschützt ist? Oder müssen sie damit rechnen, dass bei einem starken Sturm das Wohnzimmer unter Wasser steht? Befindet sich das neue Haus trotzdem in der Nähe von Wasser, das die Bienen unbedingt brauchen? Oder ist die Behausung so ungünstig gelegen, dass man eigentlich zum Sammeln so weit fliegen müsste, dass das schon von vornherein ein großer Nachteil wäre? Manchmal erspähen die Kundschafterinnen ein Häuserdach, einen Dachboden mit einem Minispalt zum Ein- und Ausfliegen, und nehmen diese Behausung dankbar an, wenn sie keine natürlichen Behausungen finden können. Doch können sie den Menschen trauen?

Das alles sind sehr komplexe Anforderungen, für deren Bewältigung den Bienen im Laufe ihrer Entwicklungsgeschichte ein Programm in die Gene geschrieben wurde, mit dem sie diese Kriterien beurteilen können. Ungefähr ein bis zwei Prozent eines Volkes sind Scouts, und wie bei den Futterquellen-Scouts ziehen eher die Erfahreneren unter den Arbeiterinnen zum Erspähen einer neuen Wohnung aus.

Verfolgen wir einmal zwei *Oglala*-Scouts, nennen wir sie Lisa und Marie, auf ihrem Erkundungsflug. Lisa fliegt in den Norden und Marie in den Süden. Sie sind hoch konzentriert und ein wenig aufgeregt, denn sie wissen, wenn sie nicht innerhalb kürzester Zeit etwas Passendes finden, wird ihr ganzes Volk zugrunde gehen. Lisa fliegt also herum und findet in einem Robinienwald einen hohlen Baum. Der hat ganz gute Ausmaße, findet sie, als sie ihn innen rundherum abläuft. Die Öffnung ist zum Osten hin. Er hat auch eine akzeptable Höhe: circa fünf Meter, das geht sehr gut. Nach weiterem Erkunden merkt sie allerdings: Hm, der hohle Baum ist doch ein bisschen klein. Also gerade so an der Grenze. Vierzig Liter wären ideal. Na ja, ist schon okay, aber größer wäre besser. Doch die Robinien sind schon nicht schlecht als Futter.

Marie hingegen hat im Süden keine Bäume gefunden, aber einen Felsvorsprung entdeckt, in dem eine kleine Höhle ist. Sie scheint geeignet zu sein. Klar, besser geht immer, aber die ist schon ziemlich gut. Die Felswände sind stark genug zur Isolierung, groß genug ist sie auch mit circa fünfunddreißig Litern, und sie ist sogar fünfzehn Meter vom Erdboden entfernt. Auch die Lage passt, am Rande eines kleinen Walds, in dem es dichtes Brombeergebüsch gibt und eine Wiese davor mit viel Spitzwegerich. Knapp einen Kilometer entfernt entdeckt Marie sogar noch einen Tümpel fürs Wasserholen. »Wow, das ist ja Spitze!«, denkt sie begeistert. Sie fliegt zurück zur Traube und fängt obendrauf sofort an zu tanzen, um ihre Schwestern genauestens über den Fund zu informieren.

Kurz darauf kehrt Lisa zurück und tanzt auch. Denn auch sie will ja ihre Informationen über die gefundene Baumhöhle loswerden. Es ist nicht viel anders als auf dem Tanzplatz im Stock, wenn es um neue Futterplätze geht. Je besser der Platz ist, den ein Scout gefunden hat, desto wilder und länger ist der Tanz. Man muss ja Aufmerksamkeit erwecken, um die sich immer enger um die beiden Kundschafterinnen scharenden anderen Scouts, die auch noch losziehen sollen, zu überzeugen! Das können schon mal hundert oder hundertzwanzig Runden sein. Da Lisa nicht ganz so angetan ist von ihrem Baum, fällt ihr Tanz also etwas verhaltener aus, und sie tanzt auch nur so sechzig Runden. »Schaut euch das dennoch mal an, Mädels, vielleicht kommt ihr ja zu einer anderen Meinung.« Das kann durchaus sein.

Anders Marie. Da ihre Entdeckung der Felshöhle einfach »Spitze« ist, tanzt sie besonders intensiv und wild, um die anderen zu überzeugen. Dabei gibt sie wie die Sammlerinnen über Futterquellen auch die für die neue Behausung wesentlichen Informationen über Lage, Größe und Höhe, Futterquellen in der Nähe etc. weiter. Vor allem aber ihre Begeisterung: »Eh, ihr müsst euch die Höhle unbedingt angucken. Was Besseres gibt's nicht!« Über hundert Mal dreht sie ihre mäandernden Runden.

Anschließend fliegen beide Kundschafterinnen wieder zu ihrem Fund los und schauen noch mal, ob der Platz wirklich so ist, wie sie es sich beim ersten Mal gemerkt hatten. Vermessen ihn noch mal. Kommen wieder zurück. Tanzen von Neuem, aber vielleicht weil sie schon ein bisschen müde sind, nicht mehr so dolle. Also statt hundert Runden vielleicht nur noch achtzig Runden. Die andere tanzt nur noch dreißig Runden. Vielleicht fliegen sie sogar noch einmal hin.

In der Zwischenzeit überprüfen einige andere Kundschafterinnen, die sich überzeugen ließen, »wos dös is«, was die beiden da so »erzählt« haben. Dann kommen die von Maries Fundort zurück und sind genauso begeistert – oder sogar noch mehr – und tanzen noch wilder, was wiederum andere anregt, es auch wieder zu überprüfen und nachzutun.

Andere Scouts hingegen, die Lisa gefolgt sind, finden die Baumhöhle aber nicht nur gerade so »okay«, sondern doch »ziemlich gut«, tanzen also heftiger als sie; andere wiederum finden sie eigentlich noch nicht einmal »okay«, sondern »inakzeptabel« und tanzen so lahm, dass potenzielle Nachtänzerinnen gleich abwinken. Wieder andere haben inzwischen was ganz Neues gefunden und diskutieren tanzend nun darüber, ob nicht dieses Haus mit dem Schornstein eigentlich der beste Ort von allen ist – ein Riesentanzpalaver also. Das kann bei Uneinigkeit auch Stunden, ja tagelang so gehen …

Irgendwann gibt es aber einen besonderen Moment, wo plötzlich die Mehrheit nur noch – sagen wir – wild zu Maries Felsenhöhle tanzt und die anderen immer seltener und seltener zu anderen Möglichkeiten ihre Runden drehen und schließlich ganz aufhören. Damit ist klar: »Ja, Maries Felsen ist einfach tatsächlich ›super Spitze‹ und das beste Haus von allen. Da fliegen wir hin.« Die Entscheidung ist getroffen. Tatsächlich hört man plötzlich ein Signal, das bedeutet: »Aufgepasst, konzentriert und sammelt euch. Gleich geht's los!« Alle Bienen beginnen sich aufzuheizen. Sozusagen, den Motor anzuschmeißen. Kurz darauf ein anderes: »Und jetzt: ›Auf die Plätze, fertig, los!‹«

Das ist der Moment, den kaum jemand vergisst, der das einmal gesehen hat: Wenn so ein Schwarm wie von Zauberhand berührt sich plötzlich in die Luft erhebt, ein paarmal kreist und dann in die neue Behausung verschwindet. So wie die Bauarbeiter meine *Oglalas* beobachteten, als ich nicht da war.

Von diesem Tanzpalaver können wir wirklich Demokratie lernen. Zum einen war jeder Scout ehrlich in seiner Informationsweitergabe – also nix mit Fake News und Eigeninteressen! Zweitens hat jeder Scout sich wirklich engagiert und nicht aus der Verantwortung gezogen – weil er vielleicht keine Lust hatte oder ihm die Sache zu mühsam war oder er jemanden aus der Truppe nicht mochte. Drittens: Wenn alles gesagt ist, diskutiert man nicht ewig weiter oder ist eingeschnappt, weil nicht der eigenen Vorstellung gefolgt wurde, sondern man akzeptiert die Meinung der Mehrheit und handelt entsprechend. Die ursprüngliche »Referentin« verstummt dabei als erstes. Sie hat vorgetragen und sich wohl gedacht: Mehr gibt's dazu nicht zu sagen.

Da kann ich noch eine Menge lernen … und ich denke mal, nicht nur ich.

Grundlage des Ganzen ist allerdings, dass es auch tatsächlich gute neue Behausungen gibt. Findet ein Schwarm nämlich kein geeignetes neues Haus oder zu keiner eindeutigen Entscheidung, kann es auch sein, dass er im Baum hängen bleibt und vor lauter Angst zu verhungern, am Ast Waben zu bauen beginnt. Solange es warm ist und trocken, ist das auch kein Problem, aber mit dem ersten Sturm oder dem ersten großen Regenguss wird dieses Volk zugrunde gehen. Zum Glück passiert das recht selten.

Deswegen ist es wichtig, nicht nur auf die Ernährung bei den Bienen zu achten, wenn man sie schwärmen lassen will, sondern auch auf eine ihnen gemäße Umgebung, wo der Mensch möglichst wenig eingegriffen hat, damit die Völker die Chance haben, von sich aus zu überleben.

Doch zurück zu meinen *Oglalas.* Was passierte eigentlich im übrig gebliebenen Volk nach dem Schwärmen der alten Königin? Als ich nachschaute, entdeckte ich wie erwartet jede Menge verdeckelte Brut. Bienenmaden, die – je nach Alter – früher oder etwas später schlüpfen werden. Einige getreue Bienen, die nicht mitgeflogen sind, krabbelten herum und machten noch die Säuglingsarbeit, kümmerten sich um die Aufzucht. Ich entdeckte einigen eingelagerten Honig, der natürlich nicht mitgenommen werden konnte, offenen und verdeckelten, und mindestens eine Weiselzelle mit einer neuen Königinmade. Sehr oft ist es so, dass es mehrere Weiselzellen gibt, das können auch schon mal zwanzig oder dreißig sein, die überall seitlich gebaut worden sind, und nun gilt es: Wer schlüpft als Erstes? Das kann ein Wettkampf auf Leben und Tod werden. Schlüpft eine Prinzessin, hört sie das »Tuten« oder »Fiepsen« ihrer noch ungeschlüpften Schwestern in den Weiselzellen. Vielleicht ist das sozusagen ein Anreiz für die geschlüpfte Prinzessin, sich entweder schleunigst auf den Weg zu machen und mit einem Teil der verbliebenen Bienen abzufliegen, weil es sonst zu einem Kampf kommen könnte, oder sich dem Kampf zu stellen. Gibt es denn überhaupt noch genug Bienen, die Nachschwärme bilden können?

Meistens krabbelt sie zu diesen ungeschlüpften Prinzessinnen hin, beißt sich ein Loch in die Weiselzelle und sticht die Konkurrentin mit ihrem Bienengift tot, damit sie ihr gar nicht erst gefährlich werden kann. Das erkennt man daran, dass die längliche Weiselzelle an der Seite ein bisschen aufgebissen ist. Wenn eine Prinzessin normal geschlüpft ist, findet man beim Kopfende der Zelle ein Ausstiegsloch.

Sollten tatsächlich einmal zwei Prinzessinnen gleichzeitig schlüpfen, bekämpfen sie einander erbarmungslos oder eine zieht mit einem Tochterschwarm aus. Meistens schlüpft jedoch nur eine neue potenzielle Königin. Sind noch genug Bienen in diesem Stock, kann es zu einem Nachschwarm kommen. Das heißt, die unbefruchtete Prinzessin nimmt sich wieder einen Teil der übrig gebliebenen Bienen und sucht sich ebenfalls eine neue Heimat. Von all diesen Königinnen-Dramen, potenziellem Schwesternmord und drohenden weiteren Auszügen bekomme ich in der Regel nichts mit. Meine *Oglalas* sind etwas mehr aus der Balance als üblich. Nervöser. In dieser heiklen Zeit versuche ich nicht in die Beuten hineinzusehen.

Es gibt also noch keine neue Prinzessin, was heißt, es gibt im Volk eine Brut-Unterbrechung. In ein paar Tagen wird die neue *Oglala*-Prinzessin geschlüpft sein. Dann braucht sie noch ungefähr ein bis zwei Wochen, um ihre Pheromone auszubilden und einen bestimmten Geruch anzunehmen, der sie (neben dem Schwärmen) auf einen der womöglich einzigen Flüge ihres Lebens führen wird – auf ihre Hochzeitsreise zum Drohnensammelplatz.

Eine Hochzeit und viele Todesfälle

Während die alte *Oglala*-Königin hoffentlich ein neues Heim gefunden hat, ist nun *Prinzessin Oglala,* die potenzielle neue Königin, bereit zu ihrem ersten großen Abenteuer außerhalb des Stocks – zum Hochzeitsflug.

Sie sitzt am Einflugloch, blinzelt in die Sonne und dreht sich noch einmal um, ob auch ihr Hofstaat wirklich bereitsteht. Die Königin weiß, dass sie mit dieser Eskorte eine größere Überlebenschance hat, als wenn sie allein fliegen würde. Sind viele Insekten in der Luft, weiß ein Raubvogel nicht genau, wo er hinpicken soll. Die Möglichkeit, dass er dann die Königin erwischt, ist geringer.

Der einzige und erste Flug der *Oglala*-Prinzessin ist der entscheidende Flug für das ganze Volk und dessen Überleben. Das seit Jahrmillionen eingeschriebene innere Programm funktioniert. Dann fliegt der Schwarm los, wobei der Hofstaat die Königin beschützend eng umkreist. Ziel ist ein sogenannter Drohnensammelplatz. Man könnte es eine Art öffentliche Begattungsbörse nennen, wo die *Oglala*-Prinzessin von bis zu zwanzigtausend »Männern« sehnlichst erwartet wird. Woher sie weiß, wo sich der Drohnensammelplatz befindet, ist bisher nicht eindeutig geklärt. Vermutlich fliegt sie bestimmten Gerüchen nach, Pheromonen, elektrischen Feldern, die sie anlocken. Vielleicht sind es auch optische Reize, wie Hügelerhebungen oder solche, die das menschliche Auge nicht erkennt.

Jedes Gebiet hat seine Drohnensammelplätze. Diese Plätze sind nicht leicht zu finden, bleiben aber über Jahre hinweg konstant. Auch wenn Stürme ganze Waldgebiete zerstören, bleiben sie erhalten, nicht mehr über den Baumwipfeln, die ja verschwunden sind, sondern an derselben Stelle über dem Boden. Interessanterweise funktioniert das über Schneefeldern oder in der Karibik über weißen Sandstränden nicht mehr, hat man bei Tests herausgefunden. Vermutlich bringen Lichtreflexionen des Bodens die Bienen zum Abstürzen. Himmel und Erde werden dann offenbar miteinander verwechselt.

Um die zwei Kilometer legt die *Oglala*-Prinzessin zurück, beschützt von ihrem Hofstaat, bis sie den Platz erreicht. Sie ist auf dem Drohnensammelplatz angekommen, der sie zur befruchteten Königin machen wird. Die Drohnen orientieren sich in erster Linie am Geruch der Prinzessin. Sie nehmen deren spezielle Pheromone bereits während des Anflugs wahr und fliegen ihrem Duft nach, um die Ersten bei der Paarung zu sein. Von den Tausenden Drohnen, die auf sie warten, wird sie sich vielleicht von höchstens einem Dutzend befruchten lassen. Aus bis zu zweihundert verschiedenen Stöcken können diese Drohnen kommen. Dank dieser breiten Mischung wird sichergestellt, dass die neue Königin die für ihr Volk benötigte genetische Vielfalt erhält. In diesem harten Wettbewerb können nur die besonders geschickten, schnellen und starken Flieger ihre Gene weitergeben.

Anders als nun unsere *Oglala*-Prinzessin auf ihrem einzigen Ausflug, tummeln sich die Prinzen tagelang auf verschiedenen Junggesellenpartys. Zwischendurch lassen sie sich zu Hause Honig füttern und tändeln wieder los. Meist zu der immer gleichen Uhrzeit. Mit immer dem gleichen Ziel: eine Prinzessin! Manche Drohnen werden am Ende eines Sommers hunderte Kilometer entfernt von ihrer Geburtsstätte gefunden. Im Gegensatz zu den Damen haben Drohnen bei jedem Bienenvolk freien Zugang zu Kost und Logis. Wenn es einem Drohn endlich gelingt, eine Königin zu erobern, hat er circa ein bis zwei Sekunden Zeit, um sie – immer in der Luft während des Fliegens – mit seinen sechs Beinen zu umgreifen und zu begatten. Ein Schuss fürs Leben – besser gesagt in den Tod! Denn in dem Moment, wenn der Drohn mit seinem Penis an der Prinzessin angedockt und seine Spermien abgegeben hat, zieht die Prinzessin durch Muskelkontraktion die Spermien in ihren Bauch. Dadurch entsteht ein solch großer Unterdruck, dass der Penis in ihr steckenbleibt. Währenddessen tritt beim Drohn eine Lähmung ein, er dreht sich rückwärts und stürzt ab. Manchmal implodiert er sogar mit einem hörbaren Knall noch in der Luft!

Wer weiß, vielleicht ist das ja ein ... lustvoller Tod ... das hoffe ich zumindest für die Jungs. Aber ein mörderischer Akt ist das Ganze schon. Obwohl nun schon seit Jahrmillionen jeder, der sich mit einer Prinzessin paart, zum Tode verurteilt ist, hält es die Bienenmänner offensichtlich nicht davon ab, um jeden Preis eine der wenigen heiß Begehrten zu erobern. Nein, die Verknappung macht sie sogar noch wilder! Manchmal bestürmen so viele Männer eine einzige Prinzessin, dass sie alle zusammen abstürzen. Man findet dann am Boden ein faustgroßes Knäuel an Drohnen, und mittendrin eine Prinzessin, die wahrscheinlich nach Luft japst und froh ist, mit dem Leben davongekommen zu sein.

Für die Prinzessin gibt es nicht nur eine Begattung. Nach der ersten Paarung entfernt der folgende Drohn den Penis, um sie erneut zu begatten. Manchmal fliegt eine Prinzessin auch in den Stock zurück und lässt sich vor dem Eingang von ihren Arbeiterinnen putzen, um erfrischt ihrem nächsten Honeymoon entgegenzufliegen, damit sie auch wirklich ausreichend Samen sammelt. Und das Spiel beginnt von vorn.

Eines Tages finde ich meine frisch gekürte, begattete neue

Oglala-Königin im Stock wieder. Sie hat genügend Eier in ihrem Samenbeutel gesammelt. Für mich ist der Unterschied nicht zu erkennen. Tausende Drohen hingegen werden an diesen Tagen nicht zum Zuge gekommen sein und ihre Gene nicht weitergeben. Sie überleben zwar die mörderische Party, haben aber ihre Bestimmung verfehlt. Aber auch auf sie wartet im Herbst der Tod – in der sogenannten Drohnenschlacht. Doch darüber später mehr.

Ich kann nie sicher sein, dass eine befruchtete Königin von ihrer Hochzeitsreise tatsächlich zu ihrem Volk zurückfindet, so wie meine neue *Oglala*-Königin. Wenn sie das nicht tut, geht das ganze Volk zugrunde, oder es gibt noch andere Weiselzellen oder zumindest Stifte, die nicht älter als drei Tage sind. Dann versuchen die Arbeiterinnen sofort eine neue Königin heranzuziehen. Wenn es jedoch keine Eier gibt, die jünger als drei Tage sind und keine anderen Weiselzellen, dann hat die Natur ihr Urteil gesprochen: Tod durch Unfruchtbarkeit.

Beim Imkern kann ich den Volkstod vermeiden, wenn mir rechtzeitig auffällt, dass es keine Königin gibt. Ich nehme eine überzählige Weiselzelle aus einem anderen Volk, (wenn es eine gibt) oder ein Ei, und hänge diese Wabe in den Stock, so dass das Volk durch das Füttern von Gelée Royal einer neuen Königin zum Schlüpfen verhelfen kann und so überleben wird.

Nach ihrem Hochzeitsflug wird die *Oglala*-Königin nun circa drei bis sechs Jahre lang in die von den Arbeiterinnen vorbereiteten Waben ein bis zwei Eier pro Minute legen. In Hochzeiten bis zu zweitausend pro Tag. Zuerst ertastet sie mit ihren Fühlern die Wabenwände, um zu schauen, wie groß die Zelle ist. Es gibt drei Zellengrößen, die bestimmen, welche Art von Biene aus ihr schlüpfen wird. Eine Königin, ein Drohn oder eine Arbeiterin. Bevor die Königin ein Ei in die kleinste Form der ertasteten Wabenzelle legt, »öffnet« sie ihren inneren

Königin, Drohne, Arbeiterin

Samenbeutel und gibt einen Samen zu einem ihrer Eier, so dass sie ein befruchtetes Ei ablegt. Das wird dann eine Arbeiterin. Legt sie in die nächstgrößeren Wabenzellen ein unbefruchtetes Ei, wird es ein Drohn. Die »Bauarbeiterinnen« unter den Bienen bauen aber auch besonders große, längliche, ungefähr zwanzig Millimeter große Zellen, meistens am unteren Wabenrand oder seitlich. Wenn die Königin in diese sogenannte Weiselzelle ein Ei hineinlegt, wird das eine künftige neue Königin. Oft findet man auch sogenannte »Spielnäpfchen«, das sind Ansätze einer Weiselzelle, die aber dann noch nicht weitergebaut werden und in denen auch kein Ei liegt.

Die Aufgabe der Königin ist das permanente Eierlegen. Außer im Winter. Dann ist Brutpause. Um diese Aufgabe bestmöglich zu erfüllen, hat sie einen eigenen kleinen Hofstaat, der keine andere Aufgabe hat, als die Grundbedürfnisse der Königin zu erfüllen: sie zu ernähren, putzen, wärmen, kühlen, von Parasiten zu befreien. Doch im Grunde ist die *Oglala*-Königin, wie alle anderen Bienenköniginnen auch, nur oberste Dienerin ihres Volkes. Durch ihren Duft eint sie das Volk und erzeugt Harmonie im Nest. Alle Drohnen sind exakte Kopien ihrer selbst. Die Arbeiterinnen sind je nach Samen Vollgeschwister oder Halbgeschwister untereinander.

Kleine Prinzen: Faul, aber sexy?

Die meisten denken: Der Drohn ist der typische Pascha. Hat riesige Augen, um den Königinnen nachzuschauen, macht nix und lässt sich durchfüttern. Nicht einmal als Verteidiger taugt er, da er keinen Stachel besitzt. Obendrein ist die Begattungsrate bei so wenig Königinnen ungefähr eins zu tausend. Er kommt also nicht mal als Opferlamm für die Zukunft des Volks richtig zum Zug … eigentlich ein unnützes Geschöpf angesichts des enormen Pflegeaufwands der Arbeiterinnen für ein paar hundert bis tausend faule Mitesser. Die Drohnen müssen ja großgezogen werden, ihre Maden gepflegt und sogar die ausgewachsenen werden mit Honig und Pollen gefüttert.

Ihre Aufzucht ist eine enorme Energieleistung des ganzen Volkes. Besser gesagt der Mädels, die alle eifrig arbeiten und das ganze Stockleben am Laufen halten: Ammen, Putzerinnen, Pflegerinnen, Kundschafterinnen, Sammlerinnen, Bauarbeiterinnen oder Wächterinnen am Tor, um nur einige zu nennen. Und was macht der Drohn? Wenn er nicht gerade auf dem Drohnensammelplatz Party macht, faulenzt er herum und hat obendrein das Privileg, sogar zu anderen Bienenstöcken zu fliegen und sich auch dort durchfüttern zu lassen. Das ist seinen Schwestern, falls sie sich mal verfliegen, nicht vergönnt. Sie sind dann eher nicht willkommen. Es sei denn, sie haben vorher ihren Magen gerade mit Nektar gefüllt. Dann können sie sich bei einem fremden Bienenvolk einbetteln. Aber wenn sie kein süßes Geschenk mitbringen, dann wird ihnen die Tür vor der Nase zugeschlagen. Wenn ihnen nicht noch Schlimmeres passiert.

Dennoch mag ich die Drohnen. Ich glaube, irgendwie mag sie jeder ein bisschen. Weil sie eben keinen Stachel haben, und obendrein sehen sie so hübsch rund aus. Ist es nicht unser aller heimliche Fantasie, einfach nur herumfliegen zu können und sich um nichts sonst kümmern zu müssen? Einmal oder zweimal am Tag auf den Drohnensammelplätzen nach Prinzessinnen zu schauen, die man dann im Flug schwängern kann, um dann »aus Liebe zu sterben«, klingt nach einem Hollywoodfilm ohne Happy End. Da kann man doch nicht anders, als Sympathie für diese verwegenen, feinen »Machos« zu empfinden, die am Ende für die gute Sache sterben müssen! Wenn man eine Bienenphobie hat, ist der Drohn wunderbar geeignet, um ihn sich über den Finger krabbeln zu lassen. Da kann man ihn dann einmal genauer anschauen, was für ein wunderbares Geschöpf er doch ist mit seinem kräftigen Körper und den riesigen Facettenaugen, die doppelt so groß sind wie die der Arbeitsbienen und der Königin.

Es ist aber zu kurz gegriffen, zu sagen: Der Drohn ist nur dazu da, eine Prinzessin zu befruchten, und das war's. Ich vermute, dass der Drohn weit mehr Aufgaben hat, als wir bisher wissen. Vielleicht wird es durch entsprechende Forschung in den nächsten Jahrzehnten klarer, wie wichtig dieser Teil des Bienenvolkes ist.

Was ich beobachtet habe, ist, dass der Drohn in seinen großen Zellen immer am Rande des Brutnestes bebrütet wird, denn er verträgt eher kältere Temperaturen. Drohnenzellen erkenne ich daran, dass die Deckel sich wie kleine Hügel wölben und nicht ganz glatt sind wie bei den Zellen für die Arbeiterinnen. Sie umhüllen mit dieser Randposition die heiklere Brut ihrer Schwestern, der Arbeitsbienen. Ich sehe die Drohnen auch als eine Art ritterlichen Abwehrschutz. Da ihre Zellen größer sind und ein Drohn länger braucht als die Königin oder seine Schwestern, um zu schlüpfen, zieht er mehr Varroamilben an und beschützt damit in gewisser Weise das ganze Bienenvolk. Bei einigen Bienenarten umschwirren die Drohnen Eindringlinge, damit sie die Orientierung verlieren. Außerdem hat der Drohn noch eine andere Aufgabe, die er mit seinen Schwestern teilt: das Erwärmen oder Abkühlen des Stockes. Auch die Drohnen erzeugen entweder Hitze durch die Vibration der Brustmuskeln oder Kühlung, indem sie Luft mit ihren Flügeln bewegen, wenn sie im Bienenstock Temperaturen erfühlen, die von den unteren oder oberen Grenzwerten abweichen.

Ich wundere mich manchmal, wie viel Drohnenbrut in meinen Völkern ist im Vergleich zur Arbeiterinnenbrut. In der konventionellen, wirtschaftlich ausgerichteten Imkerei gibt es kaum bis gar keine Drohnen. Dass ich in meinen Stöcken oft Unmengen an Drohnen habe, liegt vielleicht daran, dass meine wesensgemäß gehaltenen Bienen versuchen, den Mangel an ihren Geschlechtsgenossen in anderen Imker-Völkern ein wenig auszugleichen? Wer ultraviolett sehen kann und elektrische Felder spürt, weiß vielleicht auch, was sonst so in der Bienenwelt los ist. Wer weiß?

So schön das Leben eines Drohns auch ist – oder ausschaut, irgendwann hat das Paradies auf Erden ein Ende. Ende August mache ich wieder einmal eine Tour zu meinen Völkern. Langsam sind einige Völker dabei, ihre Brutnester zu verkleinern, denn sie wissen: Der nächste Winter kommt bestimmt, diese dunkle, kalte Zeit, die immer auch sehr hart und existenziell werden kann.

Es ist ein noch immer heißer Tag. Kaum ein Lüftchen weht in diesem Dürresommer, in dem es schon seit Mitte April hier in der Uckermark kaum regnet. Die Bauern ernten auf den Feldern teilweise nicht einmal mehr die Hälfte von dem, was normal ist. Dafür ist die Obsternte bei Pflaumen, Äpfeln und Birnen gigantisch. Alle Alleebäume hängen voll mit reifen Obst, das langsam auf die Wege und Haine plumpst. Ich komme mit dem Einwecken gar nicht nach.

Meinen Aberdeen-Rindern, die ich auf der Fahrt zu *Selawie* beim NABU aus dem Auto sehe, scheint die Dürre zum Glück bisher nichts auszumachen. Sie haben noch genug zu fressen und werden ansonsten mit Heu zugefüttert.

Ich hoffe, dass es *Selawie* gutgeht. Es hatte ja im letzten Herbst etwas geschwächelt, so dass ich zur Vorsicht mehrere Honigwaben dazu hängte. Über den Sommer hatte es sich jedoch dann prächtig entwickelt. Die Beute ist voller Bienen, und die Honigvorräte sind so sehr gewachsen, dass ich mich schon auf zusätzliche Kilos von Honig freue.

Ich beobachte – wie immer, wenn ich ein Volk besuchen gehe – zuerst das Flugloch. Mich erwartet ein ganz besonderes Schauspiel: Ich sehe, wie sich zwei Arbeiterinnen einen Drohn quasi unter den Arm geklemmt haben. Zusammen mit einer dritten Helferin, die von hinten schiebt, versuchen sie, den Drohn aus dem Stock zu drängen und zu schieben. So als würden sie sagen: »Aussi mit dir, mein Lieber! Raus jetzt! Du hast hier nichts mehr zu suchen!« Und schon fällt der kleine Dicke über die Brüstung und plumpst ins hohe Gras.

Aha, denke ich, die »Drohnenschlacht« hat begonnen! Andere Faulpelze werden an ihrem Mundwerkzeug, den Mandibeln, gepackt und aus dem Stock gezerrt. Natürlich wehren sich die kleinen Prinzen. Versuchen, sich auf die Hinterbeinchen zu stellen, sich gegenzustemmen, auszuweichen, zu entkommen. Sie wollen nicht weg vom geliebten Honig und aus ihrem warmen Nest, wo ihre Schwestern sie ständig bemuttert haben. Als wüssten sie: Ein Drohn, der rausgeschmissen wurde aus dem Stock, darf nicht wieder hinein. So ist das Gesetz. Weil er sich aber selbst nicht ernähren kann, ist er damit zum Hungertod verurteilt. Manche Drohnen verstecken sich im hintersten Eck, um dem Rauswurf zu entgehen. Das gelingt ihnen zwar manchmal, aber auch das nützt ihnen nichts. Denn dort werden sie von den Frauen isoliert und verhungern inmitten reichlicher Vorräte. In seltenen Fällen werden sie sogar totgestochen. Die Leichen werfen ihre Schwestern dann aus dem Stock. Vor dem Hochstand finde ich noch einige weitere tote Drohnen.

Ganz schön hart, das Ende der Bienenmänner! Man könnte auch sagen: tiefere Gerechtigkeit, wenn man gläubig ist. Denn so ein schönes, freies Leben, sich täglich durchfüttern zu lassen, mit vollem Magen über Wald und Wiesen zu treiben, um nach hübschen Mädels in der Luft Ausschau zu halten, muss am Ende bezahlt werden. Hier mit dem eigenen Leben. Oder möchte man vielleicht doch lieber eine fleißige Arbeiterin sein, die Tag und Nacht ein großes Arbeitspensum zu erfüllen hat und sich ehrbar zu Tode schuftet?

Ich möchte aber nicht unterschlagen, dass viele Imker beobachtet haben, dass es einigen wenigen Drohnen doch ab und an gelingt, den Winter im Stock mitten unter den Mädels zu überleben. Warum? Das weiß noch keiner so recht.

Arbeiterinnen: Gemeinsam sind wir stark!

Stellt man sich vor, dass ein ganzes Bienenvolk eine einzige Persönlichkeit ist, ein einziger Organismus, eben der Bien, dann wäre die Königin das Geschlechtsorgan, die Ammen, die Futtersaft produzieren, wären die Brüste, die Wächter vielleicht die Hände, die Waben das Nervensystem und das Skelett. Zehntausende von Bienen wirken so zusammen, dass erst das große Ganze einen funktionstüchtigen, überlebensfähigen Organismus ergibt. Man kann den Bien aber auch als Staat betrachten, in dem jeder »Bürger« seine Aufgabe hat. Während die Drohnen und die Königin den genetischen Fortbestand des Organismus gewährleisten, sorgen die Arbeiterinnen mit ihren zahllosen Tätigkeiten für das tägliche Funktionieren des Ganzen und das Überleben des Bien. Vielleicht hat der Bien sogar ein Bewusstsein von sich selber. Bienen, die ihrem Wesen gemäß gehalten werden, verfliegen sich zum Beispiel nicht so oft in andere Stöcke; der Zusammenhalt zwischen der Königin und ihrem Volk ist intensiver.

Wie ist es nun im *Oglala*-Volk weitergegangen nach der Rückkehr der jungen *Oglala*-Königin? Nach der Brutunterbrechung, die circa drei bis sechs Wochen dauerte, brauchten die neuen Arbeitsbienen, deren Eier die junge *Oglala*-Königin legte, drei Wochen für ihre Entwicklung vom Ei bis zum Schlüpfen. Seitdem war das Volk wieder unablässig gewachsen, und die Bienen brauchten nun vor allem Platz zum Wabenbau. Hatte ich bei *Oglala* im März, um ihnen das Heizen zu erleichtern, die überzähligen Rähmchen mit den leergefutterten Waben herausgenommen, gebe ich ihnen nun von Zeit zu Zeit wieder Leerrähmchen dazu, damit sie neue Waben ausbauen können. Zu meinem Honig-Leidwesen bauen sie zuerst einmal wie verrückt nur Drohnenzellen. Da diese größer sind, haben sie zwar mehr Potential, um Honig einzulagern – was mich freut –, aber wenn es immer voller wird im Stock, werden in erster Linie Arbeiterinnen gebraucht, die sich emsig um den Alltag kümmern. Vor allem erst einmal um den Nachwuchs.

Ein frisch gelegtes Ei (Stift) steht gerade in der Wabe. Dann kippt es langsam. Nach drei Tagen schlüpft aus diesem Ei, das nun am Boden der Wabe liegt, eine winzige kleine Larve. Diese Larve wird sofort mit einem von den Bienen selbst erzeugten Brei gefüttert. Wie gesagt ist das nur in den ersten drei Tagen das für alle Bienen und auch von uns Menschen so begehrte Gelée Royale. Danach ist für die Arbeiterinnen und Drohnen Schluss damit. Nur noch die Königin wird ihr Leben lang diesen besonderen Futtersaft der Bienen serviert bekommen. Sie bildet in der speziell für sie reservierten Weiselzelle ihre Geschlechtsorgane aus, wird größer und erhält eine andere Form als die Arbeiterinnen und Drohnen. Man könnte den Bien eigentlich als Säugetier bezeichnen, weil der Futtersaft, der die Nachkommen nährt, selbst erzeugt wird.

Die Larve häutet sich nun fast täglich. Am Anfang liegt sie gekrümmt am Grund ihrer Wabenzelle. Wenn sie wächst, wird sie zu einer Rundlarve, später nennt man sie Streckmade, da sie sich bis an die Zellwände streckt, bis sie die Zelle ganz ausfüllt. In diesem Stadium bilden sich Spinndrüsen bei Larven aus, und sie spinnt sich nun vollständig ein. Dieser Kokon verhindert Infektionen und Krankheiten.

Ab dem vierten Tag bekommen die Arbeiterinnen, wie bereits erwähnt, NUR noch die herrlichen Pollen, mit ein paar Enzymen angereichert, und den wunderbaren Honig, also rein pflanzliche Stoffe, sogenannte Flavonoide, welche die Königin nie zu sich nehmen wird. Einige Wissenschaftler gehen davon aus, dass vor allem die Flavonoide und nicht, wie man lange glaubte, das Gelée Royale dafür verantwortlich ist, ob die Made zur Arbeiterin wird oder zur Königin. Allerdings leben Königinnen jahrelang, während so eine Sommerbiene schon nach wenigen Wochen ihr Leben aushaucht. Und dieser gewaltige Unterschied allein wegen der unterschiedlichen Ernährung. Da sage mir noch einer, es wäre Wurst, was wir essen!

Womöglich sorgt die Ernährung auch dafür, dass die Biene weiß, welche Aufgaben sie haben wird und zu welcher Zeit welche Arbeit im Stock zu erledigen ist. Es gibt spannende Untersuchungen, dass die ernährungsbedingte bakterielle Zusammensetzung in den Arbeiterinnendärmen mit den Aufgaben zusammenhängt, die sie ausüben. Neuere epigenetische Forschungen zeigen, dass auf den Genen zu bestimmten Zeiten »kleine Schalter« umgelegt werden. Als würden die bedeuten: »So jetzt ist Putzen dran!« oder »Nun aber ab ans Flugloch zum Wacheschieben!«. Vieles liegt jedoch noch im Dunklen, was die Arbeitsteilung betrifft. Jedenfalls scheinen Genetik und Umwelteinflüsse die Darmbakterien der Bienen zu prägen und damit auch deren Gesundheit, Charakter und Verhalten. Ganz ähnlich ist es beim Menschen. Der anerkannte Bienenforscher Jürgen Tautz hält den Darm sogar für die Hauptkommunikationsquelle der Bienen untereinander. Ihre intellektuelle Leistung sei quasi nicht an der Struktur des Gehirns erkennbar, sondern an der des Darms. Er spricht von einem »sozialen Magen«. Das lese ich doch als Köchin gern. Wir sind, was wir essen. Neueste Forschungen bestätigen das. (Auch unser Stammhirn liegt im Darm und nicht im Kopf. Wir haben in unserem Darm die gleichen Botenstoffe wie im Hirn. Man kann sagen: Der Darm kommuniziert mit dem Hirn und nicht umgekehrt.)

Bei meinen *Oglalas* beobachte ich Folgendes oder stelle es mir zumindest so vor:

In den ersten zwei Tagen wird eine frisch geschlüpfte Biene erst einmal zur *Juniorputzbiene* ausgebildet und lernt, sich selber zu putzen und wie sie die Wiegen saubermacht. Die sind nämlich ganz schön dreckig nach dem Schlüpfen, so als hätte man da noch allerlei Windeln und Breireste drin.

Ein paar Tage später, so am dritten bis fünften Tag, wird die Arbeiterin zur *Amme* und beginnt die größeren Maden zu füttern. An die Kleinen lässt man diese jungen Ammen noch nicht ran. Die darf sie erst zwischen dem sechsten und zwölften Tag füttern. Dann hat sie schon ein bisschen Erfahrung und kann mit den kleinen Säuglingen besser umgehen. Für die Königin wird dann wie gesagt ein Hofstaat, ein besonderer Stab an Zofen, bereitgestellt, der sich einzig und allein um ihre Bedürfnisse kümmert und sie später auf ihrem Hochzeitsflug begleitet. Dieser Hofstaat ist auch dafür verantwortlich, den ganz speziellen, mit Pheromonen angereicherten Duft im Stock zu verbreiten. Was für das Volk heißt: »Wunderbar, es gibt eine Königin, uns geht's gut!«

Nach der Fütterung von Jungmaden beginnt eine junge Biene als *Honigabnehmerin* von ihren älteren, erfahreneren Schwestern, den *Sammlerinnen,* die den Stock bereits zur Nahrungssuche verlassen, Nektar und Pollen entgegenzunehmen. Das passiert so ungefähr vom sechsten bis zwölften Tag. Die *Honigabnehmerinnen* stampfen die Pollen ein und verwahren sie in bestimmten Zellen für den Nachwuchs. Gleichzeitig wird sie auch zur *regulären Putzbiene* ausgebildet und lernt, den Stock ordentlich zu putzen. Unter anderem entsorgt sie auch die Leichen ihrer Schwestern und Brüder, um den Stock vor

Krankheiten zu schützen und die Waben wieder für neue Brut bereitzuhalten – oder für die angelieferten Pollen. Währenddessen bereiten die *Honigköchinnen* aus dem eingeflogenen Nektar, dem schon die *Sammlerinnen* während des Fliegens und dann auch die *Honigabnehmerinnen* im Stock zur Verdickung permanent Wasser entziehen, den eigentlichen Honig. Den wiederum verschließen die *Wabenversieglerinnen* in den Waben mit einem kleinen Wachsdeckel, wenn er in etwa nur noch weniger als achtzehn Prozent Wassergehalt hat.

Zwischen dem zwölften und achtzehnten Lebenstag einer Biene passiert etwas ganz Besonderes: Sie wird zur *Baubiene,* die dazu noch ihr eigenes Material für den Hausbau herstellt. Dafür schwitzt sie an der Unterseite ihres Hinterleibs Wachsplättchen aus, immer sechs Stück, die sehr durchsichtig und fein sind. Sie reicht sie durch ihre Beinchen nach vorne, bearbeitet sie dann noch mit ihrem Speichel und klebt sie mit dem zuvor gesammelten harzartigen Propolis zu Waben zusammen. Das ist eine unglaubliche Leistung.

Das Wachs, das aus den Bienen kommt, ist durchsichtig und wird durch die Härte ganz weiß. Auch wenn wir glauben, Wachs sei gelb, stimmt das eigentlich gar nicht. Wachs wird nur gelb durch Verschmutzung, durch Benutzung, durch die Bienenhäutchen der Larven, die zurückbleiben. Je öfter eine Larve in der gleichen Zelle bebrütet wurde, desto dunkler wird das Wachs. Am Ende kann das sogar richtig dunkelbraun ausschauen, für uns schon fast schwarz. Wenn man dieses Wachs schmilzt und die Larvenhäutchen und all das, was die Bienen darin zurückgelassen haben, trennt, hat man wieder ein hellgelbes bis honiggelbes oder dunkelbraunes Wachs. Je nachdem, wie alt das Wachs ist und wie und wann die Wabe gebaut worden ist. Aber das ursprüngliche Wachs ist zart weiß.

Am sechzehnten Tag endlich sehe ich, wie sich die ersten Bienen einfliegen. Sie werden nun zu *Sammlerinnen.* Man muss sich das so vorstellen: Eine Biene ist in der stockdunklen Beute oder einer Höhle auf die Welt gekommen. Es wuselt, es riecht nach Wachs und Nektar. Die Bienen haben ihre Waben so eng gebaut, dass sie genau Rücken an Rücken aneinander vorbeikönnen. Kein Platz ist verschenkt. Es sind ungefähr neun Millimeter zwischen den einzelnen Waben. Das nennt man »Wabengassen«. Da laufen die Bienen entlang, reiben sich mit ihren Härchen gegenseitig beim Vorbeigehen, wuseln übereinander, was sie überhaupt nicht stört, und leben in einem sehr warmen, engen, gemütlichen, absolut dunklen Nest.

Eines Tages dann krabbelt eine der Bienen, die nur ihren Stock kennt, vor die Tür. Verblüfft von dieser Weite, geblendet von der Helligkeit, bleibt sie zunächst stehen und schaut sich um, was da so alles zu sehen ist. Endlich erhebt sie sich und fängt an, sich durch sehr kurze Flüge in der Nähe vom Stock nach links und rechts einzufliegen. Manchmal gesellt sich eine erfahrene *Sammlerin* an ihre Seite, die sie ein wenig coacht. Nach einer Weile macht die junge Biene immer größere Kreise über dem Stock, um zu navigieren und sich zu erinnern: Wo ist mein Zuhause? Das speichert sie ab, damit sie auch in Zukunft immer wieder in ihren Stock zurückfindet. Nun muss sie erste Blüten erkennen, wobei ihr die Mentorin hilft, mit der sie im Tandem fliegt. Tatsächlich beobachte ich manchmal zwei Bienen, die im Doppelpack landen. Einige der Sammlerinnen sind übrigens spezialisiert darauf, Nektar zu sammeln, andere Pollen. Wenige machen auch beides. Die Elitetruppe, die bereits beschriebenen *Scouts* oder *Spurbienen,* sind meine Lieblinge unter den *Sammlerinnen.*

Was für ein kurzes intensives Leben haben all diese Arbeiterinnen! Allerdings nur die Sommerbienen, die gerade einmal 35 Tage alt werden und davon nur zwei bis drei Wochen durch die Landschaft düsen (vorher sind sie ja im Stock). Zum Herbst

Biene beim Nektarschlürfen

hin, wenn sich das Volk zum Überleben verkleinern muss, finden sich im Stock die wesentlich dickeren und länger lebenden Winterbienen mit ihren kleinen rund gefressenen Bäuchen. Sie haben, wenn das Nahrungsangebot sinkt und es kälter wird, ja auch viel weniger zu tun. Weshalb ihnen wie uns Menschen am Computer durch zu wenig Bewegung und vom vielen Naschen dabei die Speckpolster wachsen. Die bereits erwähnten *Heizerbienen* haben im Übrigen den anstrengendsten Job. Ihr Ventilator-Fächeln hat aber noch eine andere wichtige Funktion. Wenn sie auf ihren Hinterbeinchen mit den Vorderbeinchen ganz gestreckt vor dem Einflugloch stehen und wie wild mit Hilfe ihrer Brustmuskeln die Flügel vibrieren lassen, ist dies auch eine Art von Kommunikation für die anderen Schwestern, um die sogenannte königinneneigene pheromongeschwängerte Stockluft nach draußen zu blasen. Das ist vor allem in der Hauptschlüpfzeit notwendig, wenn die Bienen täglich rasant zunehmen und zum ersten Mal ausfliegen oder wenn beim Schwärmen ein neuer Stock besetzt wird und viele Bienen in der Luft sind, die sich erst orientieren müssen. Dann riechen die Bienen, die in der Nähe sind, diesen Duft und wissen: »Aaah, hier geht's lang, da riecht's wie zu Hause!« So wie es als Kind für mich war, wenn ich nach Hause kam und es schon im Treppenhaus bis ins Erdgeschoss runter nach meinem Lieblingsessen duftete. Obwohl wir oben im fünften Stock wohnten, wusste ich: »Oh, heute gibt es meine geliebten Bratkartoffeln, ah, die riechen so gut!«, und bin ganz schnell die Treppen nach oben geeilt. Ich erkannte am Geruch genau, dass es meine Mutter war, die kochte, und nicht etwa die Nachbarin. Da roch es einfach anders.

Die *Heizerbienen* haben aber zudem eine große Verantwortung für die Brutpflege. Indem sie ihren Körper auf fünfundvierzig Grad hochheizen, sorgen sie dafür, dass die Maden mindestens mit fünfunddreißig Grad bebrütet werden. Denn nur diese hohe Temperatur gewährleistet eine optimale Entwicklung der Nervenverschaltungen im Gehirn der heranwachsenden Bienen, damit sie zu so komplexen Leistungen wie dem Bienentanz und dem Messen von Entfernungen in der Lage sind. Meist ist jedoch Kühlung angesagt. Dann werden einige der ausfliegenden Bienen zu *Wasserträgern.* Sie holen kein neues Futter ran, sondern Wasser, das sie an die *Kühlbienen* weiterreichen, die es beim Verdunsten in den Stock wedeln.

Wenn eine Biene dann genügend Flug- und Lebenserfahrung hat, wird sie zur *Wächterin,* die den Eingang des Bienenstocks bewacht und kontrolliert, wer hier rein darf und wer nicht. Aber wer darf rein? Alle, die nach dem Bienenstock riechen, von denen sie weiß, »das ist meine Familie«. Der Stockgeruch dient auch zum Abwehren von Eindringlingen, Feinden oder verirr-

Wächterinnen und Sammlerinnen am Flugloch

ten Bienen aus anderen Stöcken mit einem anderen Stockgeruch. *Wächterbienen* am Flugloch erkennen, wenn Gefahr im Verzug ist, und verströmen bestimmte Düfte, die »Alarm!!« signalisieren, um die Stockverteidigung zu aktivieren. Ich kann mir das so richtig vorstellen.

Mein Gott, wie fleißig Honigbienen doch sind, könnte man denken. Fliegen unermüdlich herum, putzen und bauen. Doch dem ist gar nicht so, der sprichwörtliche Bienenfleiß ist ein Mythos, zumindest was das Sammeln betrifft. Honigbienen machen nur drei bis zehn Sammelflüge täglich. Manche fliegen auch nur einmal aus. Pro Gramm Honig fliegen sie ungefähr zwanzigmal. Hummeln zum Beispiel sind deutlich fleißiger im Sammeln von Nektar. Bienen arbeiten nicht bis zum Umfallen, sie sind einfach nur effizient. Sonst hätten sie evolutionär auch keine Chance gehabt (wie wir Menschen hoffentlich auch eines Tages erkennen werden). Sie arbeiten nur so viel, wie es das Volk zum Überleben braucht, sorgen quasi für ein ausreichendes Bruttosozialprodukt ohne

Profitgier. Jedenfalls wenn man sie naturnah leben lässt und nicht gnadenlos ausbeutet. Mit dem erst im Kapitalismus zur Tugend heraufbeschworenen Bienenfleiß würden sie also wenig anfangen können. Womöglich sind sie doch schlauer als wir?

Kommunikation ist alles!
Besuch im Bienenlabor der FU Berlin

Eigene Beobachtungen und Erfahrungen auszuwerten, zu sammeln und zu interpretieren, ist das eine. Theoretische wie praktische Wissenschaft zu verfolgen und zu erforschen ist etwas anderes. Sie kann eigene Beobachtungen untermauern, bestimmte Fragen beantworten – und viele neue aufwerfen. Als neugierige Imkerin interessiere ich mich für aktuelle wissenschaftliche Forschungen, die Bienen betreffen. Wie und wo Bienen miteinander kommunizieren, find ich besonders spannend.

Nehmen wir zum Beispiel die Waben. Sie sind nicht nur der Uterus des Bienenvolkes und überlebenswichtige Speisekammer, um Honig einzulagern, Pollen und Nektar. Sie haben noch eine ganz andere Funktion. Als eine Art »Stille Post« oder Lautsprecherbox benutzen Bienen sie zum Kommunizieren untereinander. Lässt man sie Naturwaben bauen, dann tun sie dies als Gesamtgebilde nur tropfenförmig, damit es mindestens an zwei Stellen, seitlich und unten, genügend Platz zum »Tanzen« oder »Singen« darauf gibt. Die Wabe wird dann zum schwingenden Resonanzkörper, der Informationen von Biene zu Biene weitergeben kann, wie bei dem schon erwähnten Tanzboden. Deshalb haben künstliche Mittelwände aus Wachs auch in Bezug auf die Kommunikation Nachteile: Sie sind auf Draht angelötet und viel dicker, als die Bienen sie natürlicherweise bauen würden. Das ist für die professionelle Imkerei effizient, weil solche Waben stabiler und gleichmäßiger ausgebaut sind. Zudem wird der ganze Platz für Wabenzellen genutzt. Doch behindern solche Wände den Informationsaustausch der Bienen.

Weiß man inzwischen Genaueres darüber, was die Bienen da so treiben oder miteinander »reden«? Wie in anderen Bereichen der Verhaltens- oder neurobiologischen Forschung über Tiere hat auch die Imkerwelt ihre aktuellen »Heroes« – zum Beispiel den bereits erwähnten US-Amerikaner Thomas D. Seeley, der unter anderem in seinem Buch »Bienendemokratie« die Entscheidungsfindung beim Suchen einer neuen Behausung analysierte; Jürgen Tautz von der Universität Würzburg, den Autor von »Die Honigfabrik«, der seit 2006 das interdisziplinäre Projekt HoneyBee Online Studies (HOBOS) leitet; und den Biologen Randolf Menzel, dessen neurobiologische Verhaltensforschung an der Freien Universität in Berlin mich besonders interessiert. Seit mehr als fünfzig Jahren untersucht er, wie Umweltfaktoren das Verhalten der Honigbienen beeinflussen. Sein jüngstes Buch widmete er der Intelligenz der Bienen.

In seinem Umfeld hat sich am Institut für Informatik der FU eine spannende Arbeitsgruppe gebildet: das Biorobotics Lab, das die Schwarmintelligenz von Bienen (und Fischen) erforscht. Der Leiter der Gruppe, Juniorprofessor für Informatik Tim Landgraf, war so freundlich, einen Austausch und Einblick in seine Forschungsarbeiten zu ermöglichen.

Das Biorobotics Lab der FU befindet sich in einem recht unspektakulären Plattenbau aus den Siebzigern in einer ruhigen, mit Platanen gesäumten Seitenstraße in Dahlem. Tim Landgraf und seine Mitarbeiterin Franziska Boenisch, die in seiner Arbeitsgruppe unter anderem über den Schlaf der Bienen forscht, erwarten nicht nur uns: Manuela Runge, die den Kontakt netterweise hergestellt hat, und mich. Ausgerechnet heute sollen neue Bienenvölker angeliefert werden. Jede neue Forschungssaison beginnt für die Informatiker mit der Anlieferung mindestens eines neuen Bienenstocks.

Wir gehen schnurstracks in einen kleinen Garten hinter dem Haus, wo die Bienenvölker des Instituts leben, unter anderem fünfzehn, die Randolf Menzel betreut. Er imkert selbst erst seit kurzer Zeit. Obwohl er bereits emeritiert ist, erforscht er nach wie vor leidenschaftlich das Verhalten der Bienen. Auch er ist heute im Institut und verfolgt die Ankunft und den Einzug der neuen Bienen mit gewisser Aufregung. Verzückt stehen wir in wild schwirrenden Massen von Bienen, die gerade dabei sind, die neue Heimat auf ihrem »Radar« zu verorten, was einen ziemlichen Stress für alle auf dem kleinen Gartenplatz bedeutet. Die Luft ist voll von zahlreichem Bienensummen. Manche Bienen sind so verwirrt, dass sie sich auf der Wiese in kleinen Kugeln sammeln. Tim Landgraf entnimmt dem neuen Volk eine Brutwabe mit vielen verdeckelten Zellen sowie eine weitere Wabe mit etwas Honig und Hunderten darauf krabbelnden Bienen. »Die bringen wir jetzt in unser Labor an ihre neue Arbeitsstelle«, sagt er und bittet uns, ihm zu folgen. In einem recht kleinen Raum des Hauses stellt er die Wabe auf einen länglichen Tisch und klemmt sie unter eine Rotlichtlampe zwischen zwei Glasscheiben, auf die von beiden Seiten Videokameras gerichtet sind. Diese Kameras sollen das Volk nun wie bei »Big Brother« rund um die Uhr beobachten und alle Bewegungen aufzeichnen. Jede kleinste Bewegung über den ganzen Lebenszyklus hin wird in einer Art Bienen-Facebook, das sie »BeesBook« nennen, dokumentiert. Da diese Bienen jedoch schon ein gewisses Lebensalter haben und die Forscher für ihr Experiment vor allem neu geschlüpfte Bienen brauchen, die sie vom ersten Tag an über ihren gesamten Lebenszyklus hin beobachten können, hängt Tim Landgraf noch eine Brutwabe in einen Brutschrank ein, der rund fünfunddreißig Grad warm ist.

Nach dem Schlüpfen werden diese jungen Bienen sofort, also vom ersten Tag an, mit einem kleinen Plättchen, auf das eine Art Barcode gedruckt ist, auf dem Rücken markiert, um sie un-

Mit Professor Randolf Menzel im Dahlemer Bienenlabor der Freien Universität Berlin

terscheiden zu können. Da Bienen am ersten Tag nicht stechen, ist das ein schmerzloses Geschäft für beide Seiten.

»Früher klebte man kleine Plättchen mit Farben oder mit Zahlen auf jede einzelne Biene«, erzählt uns der Juniorprofessor. Mühsam habe man damals noch mit den Augen eine Nummer verfolgen müssen und so Rückschlüsse auf das Verhalten und die Bewegungen der Biene gezogen. Mit den Kameras, die die Barcodes der Bienen heute von mehreren Standorten aus verfolgen, kann man viel genauer Daten sammeln und analysieren: den genauen Standort einer Biene innerhalb der Beute und wann sie zu einer Futterquelle zieht. Man kann verfolgen, mit wem sie interagiert und wann sie inaktiv ist, was man auch als Schlaf interpretieren kann.

Was »Schlaf« nun genau heißt für die Bienen, wird unterschiedlich definiert. Tim Landgraf erklärt uns, dass bei einer bestimmten Art »Schlaf« Bienen synchron ihre Antennen bewegen, als hätten sie Scheibenwischer. Anschließend könne man an ihrem Verhalten ablesen, dass sie bestimmte Lerninhalte gefestigt oder konsolidiert haben. Das sei ja eine der grundlegenden Funktionen von Schlaf.

»Und wie lange schlafen Bienen so?«, frage ich Franziska Boenisch. »Was habt ihr da inzwischen herausgefunden?«

»Noch sind wir ganz am Anfang unserer Forschungen«, antwortet sie. »Klar ist bisher nur, dass die Schlafdauer vom Alter der Bienen abhängt. Je nach Alter sind sie unterschiedlich lang inaktiv. Aber wir haben ja noch einige Auswertungen vor uns.«

Das bestätigt, was ich bei Jürgen Tautz gelesen habe. Junge Bienen würden circa vier bis sechs Stunden pro vierundzwanzig Stunden schlafen, Honigabnehmerinnen am längsten, ältere Bienen tiefer und länger als frisch geschlüpfte. Das scheint mir sehr gut nachvollziehbar. Als Kindergartenkind wollte ich nie mittags schlafen. Das ändert sich mit den Jahren langsam. Wenn ich ältere Leute beobachte, dann sehe ich, wie gut es ihnen tut, sich mittags ein halbes Stündchen hinzulegen, um sich zu regenerieren. Bei Bienen scheint das wohl so ähnlich zu sein.

Besonders spannend finde ich, dass durch »BeesBook« die Interaktionen, Freundschaften oder gemeinsamen Handlungen bestimmter Bienengruppen verfolgt und analysiert werden können. Tim Landgraf zeigt uns auf seinem Monitor spannende Grafiken, die Bewegungsmuster der Bienen in unterschiedlichen Phasen ihres Lebenszykus abbilden. Zum Beispiel stellte man fest, dass sich bestimmte Bienengruppen zusammenfinden, um gemeinsam zu Futterquellen zu fliegen und auch wieder gemeinsam zurückzukommen. So wie Freundinnen gemeinsam zur Disco oder in die Uni gehen. Doch wer bestimmt, welche Biene mit einer anderen loszieht oder überhaupt in einer Funktion wie Sammeln oder Putzen interagiert? Hat das etwas mit dem Alter zu tun?

»Meist finden sich die Jungen und die Alten eher separat zusammen«, sagt Tim Landgraf. Aber die Forscher dokumentierten auch gemischte Sammlerinnengruppen von extrem jungen und sehr alten Bienen. Offensichtlich gibt es da so etwas wie einen Erfahrungsaustausch über abstrakte Inhalte zwischen den Alten, die sich ja auskennen, und Youngstern, die noch grün hinter den Ohren sind und nie draußen in der Welt waren.

Andere spannende Fragen sind, wie stark die Genetik das Verhalten der Bienen beeinflusst und welche Rolle die Erinnerung und Weitergabe von Erfahrungen spielt. Und wann sich entscheidet, welche Aufgaben eine Biene im Stock übernehmen wird.

Noch stünden sie am Anfang bei der Auswertung dieser Daten, sagt Tim Landgraf. Er beobachte jedoch eindeutige Zusammenhänge zwischen Funktion und Kommunikation. »Je intensiver die Kommunikation, desto klarer die Gruppenzugehörigkeit und Arbeitsteilung«, sagt der Informatiker und spricht von einem »kommunikativen Bienennetzwerk«, wobei jede Biene ein Knotenpunkt dieses Netzwerks ist. Wer mit wem was macht und wie sich das innerhalb des Stocks ausbreitet, kann nun mit »BeesBook«, bei dem Informatik-Studenten aus der KI-Forschung (der Forschung über künstliche Intelligenz) und Neurobiologen mit Bienenforschern zusammenarbeiten, in den nächsten Jahren herausgefunden werden. Es ist eine Revolution in der Bienenwissenschaft. Viele Rätsel um die Kommunikation der Bienen, insbesondere um den Schwänzeltanz, könnten nun vielleicht mit Hilfe von Big Data Science entschlüsselt werden.

Ich denke an meine geschwärmten *Oglalas*. »Wie ist das nun mit der ›Karte im Kopf der Bienen‹, wenn sie eine neue Behausung erkunden oder wenn sie auf Futtersuche sind?«

Dazu will uns Tim Landgraf ein Experiment zeigen. Er führt

uns ein Stockwerk höher in ein Zimmer, das eine seltsame Mischung aus Coworking-Space und Tierlabor ist. Digital Natives sitzen dicht gedrängt Tisch an Tisch und schauen auf ihre Computerbildschirme. An der Seite blubbern Aquarien mit Fischschwärmen, darunter ein riesiges Becken von fast drei Metern Länge.

»Hier forscht man vor allem über die Schwarmintelligenz von Fischen, unter anderem von Guppys«, erzählt uns Tim Landgraf. »Allerdings sind das nicht diese Pracht-Guppys, die gerne in Wohnzimmern gehalten werden, sondern viel kleinere unscheinbare graue, deren Verhalten durch einen kleinen Robo-Guppy manipuliert wird. Dadurch können wir Rückschlüsse auf ihr Schwarmverhalten ziehen. So wie es die tanzende Robo-Bee macht, die wir hier auch entwickelt haben.«

Ah, denke ich, und erinnere mich an ein Video mit der Robo-Bee, in dem man sieht, wie dieser kleine Bienenroboter auf eine Wabe gesetzt wird und vor den anderen Bienen den »Schwänzeltanz« simuliert. Erstaunlicherweise folgen manche Nachtänzerinnen der Robo-Bee ausdauernd und genau so, als wäre es eine echte. Andere hingegen ignorieren sie. Weshalb bestimmte Bienen *nicht* den Vortänzerinnen folgen, hofft er mit seinem Team herauszufinden. Vielleicht gibt es einfach Bienen, denke ich mir, die sozusagen extrovertierter und neugieriger sind, und scheuere, die das nicht machen? Oder faule Bienen, die einfach keine Lust haben, sich zum Fliegen zu einer bestimmten Futterquelle von einer Vortänzerin verführen zu lassen? Vielleicht gibt's aber manche, die so clever sind und sich sagen, auf deine Robo-Bee fall ich nicht rein. Da fehlen wesentliche Details wie zum Beispiel ein bestimmter Duft. Vielleicht haben Bienen ja unterschiedliche Charaktere? Beobachtungen lassen diesen Schluss zu, weiß ich aus eigener Erfahrung. Wenn alle Bienen gleich wären, würde das ihr Überleben gefährden. Auch bei den Bienen macht es – wie bei den Menschen und allem Lebendigen überhaupt – die Vielfalt, die jedes natürliche System stabilisiert.

»Wissenschaftlich beweisen können wir diese Erfahrungswerte noch nicht«, meint Tim Landgraf. »Dafür genau gibt es ja die Robo-Bee. Wir haben aber noch etwas anders gebaut.« Er geht aus dem Zimmer und kommt nach einer Weile mit einem seiner jungen Doktoranden zurück, der eine Drohne in der Hand hält von der Art, mit der manchmal Leute im Park herumspielen.

Mein Mund öffnet sich vor Erstaunen, als ich in dieser Drohne von vielleicht einem halben Meter Durchmesser eine Biene in einer Halterung eingeklemmt entdecke. Wie winzig sie in diesem für sie monströsen Apparat wirkt, wie hilflos. Als wir näher herantreten, sehen wir, dass aus ihrem aufgebohrten Hirn ein feiner Draht herausragt, etwas dicker als ein Menschenhaar.

Als Tim Landgraf unsere erschreckten Blicke bemerkt, meint er. »Keine Angst, die Biene muss nicht leiden. So wie unser Hirn ist auch das Hirn der Bienen schmerzunempfindlich.« Außerdem sei es mit einem speziellen Kleber versiegelt. Er hält es generell für einen vielleicht sinnvolleren Weg in der Hirnforschung, Insekten zu verwenden statt Säugetiere oder gar Primaten. Für sehr viele Experimente sei ihr Gehirn nicht weniger geeignet. »Mit diesem NeuroCopter wollen wir jedenfalls mehr darüber erfahren, wie Bienen ihre Umgebung kartografieren«, erklärt er uns das Ziel dieser Forschung. »Welche Neuronen beim Fliegen durch die Landschaft zu einer Futterstelle aktiviert werden, was man dann in Zusammenhang setzen kann mit der erlebten Landschaft, die sie durchfliegt. Woran orientiert sie sich? Sind das bestimmte Landmarken? Sind das Erhöhungen oder ein Erdrelief? Mit diesem Experiment können wir spekulieren, wie sich diese neuronale Aktivierung auf ihr Verhalten, eben zum Beispiel beim Sammeln, auswirkt.«

Die kleine Zombie-Biene, die in der Riesendrohne wie ein Pferdchen eingespannt ist, dauert mich trotz ihrer wissenschaftlichen Bedeutsamkeit. Zumal man vorerst nur feststellte, dass die Biene beim Fliegen der Drohne Links- und Rechtskurven registriert. Aber auch hier sei man erst am Anfang der Forschungen.

Ich denke an die Experimente, die Randolf Menzel unten im Garten macht. Dort hat er Bienenbeuten mit jeder Menge Mikrochips versehen, die das elektrostatische Feld jedes einzelnen Volkes messen. Damit will er im Rahmen seines Forschungsprojekts immense Datenmengen über die Belastung der Bienen durch Umweltgifte sammeln. Er macht das nicht nur hier in diesem kleinen Dahlemer Garten, sondern an verschiedenen anderen Stellen Deutschlands, unter anderem auch mit Norbert Poeplaus Bienenbeuten in Baden-Württemberg.

»Jeder Körper ist elektrisch geladen«, hat er mir erklärt, »wobei die Stärke der Ladung unter anderem von der Luftfeuchtigkeit, der Geschwindigkeit der Bewegung und vom Kontakt zu anderen Objekten abhängt.« Diese schwachen elektrostatischen Wechselwirkungen von Anziehung und Abstoßung erzeugten gemeinsam ein messbares elektrostatisches Feld. Je nachdem, ob und wie sich die Bienen im Stock bewegten, verändere sich dieses Feld. Daraus zöge er mit seinen Forschern Rückschlüsse auf die Vorgänge im Inneren des Bienenstocks. Jede Biene wird dabei wie eine einzelne Nervenzelle betrachtet, alle gemeinsam bilden sie quasi ein Gehirn – sozusagen einen Superorganismus aus mobilen Elementen. So wird das Volk im Zusammenspiel sichtbar gemacht und nicht nur das Verhalten eines einzelnen Individuums. Damit bildet es den aktuellen Zustand des Superorganismus ab. Menzel nennt das den »Gesang der Bienen«. »Jede charakteristische Verhaltensweise entspricht im elektrostatischen Muster einer Strophe.« Diesen erstaunlichen Datensatz an »Liedern« mache er sich mit seinem Team nun im Rahmen eines Projekts mit Bienen als Umweltspäher zunutze.

»Wenn Bienen zum Beispiel eine nicht tödliche Menge an Nervengift aufgenommen haben, kehren sie zwar in den Stock zurück, tanzen aber nicht mehr oder zeigen ein verändertes Verhalten beim Schwänzeltanz. Die Tänze sind dann zum Beispiel kürzer oder weniger prägnant. Auch die Reaktionen der anderen Bienen können ungewöhnlich ausfallen.« Jedes Pestizid, Neonikotinoid oder anderes Pflanzenschutzmittel, das schädlich für Insekten ist, würde sich demnach als verändertes »Lied« oder andere »Strophe« im Schwarmverhalten eines Bien zeigen. Die Bienen tanzen anders. Sie reden anders, und ihr elektrostatisches Feld ändert sich. Dennoch sei die konkrete Schädigung nach wie vor schwer wissenschaftlich nachzuweisen, meint Menzel.

Jeder Imker kann mit etwas Geduld und Empathie beobachten, wie es seinen Bienen geht, denke ich. Durch jahrzehntelange Erfahrung weiß er, in welchem Jahr irgendetwas passiert ist, was außerhalb der Norm war. Als Neonikotinoide in den neunziger Jahren eingeführt worden sind, hatte ein großes Bienensterben begonnen, und zahlreiche Imker meinten: »Das liegt an diesen Pestiziden.« Allerdings hieß es aus der Industrie und der Politik: »Nö. Da ist nichts. Diese Gifte sind nicht schädlich für Bienen.«

In einem offenen Ökosystem, wie der freien Wildbahn oder einem ganzen Bienenvolk, das auf dem Zusammenspiel vieler verschiedener Parameter basiert, fällt es schwer zu beweisen, dass ein bestimmter Auslöser für eine bestimmte Aktion oder für ein Bienensterben unmittelbar verantwortlich ist. Oft kommen mehrere Faktoren zusammen. Vergleichbar mit unserer Ernährung. Es ist nicht der eine schädliche Zusatzstoff im Essen, die nicht aufgeführten Enzymzusätze in Brot, Wurst und

Fertigprodukten allgemein, wass uns unmittelbar krank und schwach macht. Es ist vielleicht auch nicht der Feinstoffabrieb der neuen Gummireifen auf den Straßen, welcher messbar die Luft belastet. Es sind vielleicht auch nicht die Ausdünstungen von Parfum und Kosmetika, das PVC oder das Diphenol A in der Plastikflasche oder im Kunstteppich. Vielleicht sind es auch nicht die giftigen Farben, die Antischimmelpilzmittel und die giftigen feuerfesten Substanzen, die mittlerweile Möbel, Stoffe wie Spielzeug überziehen. Oder die stark verarbeitete Fertignahrung mit zu viel Salz und Transfetten und der viele Zucker. Vermutlich ist es einfach der Mix aus alledem, dass bestimmte Krankheiten und chronische Entzündungen so gehäuft auftreten, sich neue Allergien und Sensibilitäten herausbilden, Darmerkrankungen rapide zunehmen. Warum gibt es auf einmal so viele Alzheimer-Fälle? Hat das was mit Umweltgiften zu tun? Oder mit bestimmten Stoffen in unserer Ernährung? Noch kann das niemand genau sagen. Aber *dass* sich etwas Wesentliches in den letzten vierzig Jahren der Menschheitsgeschichte verändert hat wie in Millionen Jahren zuvor nicht und es Zivilisationskrankheiten gibt, die erst wenige Jahrzehnte bekannt sind, das wird wohl keiner ernsthaft bestreiten wollen.

Die Bienen und ihre Erforscher wie Randolf Menzel oder Tim Landgraf mit ihren Teams können dabei helfen, vielleicht auch Lösungen für Fragen zu finden, die unser Überleben betreffen.

Ich selbst hingegen werde weiterhin ganz subjektiv und lusterfüllt meine Bienen in der freien Wildbahn beobachten und mir ohne doppelten Boden philosophische Betrachtungen erlauben.

Mein Uckermärker Imkerpate erzählt

Neben Norbert Poeplau, der mir das Imkern beigebracht hat und mich bis heute darin unterstützt und mittlerweile ein sehr guter Freund geworden ist, habe ich im Laufe der Zeit auch einige andere Imker kennengelernt. Unter anderem Manfred Zobel, den ich glücklicherweise vor der Haustür in der Uckermark fand. Besser gesagt: Nicht ich habe ihn, sondern er hat mich gefunden. Manfred Zobel hat in der Imkerei schon alles gemacht: von Königinnenzucht über Wanderimkerei, vom Bienenhaus bis zum Bienenwagen – und über viele Jahrzehnte unschätzbare Bienenerfahrungen gesammelt. Gesellig und weltoffen, wie er ist, teilt er diese auch gern mit mir.

Manfred geht auf die Siebzig zu und ist ein kleiner rundlicher, weißhaariger Mann mit freundlichen blauen Augen. Durch einen Hüftschaden kann er sich leider nur mit Krücken fortbewegen. Warum sich Manfred schon seit Jahren so herumschleppt, hat einen einfachen Grund: seine Bienen. Manfred findet einfach kein Zeitfenster, in dem er ins Krankenhaus gehen könnte, um sich neue Hüftgelenke einsetzen zu lassen. Bevor er seine Bienen alleine lässt, erleide er lieber Schmerzen, sagt er. Kürzlich meinte er aber, dass er sich nun doch operieren lassen wolle und müsse. Ich hoffe, dass er das auch demnächst machen wird.

Manfred ist hier in der Uckermark so etwas wie eine lokale Berühmtheit. Schon zu DDR-Zeiten imkerte er intensiv und

Imker unter sich – Manfred Zobel und ich

war in den Achtzigern Bienenseuchen-Sachverständiger der Region. Sein Honig war berühmt. Manfred ist neugierig und hat keine Scheu, auf Fremde zuzugehen. Wenn er von einer Imkerin oder von einem Imker hört, dann kann man sicher sein, es wird nicht lange dauern, dass Manfred Interesse am Austausch hat. So war das auch bei mir. Kaum hatte ich meine Bienen, wurde mir in meinem Hofladen auf Gut Kerkow ausgerichtet, da sei ein älterer Herr, der sich gerne mit mir unterhalten wolle, und zwar über die Bienen.

Wenige Tage später saß dann tatsächlich Manfred Zobel auf Gut Kerkow unter einem Sonnenschirm. Wir waren schnell beim Du. Gegenseitige Sympathie ließ uns weitere kurze Treffen vereinbaren. Dann, eines Nachmittags saßen wir mit viel Zeit und entspannt in seinem liebevoll gepflegten Garten, in dem Hühner und Enten herumwuselten und der Bienenwagen von Weitem durchs Gebüsch zu sehen war. Einige Gemüsefelder standen in Reih und Glied, und trotzdem war jedes freie Fleckchen voller bienenfreundlicher Bäume und Blumen. Heidrun, seine Frau, tischte uns ein Stück Kuchen auf. Gespannt lauschte ich seinen Erzählungen über sein langes Imkerleben, das schon 1960 im zarten Alter von zwölf Jahren hier in Angermünde begonnen hatte. Ich war platt. »So früh hast du dich schon für Bienen interessiert? Was hat dich denn an ihnen so fasziniert?«

»Ja, weißt du«, antwortete er, »mich hat interessiert, wie sie sich zusammen so toll organisieren. Keiner gibt Befehle. Die machen das einfach. Das hat mich als Kind fasziniert, dieses Fleißige, Ordentliche, wie das da drin funktioniert. Zellen bauen, Wachs ausschwitzen, alles ohne Arbeitseinweisung. Die haben keinen Zollstock und kriegen die Waben doch so perfekt hin.« Er schaute mich verschmitzt an. »Ich habe sogar später die perfekte Frau dazu gesucht, für meine Bienen … und gefunden!« Er lachte. »Heidrun ist nämlich eine gelernte Imkerin. Wir haben uns bei einer Autofahrt kennengelernt, als ich noch beim BMK, beim Bau- und Montagekombinat, gearbeitet und in Stolzenhagen gewohnt habe, so wie Heidruns Familie. Als dann ihr Vater mich fragte, ob ich sie mitnehmen wolle, na da habe ich doch sofort Ja gesagt. Und dann …« Manfred hielt kurz inne und grinste. Den Rest könne ich mir schon denken. »Tja, und jetzt sind wir schon viele Jahrzehnte verheiratet.«

Die ersten zwei Bienenvölker bekam er von seinem Großvater geschenkt, der auch schon geimkert habe. Mit fünfzehn hatte Manfred Zobel bereits genauso viele Bienenvölker, nämlich fünfzehn, für die er mit seinem Stiefvater zusammen einen kleinen Bienenwagen baute. Bis zur Wende wurden es um die hundertzwanzig Völker in zwei Bienenwagen und in einem Bienenhaus. Eigentlich habe er lange Berufsimker werden wollen. Doch das habe man ihm als Feuerwehrmann damals verboten. Also sei er Hobbyimker geblieben. Manfreds Glück dabei sei, dass Heidrun ihn bei seiner Arbeit mit den Bienen und vor allen Dingen auch beim Honigschleudern immer unterstützt habe.

Imkern in der DDR

Manfred zuzuhören ist eine Bereicherung für mich. Ich habe öfters Gelegenheit dazu, denn ich darf ihn, sooft ich will, zu seinen Bienen begleiten. Natürlich war er auch schon mit mir bei den meinigen. Man zeigt ja gern seine wohlgeratenen Kinder vor.

Da Manfred anders als ich imkert und aus einem ganz anderen Gesellschaftssystem kommt, interessieren mich diese Unterschiede und Erlebnisse besonders.

Ich hatte so gar keine Ahnung von den Bedingungen fürs Imkern in der DDR und wollte gern mehr darüber erfahren. »Wie war das damals bei euch? Erzähl mal«, forderte ich ihn auf, als er mich wieder einmal besuchte.

»Ja, das war *ganz* anders«, sagte er, und sein Gesicht belebte sich. »Hier in der Region gab es damals ungefähr achtzig Imker und ungefähr zweitausend Völker. Aber weil für so viele Völker dann zu wenig Tracht vorhanden war, haben wir schon früh zufüttern müssen und den Bienen im Frühjahr statt Pollen Sojamehl gegeben.«

Dabei hätten sie gleich die Nosemose mitbehandelt – die damals häufigste Bienenkrankheit –, indem sie ins Zuckerwasser so einen halben Tag lang eingeweichte Knoblauchknollen gaben. »Das hat denen ein bisschen geholfen. Du konntest noch Bienentee kaufen, also so einen Tee mit ganz vielen Kräutern, und den abseihen und aufkochen und zum Zuckerwasser zugeben. Aber heute strotzen ja meine Bienen nur so vor Gesundheit und haben genug zu essen, da kriegen sie nur noch Zuckerwasser, und etwas Resthonig ist ja ooch immer noch drin«, lachte er.

»Der Imker hatte ein gutes Leben«, erzählte Manfred weiter. »Pro Beute, die man in den Raps stellte, gab es fünf Ostmark, für Beuten im Rotklee sogar fünfzehn. Da hatte man dann sogar gleich sein Zuckergeld mit drinnen. Ging man mit seinen Bienen auf Wanderschaft, bekam man noch eine Bestäubungsprämie. Der Honig wurde ja vom Staat zu festen Preisen aufgekauft. Für eine Tonne Honig, die man ablieferte, bekam man bis Ende der siebziger Jahre achttausend Ostmark, ab den Achtzigern bis zur Wende wurde das sogar noch mehr gefördert, und wir bekamen vierzehntausend. Na, und wenn im Juli das Zuckerkombinat seine Lagerbestände auflösen musste und man günstig Zucker kaufen konnte, dann hat man da ein paar Tonnen gekauft und so dem Volk zehn bis zwölf Kilo Zucker in lauwarmem Wasser aufgelöst über den Winter zugefüttert.«

Wenn es um Rotklee ging, der nach der ersten Mahd kleinere Blüten hat, also weniger ergiebig für die Bienen ist, habe man einen Viertelliter Zuckerwasser genommen und ein bisschen Rotklee reingegeben, um die Bienen anzureizen, erneut auf den Rotklee zu fliegen. »Eigentlich mögen die den nämlich gar nicht so«, meinte Manfred, »weil sie mit ihren Rüsseln nicht so leicht in die Blüten reinkommen und sich mehr anstrengen müssen.« Doch sie hätten sich immer verführen lassen. Das sei wichtig gewesen. »Rotklee war ja ein wichtiges landwirtschaftliches Erzeugnis, von dem das meiste in den Westen verkooft wurde.«

»Was haben die denn dort mit dem Rotklee gemacht?«, fragte ich nach. Manfred zuckte jedoch mit den Schultern. »Keine

Ahnung. So was erfuhr unsereins ja nich.« Mich interessierte ohnehin eher, wie das Imkern in der DDR war.

»Konnte eigentlich jeder imkern, wenn er wollte?«

Manfred nickte. »Aber man hat wegen dem Geld, dem Honig und der Bestäubungsprämie geimkert und nicht, um den Bienen etwas Gutes zu tun. Man war froh, wenn sie gesund waren, denn man wollte ja was von ihnen. Vor der Wendezeit war hier alles voller Bienen. Im Grunde gab es wie gesagt ja viel zu viele.«

Es reicht also nicht, einfach Bienenvölker aufzustellen und zu hoffen, damit tue man was für die Bienen. Das Allerwichtigste ist doch, darauf zu achten: *Könnten die Bienen in dieser Umgebung von selber überhaupt überleben?*

»Was gab es denn damals hier so für die Bienen neben Rotklee als Futter?«, fragte ich weiter.

Da war Manfred in seinem Element. »Also los ging's ja, wenn die Krokusse zu blühen anfingen und der Spitzahorn, der gab den ersten Nektar. Wenn der Weißdorn blühte, dann wusste man, nach dem Weißdorn und auch nach der Schlehenblüte gibt es noch mal eine Kälteperiode. Dann durfte man die Bienenvölker nicht zu schnell erweitern, also zu viele Rähmchen reinhängen, weil sie dann in der Kälte diesen großen Raum nicht mehr warmhalten können und erfroren wären. Vor dem Raps war noch die Zeit, wo man Sojamehl gefüttert hat. Der Raps damals war zwei Meter hoch, er braucht einen feuchten Untergrund, dann gibt er reichlich Nektar. Aber heutzutage baut man ja nur diesen Industrieraps* an, das ist ein Selbstbestäuber, der hat keine Pollen mehr, deswegen verhungern heute die Bienen vor so einem Rapsfeld, auch wenn es kilometerweit zu sehen ist.« Manfred seufzte.

Ich verstand ihn. Ein ähnliches Phänomen hatte ich inzwi-

* Gentechnisch veränderter steriler Raps, der keine Pollen mehr bildet, ist derzeit unter der Bezeichnung MS8/RF3 zugelassen.

schen bei Industrie-, also Hybrid-Sonnenblumen beobachtet. Vielleicht ist das der Grund, warum ich so wenig Sonnenblumen-Honig in den letzten Jahren in den Geschäften finde. Es gibt zwar Sonnenblumen, aber diese produzieren keinen Nektar mehr.

»Nach dem Raps damals kam die Robinie oder der Waldhonig«, fuhr Manfred fort. »Ja, Waldhonig gibt es hier ooch in der Uckermark, man mag es nicht glauben, zum Beispiel aus den Eichen. Nicht jedes Jahr, aber alle paar Jahre wieder. Damals waren die heute mächtigen Linden viel, viel kleiner, und deswegen war das Nektar- und Pollenangebot viel geringer. Aber heute, wo die Bäume in den letzten dreißig Jahren so gewachsen sind, ernährt ein so großer Baum mehr Bienen als zwanzig kleine. Damit die Bienen sich dann doch mehr von Rotklee ernähren könnten, kam man sogar auf die Idee, die Kaukasische Biene hier einführen zu wollen, weil sie einen längeren Rüssel hat als unsere Westliche Honigbiene. Aber dann hat man es sein lassen. Vielleicht gab es da ja einen Engpass.«

Wenn ich mit Manfred zusammen bin, vergehen schnell ein paar Stunden wie im Fluge. Dabei haben wir beide immer viel zu tun.

Einmal brachte er einen Stapel mit Fotos und Zeitungsausschnitten mit, in denen über ihn geschrieben wurde, und eine kleine Schachtel. Stolz zeigte er mir verschiedene Medaillen und Anstecknadeln, auf denen Bienen und Blumen zu sehen waren. Auf einem recht großen Anstecker las ich: »31. Internationale Apimondia 19.–25. 8. 87«. Apimondia ist heute noch ein großer Bienenkongress, den es seit 1897 gibt und der nach wie vor jedes Jahr in einem anderen Land der Welt stattfindet. »1987 war Polen dran«, erzählte Manfred. »Da sind wir mit'm Sonderzug nach Warschau rüber zur Apimondia gefahren.« Fast dreitausend Imker aus fünfundvierzig Ländern haben sich damals dort getroffen. »Jeder, der wollte, konnte dorthin fahren«, meinte Manfred. Allein aus der Region hier seien es schon um die hundert gewesen. Da Manfred inzwischen neben der Arbeit seinen Facharbeiterabschluss für Imkerei gemacht hatte, hatte er für den Kongress sogar ein paar Tage von seinem Betrieb freibekommen. »Ick hab meine Bienen in den Rotklee gestellt, und ab ging's mit dem Zug nach Warschau. Es war absolut aufregend, vor allem auch die Vorträge über Bienengesundheit.« Manfred strahlte. »Es war der Höhepunkt meines Imkerlebens.«

Dann erzählte er mir noch etwas sehr Spannendes von dieser Reise, die ja ein Jahr nach der Atomkatastrophe von Tschernobyl stattfand, das nur um die siebenhundert Kilometer von Warschau entfernt liegt. Sie seien dort zu einem polnischen Imker aufs Land gefahren, der hundert Völker besaß und große Anlagen mit Schwarzen und Roten Johannisbeeren und Himbeeren hatte, so dass seine Bienen reichlich Tracht hatten. Dieser Imker habe ihm erzählt, dass seine ganzen Bienenvölker zum Zeitpunkt des Reaktorenunfalls zwei Tage lang nicht aus der Beute gekommen wären. »Keine einzige Biene – nüscht. Zur Zeit des Unfalls selber wusste man ja nichts. Haben die Russen ja erst mal geheim gehalten. Das kam erst ein paar Tage später raus. Aber dank seiner Bienen, die sich verkrochen hatten, hatte er sich gleich gedacht: ›Da ist irgendwas passiert. Da ist etwas nicht in Ordnung.‹ Erst nach zwei Tagen wären die Bienen langsam wieder losgeflogen. Als dieser Imker das mit Tschernobyl hörte, war ihm klar, was los war.«

Mir schien das einleuchtend. Es bestätigt zudem die Forschungen von Randolf Menzel über die Bienen als »Umweltspäher«.

Auch über Bienenkrankheiten tauschten wir uns aus. Bei einer unserer gemeinsamen Touren zu seinen Bienen zeigte er auf ein Volk. »Das hatte mal die amerikanische Faulbrut. Da fährst du mit einem Zündholz in die Wabe rein, und wenn das dann so einen langen, schmierigen Faden gibt, weißt du: Das ist die Faulbrut! Na, und stinken tut's auch ganz fürchterlich. Ich hab dieses Volk von Opa Schulzen übernommen, der bei Felchow stand, also nicht weit von der polnischen Grenze entfernt, wo es ja viel Faulbrut gab. Als Opa Schulzen starb, bekniete mich seine Frau, dass ich doch die Bienen nehmen sollte. Erst wollte ich nicht. Dann hab ick se jeholt und hatte den Salat mit die verlodderten Bienenvölker.«

»Was meinst du denn mit ›verloddert‹?«, lachte ich.

»Na ja, die hatten nicht nur die Faulbrut. Da war auch kein neuer Wabenbau. Schwarze Waben. Unten im Boden, da liegt dann der ganze Dreck, den ich dann ausräumen musste, was ja sonst die Bienen selber machen. Natürlich gibt es ein paar Bienen, die haben einen starken Putztrieb. Die halten alles blitzeblank wie bei meiner Mutter unterm Sofa. Aber manche, die putzen ja gar nicht. Ist so wie bei den Menschen.«

Ich wusste, dass man Faulbrut, die höchst ansteckend ist, anzeigen muss, was aber oft gleichzeitig den Verlust der Bienen bedeutet. »Hast du das Volk dann gemeldet?«, fragte ich.

»Klar hab ich das«, sagte Manfred. »Dann kam eine Frau vom Veterinäramt und hat mich aufgefordert, alle meine Völker umzubringen. Doch da hat sie nich mit meiner Uckermärker Sturheit gerechnet. Ich bring doch nicht einfach all meine Völker um!« Über Manfreds Gesicht huschte ein spitzbübisches Grinsen. »Das ist doch nicht nötig, hab ich ihr dann gesagt. Die anderen Völker sind alle so stark und jung, die schaffen es, dass die Faulbrut nicht überspringt. Doch das wollte die natürlich nicht glauben und schickte noch einen anderen Arzt, und der hat mir zum Glück zugestimmt, dass ich nur das Volk, das Faulbrut hat, abschwefeln müsse, die Rähmchen verbrennen und die Beute desinfizieren. Tja, das hab ich auch gemacht. Und tatsächlich: Alle anderen Völker haben überlebt und keine Faulbrut bekommen.«

Als Manfreds Völkern im Frühjahr darauf Proben entnommen wurden, zeigte sich, dass sie gesund waren. »Also, wenn man starke, leistungsstarke, junge Königinnen hat, dann muss man nicht die ganzen Beuten links und rechts verbrennen oder vernichten.«

Das leuchtete mir ein. Vermutlich hätte ich genauso reagiert. Aber da ich ja keine Magazinbeuten dicht an dicht stehen habe, sondern meine Völker weit auseinanderstehen, ist auch die Gefahr der Faulbruteinschleppung sehr viel geringer.

Imkern nach der Wende

»Wie ist es eigentlich nach der Wende mit der Imkerei hier weitergegangen?«, fragte ich Manfred ein anderes Mal.

»Für die Bienen wurde es besser, für die Imker schlechter«, antwortete er seufzend. »Nachdem die Imker zu DDR-Zeiten verdammt jut verdient haben, ist die ganze Honigindustrie, ja die DDR-Honigversorgung zusammengebrochen. Vorher war Honig ja selten und kostbar, man wollte wohl damals auch unabhängig sein von der Einfuhr, und das war nun mal ein Lebensmittel, das man einfach und in Privatwirtschaft gut herstellen konnte.« Nach 1989 sei der Honigpreis jedoch ins Bodenlose gestürzt. »Da haben wir nur noch je nach Sorte 1,20 bis 1,90 D-Mark pro Kilo Honig von der Aufkaufstelle in Meißen bekommen.« Manfred schüttelte den Kopf. »Die haben doch plötzlich alle nur noch ollen Langnese-Honig gekooft!«

»Warum hast du dann nicht einfach an private Leute Honig verkauft?«, fragte ich erstaunt.

»Sarah, privat ging nicht. Die früheren DDR-Kunden haben gesagt: ›Damals haste mir nix verkooft, und jetzt kannste auf deinem Dreck sitzenbleiben!‹

Außerdem gab es einfach keine Honiggläser! Beim Staat hat man große Behälter abgeliefert. Das war einfach. Aber bei kleinen Honiggläsern musste man die Marmeladengläser vom Altstoffhandel zurückkaufen und waschen. Dafür hatten wir einfach keine Zeit. Die Leute brachten dann manchmal Marmeladengläser mit, aber die waren dann nicht sauber, und wir mussten die erst sterilisieren ... ach hör ma' uff!« Manfred winkt ab. »Es war viel einfacher, bei unserer Arbeit die großen Honigbehälter einfach mit Honig zu füllen, zur Abgabestelle zu bringen und das Geld zu kassieren.«

In diesen harten Wendejahren hätten zahlreiche Imker ihre Bienenproduktion aufgegeben, und ein Großteil des DDR-Imkervolkes sei verschwunden. »Aber für die Bienen ist das letztlich ein Gewinn gewesen«, sagt er. Denn bei der geringen Anzahl von Völkern wäre ja nun endlich wieder genug Tracht für alle da gewesen. Die Bienen mussten nicht mehr mit Sojamehl gefüttert werden und mit frühen Industriezuckergaben, sondern hätten tatsächlich Pollen und Nektar schlürfen können.

Manfred selber hingegen hatte erst nach der Wende einen Großteil seiner heutigen Völker bekommen – und zwar von einem Imker, dessen Bienen bei ihm plötzlich eine Allergie ausgelöst hatten. »Nicht von einem Tag auf den anderen. Meistens haben Imker davor eine Grippe und dann, durch diese Immunschwächung, werden sie plötzlich allergisch gegen Bienengift oder sogar die Stockluft. Immer wenn er die Beuten öffnete, war bei diesem Imker der Hals angeschwollen, so dass er kaum noch schlucken und atmen konnte. Dann hat er das Imkern von einem Tag zum anderen aufgeben müssen.«

In der DDR habe es übrigens in der Poliklinik in Felchow eine Datei gegeben, um Opfern von allergischen Schocks gleich helfen zu können, erzählte mir Manfred. Da seien alle Imker mit ihren Blutgruppen registriert gewesen. Denn das Blut vom Imker ist normalerweise immun gegen Bienengift. »Wenn jemand mit einem allergischen Schock ins Krankenhaus eingeliefert wurde, hat man in der Kartei nachgeschaut, welcher Imker dieselbe Blutgruppe hat, ihn dann kommen lassen und eine Blutübertragung gemacht.«

Auch ich hatte gehört, dass Imker ihre Bienen anderen überlassen oder sie verkaufen mussten, weil bei einer richtigen Allergie ein einzelner Bienenstich tödlich sein kann. Ein Allergiker fällt in einen anaphylaktischen Schock, und es kann zum Herzstillstand kommen. Manfred ist wie die meisten Imker fast immun gegen Bienengift.

»Ich stecke locker zwanzig bis fünfundzwanzig Bienenstiche weg«, erzählte er mir. »Als mich einmal fünfzig Bienen stachen, da hab ich mich dann doch nach Hause geschleppt und ins Bett gelegt. Aber ich musste doch den Honig ernten, der Kasten war voller Honig«, lachte er. »Also nix mit ausruhen.«

Bei einer schweren Grippe gehe ich vielleicht lieber nicht gleich zu meinen Bienchen, nehme ich mir, seitdem ich das weiß, vor.

Zweiundvierzig Bienenvölker habe Manfred damals von dem von Allergie betroffenen Imker mit einem Trecker zu sich nach Altkünkendorf mitgenommen. »Da ging's gleich ordentlich zur Sache!«

Altkünkendorf mit seinen beeindruckenden Buchenwäldern, herrlichen Waldseen und Eichenwäldern ist ein wunderbarer Bienenstandort. Schon in meinem ersten Jahr hier in der Uckermark habe ich oft meinen Rucksack gepackt und diese Gegend erforscht. Wegen der zahlreichen Eichen hatte Manfred dort auf guten Waldhonig gehofft. Aber in den zehn Jahren, in denen er dort stand, hätte er ihn nur ein einziges Mal in seinen Waben gefunden. Dafür aber viel Honig anderer Sorten, vor allem Weißdorn, mehr sogar noch als Raps, meinte er.

»Die Ernte war immer so gut gewesen, dass der Imker-Vorstand sich über meinen unglaublich vielen Honig geärgert hat«, lächelte Manfred. »Es war ja ein Wettbewerb. Wer hat nun mal mehr Honig? Der Raps, da wo die anderen drinstanden, hatte ja manchmal nicht so viel. Das lag am Boden. Wenn zu wenig Regen fiel, dann war der im Sandboden gleich weg. Dann gab es nicht so viel Nektar. Also, man konnte sagen, drei Gläser Nektar macht ein Glas Honig. Meistens war ich der Honig-König.« Er schmunzelte. Denn Manfred ist, wie ich weiß, auch öfters Riesenkürbiskönig der Region im Herbst. Kürbisse sind seine zweite Leidenschaft neben den Bienen.

Später ist Manfred dann mit seinen Völkern ein paar Kilometer von Altkünkendorf und Kerkow entfernt nach Wolletz an den Grumsiner See gezogen, der von Wald umringt ist. Manchmal sieht man ihn dort mit einem Nachbarn in einer Kutsche gemütlich durch den Wald zwischen Kerkow und Wolletz fahren. Oder man trifft ihn mit Ferienkindern, die er am Mündesee bei Angermünde mit seinem Wissen über die Bienen begeistert.

Manfred hat den Umzug nach Wolletz nicht bereut. Denn in diesem Wald mit besonders vielen Robinien habe er nach fünfzig Jahren dieses Jahr erstmals reinen Robinien-Honig geerntet, erzählte er mir kürzlich begeistert. Was ihm in all der Zeit nie gelungen sei. »Einen guten, reinen, klaren Robinien-Honig wie in Ungarn. Fast durchsichtig! Zwei, drei Wochen lang hast du an den ganzen Robinien kaum ein Blatt gesehen. So voller Blüten waren die! Letztes Jahr hingegen ist ja alles erfroren: Apfel, Birne, Kirsche, Robinie. Da hat sich die Natur wohl gesagt: Ich muss mich nun aber besonders anstrengen. Dieses Jahr gab es so viel Linde und Robinie und Äpfel und Kirschen, dass ich inzwischen schon fünfmal Honig geschleudert habe. Ungefähr pro Volk immer fünfzehn Kilo.« Manfred freut sich.

Ich wurde ein kleines bisschen neidisch, denn ich ernte normalerweise nur ein- bis zweimal im Jahr Honig und nicht fünfmal wie er und auch immer nur einige Kilo. Doch dann erinnere ich mich daran, dass ich meine Bienen nicht hauptsächlich für den Honigertrag halten will und muss, sondern weil ich Freude daran habe, die Bienen fliegen zu sehen, und begreife, dass auch ich Teil dieser aufregenden Natur bin. Und schon bin ich wieder versöhnt.

Imkern in Südafrika

Bei einem unserer Treffen brachte Manfred eine junge Frau mit. Frederike, eine Bekannte mit dunklen, halblangen Haaren und freundlichem Wesen, die viele Jahre in Südafrika, in Port Elizabeth, lebte, das an der berühmten Garden Route an der Südküste liegt. Frederike imkert auch. Von ihr erfuhr ich spannende Geschichten über das Imkern in Südafrika. Sie habe dort neben ihrer Arbeit fünfzehn Bienenvölker gehalten, erzählte sie. Neben der Arbeit? Ich staunte nicht schlecht. Das schien mir, die ich schon mit meinen sieben Völkern neben meiner sonstigen Arbeit am Rande meiner Kräfte bin, doch sehr viel. Für Frederike war das offensichtlich kein Problem.

»Imkern in Südafrika ist viel einfacher«, erklärte sie. »Ich habe so gut wie gar nichts machen müssen bei der ganzjährigen Tracht.« Besonders auf Cape Floral im Südwesten von Südafrika, wo sie gewohnt habe. Die besonders artenreiche Fynbos-Vegetation dort, ein Hartlaubgewächs, bedeckt Berge, Täler und Küstenebenen, von den Zederbergen in der Provinz Westkap über die Kaphalbinsel bis hin zu Port Elizabeth in der Provinz Ostkap. Die insgesamt acht Naturschutzgebiete in Cape Floral gehören seit 2004 zum UNESCO-Weltnaturerbe. Rund achttausend verschiedene Pflanzenarten gibt es dort. Das ganze Jahr über blüht immer etwas: neben den vielen Hartlaubgewächsen und Büschen auch Riedarten und eine Vielzahl an Blütenpflanzen, die wir als Gartenpflanzen kennen, zum Beispiel die Geranie. Man findet auch im Fynbos eine große Anzahl an Gänseblümchen und Zwiebel- und Knollenblumen, wie Freesien, Gladiolen, Lilien und Iris, die in ihrer unterirdischen Knolle oder Zwiebel Wasser speichern können.

»Die Winter sind ja dort viel milder«, erzählt Frederike. »Zuckerwasser haben meine Bienen nie bekommen. Außerdem verkleinern sich die Völker kaum, müssen also auch nicht vergrößert werden wie bei euch hier.« Sie lacht. »Im Grunde muss man dort eigentlich immer nur Honig ernten.« Die Haupterntezeit sei allerdings Februar, weil ja die Jahreszeiten genau anders herum sind als bei uns.

Frederike hat Warré-Kästen, Top-Bar- und Magazinbeuten benutzt. Das sind Bienenwohnungen, die sich in der Regel durch die Rahmengröße unterscheiden. Mal sind sie breiter, mal sind sie höher, mal sind sie schmaler, mal mehr breit als hoch oder mehr hoch als breit. Das mag für den Laien keine Bedeutung haben, aber für die Bienen, vor allem wenn es ihrem Wesen entsprechen soll, und für die Honigernte ist der Aufbau dieser Beuten wesentlich. Anders als in Deutschland sei die Berufsimkerei in Südafrika auch sehr viel größer aufgezogen. »Man hat ja nicht so viel Arbeit mit den Völkern und kann deshalb natürlich viel mehr von ihnen halten. Da hat ein Profi-Imker schon mal tausend Stöcke. Ein bisschen wie in Australien und Neuseeland.«

Diese paradiesischen Zustände für einen Imker haben dennoch einen großen Nachteil, wie ich finde. Denn Frederike berichtet auch, dass die Bienen in Südafrika recht wild und stechfreudig seien. Wenn sie zu ihren Bienen ging, hat sie ihre Ärmel und auch die Gummistiefel mit Leukoplast zukleben müssen, damit die Tiere an keinen Millimeter nackte Haut herankommen konnten. Einmal ist sie zu einem befreundeten Imker gegangen, um nach seinem Volk zu schauen. Er selbst hatte das schon zwei, drei Jahre lang nicht mehr gemacht. Als sie sich den Magazinen näherten, sind diese Bienen so wild gewesen, dass sie den Imker und Frederike fünfhundert Meter weit bis zum Auto verfolgten und selbst ins Wageninnere gedrungen sind. »Wir konnten nicht mal unsere Schutzanzüge ausziehen und sind unsere Verfolger kaum losgeworden.« Zu diesem Imker sei sie dann lieber nicht mehr hingegangen.

Von dieser besonderen Aggressivität zu hören, hat mich erstaunt. Zwar kenne ich auch hier in der Region so manche Bienenvölker, die aggressiver sind als meine eigenen, und habe da ja auch so meine Erfahrungen gemacht. Aber Bienen, die einem hinterherhetzen und fertigmachen, das habe ich noch nicht erlebt. Stechfreudigen Bienen wird eine besondere Vitalität nachgesagt. Es ist sicher so wie bei domestizierten Kulturtieren und ihrer wilden Verwandtschaft. In der Regel haben die wilden das bessere Immunsystem und bessere Überlebenschancen.

»Mit Bienen kann man auch Feinde loswerden«, lacht Frederike und erzählt von einer Art afrikanischem Bienen-Voodoo. Da stiehlt man seinem Feind zum Beispiel ein Gewand und ärgert damit die Bienen, indem man sie in eine Trommel einsperrt, die man erhitzt, und mit diesem Kleidungsstück draufschlägt. Wenn man sie dann genug geärgert hat, stellt man die Beute mit diesen Bienen an einem Weg auf, wo dieser Feind vermutlich vorbeigehen wird. Die Bienen würden ihn dann riechen und attackieren, wobei manch einer dabei schon zu Tode gekommen sei. Ich weiß nicht, ob das stimmt. Aber angesichts des phänomenalen Geruchssinns von Bienen, der besser ist als der von Hunden, könnte ich es mir andererseits auch wieder vorstellen. Gruselig.

In den USA werden Bienen inzwischen sogar von der Armee als Sprengstoffexperten konditioniert und eingesetzt, um Soldaten bei Auslandseinsätzen vor Sprengfallen und versteckten Bomben zu warnen. Während der Dressur werden die Bienen erst dem Geruch von Sprengstoff ausgesetzt und dann mit Nektar belohnt. Auf diese Weise entsteht der sogenannte Pawlowsche Reflex. Sobald sie also Sprengstoff riechen, strecken sie den Rüssel aus, als sei es Nektar oder Zuckerwasser. So funktioniert das vielleicht ja auch mit dieser Art Bienen-Voodoo, nur statt Belohnung gibt's die Bestrafung.

Es gibt viele Unterarten der Westlichen Honigbiene. Manche Rassen sind durch Züchtung entstanden, wie die Buckfastbiene mit hellerem, gelbem Hinterleib. Andere Unterarten der Westlichen Honigbiene haben sich selbstständig entwickelt. Wie die Kärntner Biene, von Imkern meist Carnica genannt, die eher dunkelbraun bis schwarz ausschaut. Manfred meinte, dass die Wildheit der Bienen vor allem in deren Genen liege. Das Friedfertige der Buckfastbiene sowie der Carnica sei ein Züchtungserfolg.

Ich würde meine Bienen als regionale Landbienenrasse bezeichnen. Eine Handvoll Buckfastbienen finden sich auch darin, aber die allermeisten sind das, was die Natur aus ihnen hier unter diesen Bedingungen gemacht hat: eine Landbiene, die keine genauere Bezeichnung braucht, so wie die Hundemischlinge, die auf der Straße gezeugt wurden.

Sicher, denke ich, Friedfertigkeit und Aggressivität sind auch genetisch bedingt, aber ich bin überzeugt davon, dass Bienen eben auch sowohl traumatische wie angenehme Erlebnisse speichern, diese untereinander kommunizieren und deshalb gegebenenfalls aggressiver als sonst reagieren können.

Sanft oder wehrhaft?

Ich mag die Friedfertigkeit meiner Bienen. Sie schafft Vertrauen und Freude, an und mit ihnen zu arbeiten. Auch Besucher sind wenig gefährdet. Doch zu viel Sanftmut ist eben auch nicht gut. Wie sollen sich Bienen sonst gegen ihre Feinde wehren? Hierfür brauchen sie wie alle Tiere ein natürliches Gespür und die Möglichkeit für Selbstschutz. Es macht, wie wir sehen werden, keinen Sinn, ihnen diesen Instinkt durch Überzüchtung von zu viel Sanftmut zu nehmen.

Die wichtigste Waffe der Bienen ist ihr Stachel. Den hat sicher schon jeder einmal am eigenen Leibe zu spüren bekommen. Am liebsten stechen Bienen – so wie Mücken – dorthin, wo sie den höchsten Kohlendioxidgehalt wahrnehmen. Deshalb stechen sie auch gerne mitten ins Gesicht. Das hat nicht nur mit der Atemluft durch den Mund oder dem Ausstoß von Kohlendioxid durch die Haut (die im Übrigen unser größtes Atemorgan ist) zu tun. Manche Forscher vermuten, dass Bienen um die Schwachstellen Augen und Mund Bescheid wissen und deswegen gern bei Angriffen darauf fliegen.

Wie schon erwähnt, sterben die Bienen, wenn sie Säugetiere, also auch uns Menschen stechen. Ihr herausgerissener Stachel, der wie ein Widerhaken in der Haut steckt, pumpt noch eine Weile weiter das Gift in den Körper des Opfers. Das ist gewöhnlich schmerzhafter als ein Wespenstich, da Bienen ihr gesamtes Gift in der Giftblase auf einmal abgeben, Wespen, die mehrmals stechen können, es sich hingegen aufteilen. Anders als der doch recht wehrhafte Stachel der Honigbienen ist der Stachel der allein lebenden, nicht Staaten bildenden Wildbienen recht schwach, da sie kein Volk verteidigen müssen.

Ein sicher extremes Beispiel für die Wehrhaftigkeit von Bienen sind die berüchtigten »afrikanischen Killerbienen«, eine in den fünfziger Jahren in Brasilien außer Kontrolle geratene Kreuzung aus der friedfertigen Westlichen Honigbiene und der etwas angriffslustigeren Honigbiene aus den afrikanischen Tropen (der *Apis mellifera scutellata,* die zum Beispiel auch resistent gegen Varroamilben ist). Killerbienen greifen gemeinsam an und brauchen weniger Reize als unsere Westliche Honigbiene. Dafür markiert eine Kundschafterin als Erstes ihr Opfer mit einem Duftstoff, informiert dann ihre Schwestern, und die überfallen es dann in einem kollektiven Massenangriff. Das Gift an sich ist nicht giftiger als das der normalen Honigbiene. Es ist die Masse an Stichen, die schon viele Menschen getötet hat. Killerbienen gibt es vor allem in den Subtropen, im Süden der USA und in Mittelamerika. In Europa bisher zum Glück nicht. Sie müssten dann übers Wasser fliegen, was Bienen nicht sonderlich mögen. Außerdem ist es ihnen hier im Winter zu kalt. Allerdings habe ich von einigen Imkern gehört, die durchaus symbiotisch und respektvoll mit sogenannten Killerbienen arbeiten. Vielleicht ist es ein bisschen wie mit dem Weißen Hai. Alles was man nicht versteht, macht uns erst einmal Angst. Kennt man die Bedürfnisse und das Verhalten von gefährlichen Tieren besser, werden sie einschätzbar und verlieren oft ihren Schrecken.

Es gibt in den Tropen und Subtropen sogar stachellose Bienen *(Melliponini),* die sich nicht weniger erfolgreich gegen Feinde wehren. Manche markieren ihr Opfer, zum Beispiel eine

Ameise, mit einem Pheromon. Anschließend folgen ihnen ihre Artgenossen, kleben es mit Harz am Boden fest, um es dann mit ihren Mundwerkzeugen, den Mandibeln, totzubeißen. Allein in Australien gibt es vierzehn Arten der *Australian native honey bees* oder *sugar-bag bees*, wie sie dort genannt werden. Die beiden häufigsten Arten, *Tetragonula carbonaria* und *Austroplebeia australis*, gibt es bei Brisbane.

In einigen tropischen Gebieten, vor allem in Südamerika und Australien, gibt es sogar eine Art stachelloser fleischfressender Bienen, die gezahnte Kauladen haben und keine Pollen, sondern nur Nektar und Eiweiß sammeln, so wie Hornissen. Einige Arten (wie zum Beispiel *Trigona necrophaga, Trigona hypogea* und *Trigona crassipes)* essen sogar nur noch Aas. Diese Bienen stürzen sich zum Beispiel in Massen auf ein totes Meerschweinchen, knabbern es an, nehmen das Fleisch mit nach Hause und »dosen« es in der Wabe ein. Da kommt quasi Fleischbrühe auf den Tisch. Ihren Zuckerbedarf decken sie auch nicht mehr an Blüten, sondern vor allem an überreifen oder verrottenden Früchten. Das hat jetzt zwar nix mit Wehrhaftigkeit zu tun. Die Vielfalt des Verhaltens unter Bienenarten beeindruckt mich dennoch.

Am häufigsten müssen sich Bienen gegen Eindringlinge in ihrem Stock wehren. Das sind zum einen fremde Bienen – insbesondere in der professionellen Imkerei, wo Beute an Beute steht. Wenn eine fremde Biene, die sich verflogen hat, mit einem gefüllten Honigmagen kommt, also mit viel Nektar oder Pollen, dann kann sie sich »einbetteln« und wird gern aufgenommen, denn sie bringt ja ein Geschenk mit. Kommt sie allerdings »mit leeren Händen«, wird sie von den Wächterinnen abgewehrt oder sogar getötet.

Viele Imker haben schon die Erfahrung von gegenseitigen Raubüberfällen benachbarter Bienen auf ihre Kollegen erlebt. Ist ein Volk sehr schwach und existiert in der Nähe ein anderes starkes Bienenvolk, kann es von diesem in Massen überfallen werden. Seine letzten Pollen und Honigrationen werden dann geplündert. Oft ein Todesurteil für das ausgeraubte Volk. Professionelle Imker müssen dieses Verhalten in Kauf nehmen. Sie versuchen einen feindlichen Angriff dadurch abzuwehren und dem Opfer zu helfen, indem sie das Flugloch des Opfers verkleinern und zum Beispiel Äste vor das Flugloch legen. Dann haben die Angreifer Mühe, die Beute im Handstreich zu stürmen und die Bewohner können sich besser formieren. Eine Garantie, dass diese Taktik gelingt, gibt es nicht. Ohnehin ist die sogenannte Stockfestigkeit geringer bei Völkern, deren Königinnen oft ausgetauscht werden. Stehen die Beuten weiter auseinander, passiert das Verfliegen seltener. Meine Mädels haben noch nie eine feindliche Übernahme erlebt. Ein Vorteil meiner Einzelaufstellung.

Eine Wildbienenart, die gerne Honigvorräte anderer Bienen plündert, ist die parasitisch lebende Räuberbiene. Sie ist der Robin Hood unter den Bienen, eine richtige Bande von Räubern unter den Wildbienen, die absolut nichts selber machen, sondern einfach alles rauben: das Futter der Larven, Nektar, Pollen, selbst den Baustoff, denn sie haben kein Organ zur Wachsproduktion. Der Tierökologe Dieter Wittmann hat sie erforscht und in einem Video dokumentiert, wie die Wächter unserer friedlichen Westlichen Honigbiene am Geruch das Herannahen einer solchen Bande bemerken und die Stockverteidigung ausrufen. Dann stürzen sich um die fünfhundert Honigbienen gleichzeitig noch vor dem Stock auf die Räuber, packen sie, werfen sie auf den Boden und zerstückeln ihre Beine und Flügel, um sie ein für alle Mal unschädlich zu machen.

Neben der potenziellen feindlichen Übernahme des Stockes durch ihre Artgenossen gehören Vögel, Spinnen, Mäuse, Wespen und Hornissen sowie Bakterien, Pilze und Parasiten, vor allem die am meisten gefürchtete Varroamilbe, zu den Feinden der Bienen (und Imker) – und der Mensch.

Spechte hämmern gern am Flugloch herum, vergrößern es und können dem Volk ernsthaften Schaden zufügen. Spinnen fangen Bienen in ihren Netzen oder locken sie auf Blüten an, Mäuse versuchen im Winter an die leckeren Honigvorräte in einem Bienenstock heranzukommen. Im Sommer begibt sich eine Maus allerdings beim Eindringen in Lebensgefahr. Sie wird sofort von Bienen umringt und totgestochen. Im Winter hat sie bessere Chancen, weil die Bienen in der Winterkugel hängen und nicht sehr agil sind. Durch die Winterstörung und die durch eine Maus erzeugte Unruhe können Völker zugrunde gehen, weshalb manche Imker dann Mäusegitter am Flugloch anbringen. Oft gewinnen aber die Bienen, und sie stechen den Eindringling tot. Da sie das riesige Monster danach nicht einfach aus dem Bienenstock schleppen können, wird es mit Propolisharz einbalsamiert und so mumifiziert und desinfiziert für viele hundert Jahre. Eine Methode, die die Ägypter der Biene abgeschaut haben. Auf diese schlaue Weise verhindern die Bienen die Verwesung der Maus und damit die Ausbreitung von Keimen.

Im Kampf gegen Wespen, die ihre Brut gern mit Eiweiß füttern und die Bienen vor allem beim Sammeln auf den Blüten oder am Flugloch abfangen, setzen Bienen meist erfolgreich ihre Stachel als Waffe ein. Dringen mehrere Wespen in den Stock ein, wird es allerdings schon schwieriger.

Gegen Hornissen kann sich die europäische Honigbiene nur schwer wehren. Gegen die fünfmal größere Japanische Riesenhornisse, die sich seit einigen Jahren immer mehr in Europa ausbreitet, hat sie nahezu gar keine Chance. Diese Hornisse ist in der Lage, ganze Völker zu vernichten. Riesenhornissen schicken zuerst ein paar Kundschafter vor. Die markieren einen ausgespähten Stock mit einer Pheromon-Notiz: »Hier gibt's lecker Futter, lasst uns einen koordinierten Angriff fliegen!« Dann kommt eine kleine, aber effiziente Truppe von Hornissenkriegern, die das Volk im Sturm und Blutrausch einfach niedermetzeln. Vierzig Bienen pro Minute können so den Tod finden, ganze Völker elend zugrunde gehen oder zumindest schwersten Schaden nehmen.

Das Schlachtfeld ist in zweierlei Hinsicht interessant für die Japanische Riesenhornisse. Für sich selbst braucht sie Zucker, erbeutet also den Honig der Bienen. Aber für ihren Nachwuchs, der Eiweiß braucht, hat sie mit den Bienenleichen ein großes Angebot an Proteinen. Normalerweise fängt sie proteinreiche Insekten wie Käfer, schneidet sie mit ihren Mundwerkzeugen klein und serviert sie ihrer Brut. Wenn es im Herbst jedoch immer weniger große Insekten gibt, die Brut der Hornissen aber immer größer wird, dann ändert sie ihre Taktik und spezialisiert sich mit Vorliebe auf Honigbienen.

Weil sich das Speisenangebot für diese Hornissen durch den dramatischen Niedergang der Insektenpopulation in unseren Breiten stark verringert und die Bienen obendrein so proteinhaltige Körper haben, dazu Honig und Pollen frei Haus liefern, wird die Honigbiene für die Hornisse bald ganz oben auf dem Speisezettel stehen.

Der Westlichen Honigbiene kann da meist nur der Imker mit der chemischen Keule helfen. Immer mehr Imker gehen deshalb gegen Hornissen-Nester mit Chemie vor. Dabei gäbe es vielleicht auch eine andere – natürliche – Lösung, die auf die Wehrhaftigkeit der Biene selbst setzt.

Anders als unsere hier in Europa beheimatete Westliche Honigbiene – oder Europäische Honigbiene *(Apis mellifera)* genannt –, die der Riesenhornisse hilflos ausgeliefert ist, gibt es in Asien die Östliche Honigbiene – auch Asiatische Honigbiene oder Cerana-Biene genannt *(Apis cerana)* –, die vermutlich als einziges staatenbildendes Insekt eine Strategie gefunden hat, diesen Feinden den Garaus zu machen.

Wenn die Cerana-Wächterbienen merken, dass eine Riesenhornisse über ihnen am Flugloch patrouilliert und ihre Schwestern beim Ausfliegen beobachtet, vielleicht sogar schon heimkommende Bienen attackiert, sammeln sich in etwa ein Dutzend mutige Kämpferinnen, die aus dem Bienenstock krabbeln und auf dem Abflugbrett einen wilden Tanz ausführen. Dabei wackeln sie wie verrückt mit dem Hinterleib und bewegen sich parallel zur Hornisse, die über ihnen kreist.

»Diese wilden Bewegungen der Boogie-Woogie tanzenden Bienen bilden wahrscheinlich ein Reflexionslicht auf den Flügeln der Hornisse ab«, erzählte mir Randolf Menzel bei meinem Besuch im Bienenlabor der FU. Das irritiere die Hornisse. »Wenn die Hornisse dann die unter ihr tanzende Gruppe wahrnimmt, stürzt sie sich auf sie. Da es aber oft zu viele sind, kann die Hornisse nicht so genau zielen.« Dann hätten die Mädels eine gute Chance zu entkommen, wobei sie möglichst gleichzeitig in den Bienenstock hineinlaufen.

Genau das ist der Trick. Die Hornisse, trunken vor Wut oder Gier, stürzt den hineinlaufenden Bienen nach, was sie wohl sonst alleine nicht so einfach machen würde. Inzwischen wurde im Haus Alarm geschlagen und die Stockverteidigung gegen Hornissen ausgerufen. Das mobilisiert eine spezielle Eingreiftruppe, und zwar die Heizerbienen. Die stürzen sich als Nächstes auf die Hornisse, umringen sie von vorne, von hinten, von oben und von unten und bilden so eine lebende Bienenkugel um den Eindringling herum, die faustgroß sein kann. Sie stechen die Hornisse dabei nicht. An deren hartem Chitinpanzer würden Bienenstiche abprallen und nichts ausrichten. Aber die Cerana-Bienen nutzen eine andere Schwachstelle der Hornisse: Sie verträgt nämlich nicht so hohe Temperaturen wie die Cerana-Biene selbst. Deshalb umkreisen Heizerbienen die Hornisse und lassen ihre Brustmuskulatur bei ausgekugelten Flügeln so heftig vibrieren, dass sie bei bald fünfundvierzig Grad oder etwas mehr im Inneren des Knäuels bei lebendigem Leib verschmurgelt. Die Mehrheit der Truppe überlebt das, denn Bienen können kurzzeitig sogar fünfzig Grad Temperatur ertragen. Nur ein paar von ihnen überleben diesen Kampf nicht und sterben den Heldentod. Die Zukunft des Volkes ist aber vorerst gerettet.

Diese Hitzekugel-Strategie wird hin und wieder von Imkern auch bei der Westlichen Honigbiene beobachtet. Auch der Demeter-Imker Günter Friedmann, der wie bereits erwähnt seit vielen Jahren bei unseren Westlichen Honigbienen eine Art Rückzüchtung weg von zu großer Friedfertigkeit betreibt, sah bei seinen Honigbienen so ein Verschmoren von Hornissen oder Wespen. Vielleicht berichten ja bald auch andere Imker davon.

Aber selbst die Hitzekugel kann manchmal nicht helfen. Bei der auf Zypern beheimateten Orientalischen Hornisse versagt sie. Die überlebt nämlich bis zu einundfünfzig Grad Celsius. Also haben die dortigen Bienen eine andere Strategie entwickelt. Sie blockieren mit ihren Körpern die Atemöffnungen der Hornisse und ersticken sie einfach. Das kann schon mal eine Stunde dauern. Forscher von der Aristoteles-Universität in Thessaloniki haben diese Beobachtung in einem Laborversuch überprüft und herausgefunden, dass schon das Blockieren der Zufuhr frischen Sauerstoffs von zwei der vier Atemöffnungen der Orientalischen Hornisse die Luftaufnahme um ein Drittel reduziert, bei vier sogar um siebenundachtzig Prozent.

Vielleicht führt ja weniger Sanftmut auch wieder zu mehr Kreativität in den Abwehrstrategien? Günter Friedmann hofft jedenfalls darauf und vermutet, dass jede Bienenart so ein Verhalten habe, durch Überzüchtung und einseitige Auslese dies jedoch verloren ginge. »Aber es kommt wieder. Wenn die Biene – das ist auch meine Hoffnung – in der Lage ist, sich gegen Hornissen und andere Feinde zu wehren, ist sie irgendwann auch in der Lage, gegen die Varroamilbe vorzugehen …«

Der Feind Nummer 1: Die Varroamilbe

Damit sind wir beim gegenwärtigen Hauptfeind der Westlichen Honigbiene: der Varroamilbe. Als ursprünglicher Wirt der parasitären Varroamilbe gilt die Cerana-Biene. Zuerst gab es den heute weltweit verbreiteten Parasiten nur im tropischen Ostasien. Durch die Evolution konnte sich die Cerana-Biene im Vergleich zu unserer Westlichen Honigbiene über die Jahrtausende besser an die Varroamilbe adaptieren. Als Ende des achtzehnten und Anfang des neunzehnten Jahrhunderts westliche Bienenvölker wegen ihres größeren Honigertrags nach Asien kamen, gingen die Milben auf diese über, ohne dass sie ihr etwas entgegenzusetzen hatten. Die Globalisierung führte schließlich zur weltweiten Verbreitung der Varroamilbe. Nur Australien gilt nach wie vor als nahezu varroafrei. Nach Deutschland wurde die Varroamilbe erst Ende der siebziger Jahre eingeschleppt, vor allem durch die Einfuhr von Königinnen und Völkern aus anderen Ländern.

Die Varroamilbe hat eine intelligente Strategie als Parasit entwickelt. 1 bis 1,5 Millimeter große Weibchen schmuggeln sich als blinde Passagierinnen in eine Zelle mit einer Larve im Futtersaft ein, und zwar kurz bevor sie verdeckelt wird. Das Problem ist, dass die sich entwickelnde Made noch keinerlei Abwehrmechanismen besitzt, sie also der Invasion hilflos ausgeliefert ist. Bei Cerana-Bienen erwischt es dank ihrer ausgeklügelten Abwehrmaßnahmen überwiegend nur die Drohnenbrut, weil sie die längste Verdecklungszeit in der Zelle durchlaufen, die Milben also mehr Zeit zu ihrer Reproduktion haben. Bei unseren Bienen hier werden leider auch die Zellen der Arbeiterinnen befallen. Sehr selten nur werden die Zellen der Königinnen besetzt, da ihre Entwicklungszeit zu kurz ist.

Neueste Erkenntnisse einer US-Forschergruppe der University of Maryland zeigen, dass so ein Varroa Weibchen sich nicht wie sehr lange angenommen vom Bienenblut, der Hämolymphe, der Maden ernährt, sondern vom Fettkörper. Der Fettkörper ist ein wichtiges Organ aller Insekten, dessen Funktion mit der unserer Leber vergleichbar ist. Die Milbe schneidet die Made mit ihren Mundwerkzeugen auf, ohne sie dabei zu töten, und saugt sich an ihr fest. Dann legt sie in die Zelle erst ein Ei, das nicht befruchtet wird und als Männchen schlüpft. Dieser Varroa-Matador wird dann, bevor die Jungbiene schlüpft, weitere fünf bis sechs von der Mutter gelegte Eier innerhalb der Brutzelle befruchten. Ordentlich Inzucht also. Da sowohl diese kleinen Weibersleut als auch ihr Bruder nicht eigenständig zur Nahrungsaufnahme fähig sind, ritzt die Mutter für sie auch weitere Wunden in die Made, damit sie an ihr saugen können. Vom Größenverhältnis wäre das ungefähr so, als würden einem Fötus schon im Mutterleib kindskopfgroße Geschwüre auf der Bauchseite, dem Rücken oder dem Schenkel wachsen.

Während der kleine Matador nach dem Schlüpfen in der Zelle zurückbleibt und stirbt, erblicken seine Schwestern hingegen nach circa zwölf bis vierzehn Tagen zusammen mit der Jungbiene das Licht der Welt und ernähren sich von ihr so lange, bis sie stirbt. Anschließend suchen sie eine weitere Bienenbrutzelle auf, die kurz vor dem Verdeckeln ist, um sich erneut fortzupflanzen. Im Gefolge der Milben werden Bakterien und Viren eingeschleppt, die die Bienen zusätzlich schwer belasten. Mit der Zeit beginnt das Volk vor sich hin zu siechen.

Der Imker sieht Bienen mit ungewöhnlichem Verhalten oder verkrüppelte Bienen. Natürlich wird auch immer weniger Honig produziert. Irgendwann hat das Volk keine Kraft mehr, sich aus eigenen Kräften zu erhalten, und stirbt. Oft siecht es elendiglich dahin.

Leider kommt den Eindringlingen unser eher gemäßigtes Klima statt des subtropischen, das sie eigentlich gewohnt sind, mehr entgegen für ihre Entwicklung. Interessanterweise beobachteten Imker in diesem unglaublich heißen Sommer von 2018, dass die westlichen Bienenvölker besser mit den Milben klarkommen. Vielleicht ist dies aber auch nur Wunschdenken. Schließlich ist die Bruttemperatur bis auf eine kleine Volatilität immer die gleiche.

Eine sehr effiziente Taktik, um sich gegen Parasiten, Viren, Bakterien und eben auch gegen die Varroamilben zu wehren, ist das Putzen. Wie bereits im Kapitel über die Arbeiterinnen beschrieben, haben Bienen ein ausgeprägtes Putzverhalten. Hygiene ist wichtig im Stock. Um Krankheiten vorzubeugen, wird der Stock nicht nur permanent von Dreck befreit, die Putzbienen streichen auch das Brett vor dem Flugloch wie einen antibakteriellen Fußabtreter mit Propolis ein, ebenso alle inneren Flächen der Beute und die Waben selbst in geringerer Konzentration. Die Arbeiterinnen putzen sich selbst ausgiebig und auch ihre Schwestern und Brüder. Die Königin hat sogar das Privileg, von ihren Hofstaatbienen quasi pausenlos gesäubert zu werden. An sich selber benutzen die Arbeiterinnen ihre vier vorderen Beinchen, beim Säubern der anderen vor allem die Mandibeln.

Minutenlang stehe ich manchmal vor meinen *Oglalas* und schaue zu, wie hingebungsvoll und mit welch unglaublicher Gründlichkeit eine Biene die andere säubert, oben und unten, an den Seiten, am Bauch, am Kopf, während die Behandelte die Prozedur wie die Affen beim Lausen ganz ruhig zu genießen scheint. Parasiten und Milben fallen bei sehr starkem Putztrieb dann normalerweise mit ab.

Wird dennoch eine Biene krank, verlässt sie entweder von sich aus das Zuhause und stirbt – um Ansteckungsgefahr vorzubeugen – draußen den Märtyrertod. Wenn sie allerdings nicht schnell genug ist oder schon zu schwach, wird sie von ihren Schwestern ohne große Umstände zügig rausgeworfen. Wie die Bienen allerdings erkennen, dass eine ihrer Genossinnen erkrankt ist, weiß man noch nicht. Möglicherweise legt sie ein verändertes Verhaltensmuster an den Tag, riecht anders, oder ihr elektrostatisches Feld ändert sich. Damit befasst sich unter anderem Randolf Menzel in seinen Forschungen.

Trotz aller Sauberkeit scheint sich unsere Westliche Honigbiene immer noch nicht genug zu putzen, fliegt mit diesem Riesen-Varroamonster durch die Welt und lässt sich aussaugen. Die Cerana-Biene hingegen, ihre Artgenossin aus Asien, entwickelt sich, wenn sie den Befall spürt, zum regelrechten Putzteufel. Bei ihren regelmäßigen Kontrollgängen wird erst einmal festgestellt, ob es überhaupt Eindringlinge gibt. Von Varroamilben befallene Arbeiterinnenbrut wird von der Östlichen Honigbiene sofort entfernt, indem die Putzbienen die Zellen öffnen und kurzerhand die Made samt Milben auffressen. Drohnenbrutzellen hingegen, in denen sich Milben tummeln, bleiben verschlossen und werden quasi »eingesargt«. Da schwer infizierte Drohnenmaden es meist nicht schaffen, die Brutzelle zu entdeckeln, gehen sie zusammen mit dem Milbennachwuchs zugrunde. Mit dieser etwas martialischen Hygienemaßnahme wird der Milbenbefall schon mal um etwa zwanzig Prozent reduziert.

Die andere Taktik der Cerana-Biene ist, dass sie eine kürzere Brutzeit für ihre Arbeiterinnen entwickelt hat. Das heißt, sie ist schneller, als die Varroamilbe für ihre Entwicklung braucht, und schlüpft, bevor diese ausgereift ist. Nur in der länger brütenden Drohnenbrut findet die Varroamilbe noch ihr Auskommen. Da die Anzahl der Drohnenwaben jedoch überschaubar ist, überlebt dadurch ein Volk der asiatischen Bienen seine Angreifer.

Nachdem ich von den Wunderdingen dieser Östlichen Honigbiene gehört hatte, hätte ich mir gerne selber welche zugelegt. Leider ist die Cerana-Biene hier in Europa kaum verbreitet, da sie weniger Honig gibt als unsere Westliche Honigbiene. Es ist nicht sinnvoll, eine bestimmte Bienenart zu halten, wenn alle anderen Imker in der Umgebung sie nicht haben. Da meine Königinnen und Prinzessinnen schwärmen dürfen, würden sie immer wieder von den Bienen anderer Arten befruchtet, und ich müsste meine Königinnen jedes Mal töten und durch eine Cerana-Biene ersetzen, um ihre Gene zu erhalten. Das entspricht nun einmal nicht meinem Weg zu imkern.

Sie ist auch ein bisschen schwieriger zu halten als die Westliche Honigbiene, weil sie sich nicht in großen Beuten heimisch fühlt. Man kann sie nur in kleineren halten. So passiert eher das Gegenteil: Zunehmend schaffen Berufsimker in ganz Asien ihre Östliche Honigbiene ab und legen sich unsere Westliche Honigbiene wegen des vermehrten Honigertrags zu – mit den bekannten Folgen. Der wirtschaftliche Erfolg muss wohl (noch) größer sein, weshalb man den Verlust von Völkern durch Milbenbefall in Kauf nimmt und die Kosten zur meist chemischen Bekämpfung des Parasiten mit einrechnet. So wie es auch die hiesigen Imker machen.

In der DDR gab es die damals meldepflichtige »Varroatose« seit 1981. Sie hatte sich sehr schnell verbreitet und für viele, insbesondere ältere Imker sei es das Ende ihrer Imkerei gewesen. Manfred Zobel, der ja zu dieser Zeit Seuchensachverständiger war und mit den Tierärzten zusammenarbeitete, erzählte mir, als einziges Mittel hätten die »Varreszens-Streifen« geholfen, die auf der Basis von Amitraz wirkten. »Das war ein Streifen, der wie eine Zündschnur glühte«, erklärte er mir, »mit dem man die Bienen räucherte. Wir hatten das Flugloch offengelassen und hinten diesen Streifen abbrennen lassen. Da sind die Milben – hat man richtig sehen können – von den Bienen runtergefallen und haben sich in die Spalten im Boden der Beute verkrochen, wo sie einfach vertrockneten.« Amitraz ist aber auch für Menschen giftig. Nicht nur beim Einsatz des Mittels, sondern auch im Honig. »Wer weiß, was dann von dem Zeug im Honig zurückblieb. So weit waren wir noch nicht, dass wir den Honig und das Wachs auf Rückstände untersucht haben. Das kam erst später.« 1987 hätte man es deshalb vom Markt genommen. »Na ja, und nachher haben wir dann mit der Ameisensäure gearbeitet. Was viel einfacher und gesünder war, und so machen wir es ja heute noch.«

Es gibt viele Methoden, die Varroamilbe zu bekämpfen: chemische, biothermische durch Überhitzung oder biologische mit Pflanzen wie Reinfarn, Adlerfarn und Nussblättern, mit denen Imker es anfangs versuchten. Da Milben, wie bereits erläutert, nicht so hohe Temperaturen aushalten können wie Bienen (bis 45 Grad), und die Eiweiße der Milben schon ab einer Temperatur von 38,6 Grad anfangen sich zu zersetzen, forscht man nun besonders an ihrer biothermischen Vernichtung. Es gibt Experimente, bei denen ganze Völker auf höhere Temperaturen erhitzt wurden. Da sah man dann, wie die Milben von den Bienen purzelten. Diese Forschungen sind aber noch nicht abgeschlossen. Zudem frage ich mich, ob das wie auch immer gutgemeinte menschliche Eingreifen eine dauerhafte Lösung sein kann. Ziel sollte sein, dass Bienen aus sich heraus gesunden und wehrhaft sind.

Die Methode der Milbenüberhitzung hat auch Hobbyimker Dirk Schneider begeistert. Er patentierte 2017 eine von ihm entwickelte Bienenstockheizung. Dieser Apparat erwärmt den Stock auf zweiundvierzig Grad. Wichtig dabei sei, dass dies gleichmäßig geschehe. Zwei Behandlungen im Jahr würden ausreichen, um die Milben zu töten, während es für die Bienen völlig unschädlich sei – außer dass diese künstliche Erwärmung sie sicher ziemlich irritiert und sie sich um ein neues Stockklima bemühen müssen …

Neuerdings setzt man bei der Varroa-Bekämpfung auch große Hoffnung auf das sonst beim Menschen eingesetzte Antidepressivum Lithiumchlorid. Doch gibt es nach wie vor keine Garantie, dass die Völker bei Befall mit den genannten Methoden überleben.

Auch ich komme nicht umhin, meine Völker gegen die Varroamilbe zu behandeln. Zudem ist es gesetzlich vorgeschrieben. Wenn ich also den Verdacht habe, dass ein Volk befallen sein könnte, mache ich den sogenannten Puderzucker-Test. Das heißt, ich nehme ein Fünfzig-Gramm-Glas mit einem Puderzucker-Sieb obendrauf, schütte da Bienen hinein, bestäube sie mit Puderzucker und schüttle sie nicht zu heftig, aber bestimmt, bis alle Bienen mit Puderzucker bedeckt sind. Haben sie tatsächlich Milben, fallen diese dann von den Bienen durch das Sieb ab. Dann zähle ich sie und weiß anschließend, wie viele Milben auf fünfzig oder hundert Gramm Bienen kommen. Diese Methode kann man noch durch den Todesfall der Milben auf dem Boden eines Stocks, der sogenannten Windel, ergänzen.

Manchmal haben sie keine einzige Varroamilbe – was leider selten ist. Obwohl vielleicht so mancher Imker darüber den Kopf schüttelt, behandle ich sie dann auch nicht. Denn jede medikamentöse Behandlung ist wie beim Menschen auch für die Bienen eine große Belastung. Sind sie jedoch befallen, benutze ich den »Nassenheider Verdunster«. Da schüttet man Ameisensäure in ein kleines Gerät, das eine Art Saugpapier hat und zehn Tage lang die Säure im Stock verdunstet, an der die Milben sterben, die meisten Bienen hingegen nicht. Allerdings kann man schon erkennen, dass sie ziemlichen Stress damit haben und so manche Brut überlebt diese Prozedur nicht.

Wie lange das Mittel noch hilft, ist fraglich, denn die Milben werden immer resistenter dagegen. Früher konnte ein gesundes Volk durchaus mit zehntausend Varroamilben im Volk überleben. Selbst hier in der Region. Heute schafft dies das gleiche Volk nicht einmal mehr mit fünftausend. Entweder werden die Milben immer stärker und aggressiver oder die Bienenvölker in ihrem Immunsystem immer schwächer und empfindlicher. Oder es ist eine Kombination aus beiden Faktoren. Vielleicht hätte man aber auch die Varroamilbe nicht sofort bekämpfen, sondern den Bienen Zeit geben sollen zu lernen, sich gegen sie zur Wehr zu setzen? Was bei einer auf Wirtschaftlichkeit ausgerichteten Imkerei sicher in gewisser Weise eine Illusion ist. Vielleicht gelingt es ja Imkern wie Günter Friedmann, Honigbienenvölker auf ihre wilderen Vorfahren rückzuzüchten, die mit der Varroamilbe auch in unseren Breiten klarkommen. Auch wenn sie weniger Honig geben, aber dafür wehrhafter sind gegenüber Eindringlingen aller Art.

Ein Weg könnte auch sein, die ursprünglich in Europa verbreitete Dunkle Honigbiene, also die einzige wilde Honigbiene, die Mitte des neunzehnten Jahrhunderts hier nahezu ausgerottet wurde, wieder mehr zu verbreiten. Auch sie würde zwar von der Varroamilbe befallen werden. Doch ist sie wesentlich robuster als ihre später gezüchteten Artgenossinnen. Es gibt bereits erfolgversprechende Versuche von wesensgemäß arbeitenden Imkern in der Bretagne und in Schottland, die zeigen, dass diese Dunkle Honigbiene vermutlich besser mit dem Feind Nummer 1 zurechtkommt. Zwar seien erst einmal sehr viele Bienen gestorben. Aber die wenigen, die überlebten, hätten von Generation zu Generation gelernt, sich mit ihren Peinigern zu arrangieren, statt sich umbringen zu lassen. Das Zauberwort heißt Evolution. Aber ich weiß auch, dass viele Imker, die ihre ertragreichen Arten rein halten müssen und wollen, an solchen drastischen Rettungsversuchen verständlicherweise nicht interessiert sind. Es würde viele Imkerexistenzen über Nacht vernichten.

Eine Hoffnung könnte auch die Killerbiene sein, die sich ja auch recht erfolgreich mit den Varroamilben arrangiert hat. In dem Film »More than Honey« wird von einer australischen Forschergruppe berichtet, die Killerbienenköniginnen mit gesunden Drohnen australischer Wildbienen gekreuzt und die daraus hervorgegangene Population auf einer nicht von Menschen bewohnten Insel ausgesetzt hat, wo sie sich nun selbst überlassen ist. Die Hoffnung der Wissenschaftler ist, dass dieses Bienenvolk einmal das Überleben seiner Art gewährleisten wird, sollte die Biene überall sonst auf der Welt ausgestorben sein. Es ist ein bisschen wie die Gendatenbanken für unsere Getreide und Gemüsearten.

Gegen riesige Felder und Forste mit Monokulturen, gegen Pestizide und immer dichtere Bebauung, die Einverleibung oder Vernichtung jedes »unordentlichen« Fleckchens Natur oder den von Menschen mit verursachten Klimawandel, die Zunahme der Wetterextreme – gegen all das helfen diese Strategien nicht. Zuständen und Entwicklungen wie diesen sind Honigbienen und ihre wilden Schwestern gleichermaßen wehrlos ausgeliefert. Deswegen kann man auch nicht die Augen verschließen, wenn einige Wissenschaftler in den Medien behaupten, wir hätten kein Problem mit der Bienenpopulation. Sie würde doch tendenziell weiter zunehmen. Diese Zunahme ist allein eine Folge von imkerlichen Eingriffen.

Allein die schiere Anzahl von gezüchteten Honigbienen sagt nichts über deren Gesundheit aus. Durch Züchtung verengt sich der Genpool der Honigbienen. Eine Biene am Tropf der Imkermanipulationen mag uns starke Völker in großer Zahl vorgaukeln. Doch jede Krankheit, jeder Parasit wird immer mehr existenzgefährdend. Für den Imker wie für die Biene. Bienen, die jedes Jahr aufs Neue durch organische Säuren wie Ameisensäure, Oxalsäure und Milchsäure, geschwächt werden, leben zwar am Ende noch, aber eher wie in einem Krankenhausbett, wo man immer öfter nach ihnen schauen muss und weiß: Aus diesem Krankenbett werden sie nicht mehr aufstehen. Anstatt ihnen durch Ursachenbekämpfung zu helfen, operieren wir an den Symptomen. Bienen schreien nicht, betteln nicht und lassen sich durch Teilung der Völker beliebig und einfach vermehren. Das Wesen der Biene zu begreifen heißt die Natur mehr zu respektieren. Das geht meines Erachtens nur, wenn wir der Natur vertrauen und den Bienen mehr Möglichkeiten zur Selbsthilfe geben. Ich träume von einer Welt, in der es Honigbienen wie Wildbienen gleichermaßen schaffen, aus eigener Kraft, ohne menschliche Hilfe zu überleben. Ich träume davon, dass wir keinen Krieg gegen die Natur führen, sondern uns als Teil der gesamten Schöpfung betrachten.

Die wilden, unscheinbaren Schwestern

Wir Menschen haben eine selektive Wahrnehmung für die Welt, in der wir leben. Jetzt ist die »Zeit der Honigbiene« angebrochen. Sie ist das Insekt, das in aller Munde ist, um das sich plötzlich gekümmert wird, das wir fördern und schützen wollen. Aber wir vergessen, dass die Honigbiene allein in Deutschland rund fünfhundertsechzig verschiedene Arten von unscheinbaren Verwandten hat: *die Wildbienen.*

Abgesehen von der Schönheit, der Vielfalt und dem unglaublichen Genpool, den sie mitbringen, leisten Wildbienen eine enorme Bestäubungsleistung, die jene der Honigbiene übersteigen kann, denn sie fliegen und sammeln bei niedrigeren Temperaturen als Honigbienen: bereits bei zwei Grad, leichtem Regen und sogar Schnee fliegen sie los. Also schon viel früher oder noch später im Jahr als jede Honigbiene. Wildbienen erhalten mit ihrer Bestäubungsleistung das Gleichgewicht der Natur aufrecht. Zahlreiche Blumen, Gemüse und Bäume würden ohne sie anders aussehen oder nicht mehr existieren. Viele Wildbienen nehmen an Nahrung das, was kommt, um ihre Lebensfunktionen aufrechtzuerhalten. Etwa ein Drittel der Wildbienen geht andererseits eine symbiotische Beziehung mit einer einzigen Blüte ein, was wiederum gefährlich für sie ist, wenn es diese Blüten plötzlich nicht mehr gibt. Wildbienen fliegen jede Art von Blüten an, auch die, die sich zum Beispiel im Bauminneren befinden, wo es etwas kühler ist, während unsere Honigbiene außen herumtändelt und sich die einfachen, bequemen Leckerbissen schnappt. Wie ihre domestizierten Schwestern sind aber auch Wildbienen selbst Nahrung für zahlreiche andere Tiere und düngen mit ihrem Kot oder ihren Ausscheidungen und schließlich ihrem Tod die Erde.

Auf dem Land gehörten Massen von Wildbienen früher zum Alltag. Sie krabbelten über den Löwenzahn, summten in den Bäumen oder klebten neben den Fliegen auf der Windschutzscheibe. Irgendwo summte es vom Frühjahr bis zum Herbst immer. Ich hatte es bereits erwähnt: Wildbienen sammeln wie die Honigbienen Nektar und Pollen, erzeugen aber keinen Honig. Deshalb sind sie für den Menschen nicht interessant. Sie sind einfach *nur* Insekten, die man eher als lästig empfindet oder die oft Missbilligung und manchmal (unbegründete) Panik auslösen. Für diese Wildbienen gibt es keine Lobby. Dabei steht mehr als die Hälfte von ihnen auf der Roten Liste, das heißt, sie sind unmittelbar vom Aussterben bedroht. Anders als die Honigbiene, die ist – zumindest theoretisch – durch die Schwarmteilung und den Einfluss des Menschen, der sie wie andere Kulturtiere, Rinder, Schweine oder Hühner, als ein Nutztier hält, unsterblich. In manchen Gegenden hat die Honigbiene inzwischen so zugenommen, dass sie als Konkurrentin beim Sammeln von Nektar und Pollen schon wieder eine Gefahr für die Wildbienen ist.

Das allgemeine Artensterben auf dem Land, die Verarmung der Wiesen betrifft die Wildbienen wie auch zahlreiche andere Insekten und letztlich auf lange Sicht auch die Honigbiene. Sterben die Wildbienen aus, sterben zahlreiche andere Insekten. Dann sterben Vogelarten, Fische, kleine Säuger, die in der Fresskette folgen. Insofern ist die Wildbiene eigentlich der bessere Indikator dafür, wie es anderen Insekten, wie es der Natur tatsächlich geht – und nicht die Honigbiene.

Dabei sind ihre unscheinbaren wilden Schwestern nicht minder spannend als unsere Honigbiene, von der es in Europa nur eine einzige Art gibt. Anders als ihre hochgezüchteten Artgenossinnen, die durch Evolution, Lernfähigkeit, Staatenbildung und natürlich auch durch die Fürsorge des Menschen oft bessere Überlebenschancen haben, müssen Wildbienen sich größeren Herausforderungen stellen. Die meisten Wildbienen sind als Solitäre ganz auf sich allein gestellt.

Einige Wildbienen in Deutschland sind nur drei Millimeter groß, andere bis zu drei Zentimeter. Ich mag die kuschelige Pelzbiene mit den riesigen Augen und der hellen Kopfmaske, die sich besonders an Traubenhyazinthen und Lungenkraut findet, oder die winzige Sandbiene mit den hellen Haarbinden auf dem Hinterleib, deren Männchen einen köstlichen, parfumreifen Duft verströmen.

Wildbienen sind meist friedlich und nisten in Sand, Stein oder im Geröll. Sie bauen bis zu dreißig Brutzellen, versorgen sie mit Pollen und Nektar, legen ein Ei obendrauf, verschließen es und überlassen ihre Brut anschließend sich selbst. Die räubernden Kuckucksbienen allerdings bauen keine eigenen Nester, sondern schmarotzen sich für alles, was sie brauchen, bei anderen Bienen durch.

Es gibt einen beeindruckenden Film über das Brutverhalten der Schneckenhausbiene. Sie gehört zu den in Deutschland sehr verbreiteten Mauerbienen und ist eine hübsche zweifarbige Schwester. Der Kopf und die Brust sind schwarz, der Hinterleib dagegen und die bürstenartig behaarte Bauchunterseite leuchten rostrot. Emsig sah ich sie immer wieder mit bunten Pollenhöschen in das Schneckenhaus hinein- und wieder hinauskrabbeln, um Futter für die Brut und schließlich ein Ei abzulegen. Anschließend schob sie noch ein paar Steinchen zum Auffüllen in ihre Bruthöhle, verschloss den Eingang des Schneckenhauses mit einem Pfropf aus zerkauten Pflanzenblättern und grub daneben in die Erde ein Loch, in das sie es hineinrollte. Die Schneckenhausbiene krümelte ein bisschen Erde obendrauf, und das Nest war versteckt. Absolut faszinierend. Nach fünf bis sieben solcher Nester stirbt das Weibchen. Die Larven bleiben allein in den Schneckenhäusern, wachsen heran, und die nächste Generation schlüpft erst im kommenden Frühjahr, wenn ihre Mutter längst tot ist.

Einige Wildbienenarten polstern ihre Brutröhren mit ganz bestimmten knalligen Blütenblättern, zum Beispiel mit Klatschmohn oder Leinkraut. Gibt es diese Blumen in deren Umgebung nicht mehr, sind sie zum Aussterben verurteilt. Andere suchen sich Miniholzgänge zum Nisten. Dahinein stapeln sie röhrenförmig bis zu fünfzehn kleine »Päckchen«, jeweils bestehend aus einer Futtergrundlage, Pollen und Nektar, und einem Ei, das wiederum oben abgedeckt wird. Während das Weibchen nach dreißig Tagen stirbt, muss der Nachwuchs sich anschließend allein weiter durchs Leben schlagen. Andere Solitärbienen findet man in offenen Lehm- und Sandböden (von denen immer weniger existieren), in die sie ihre Brut vergraben. Insgesamt brauchen Wildbienen artenreiche »blühende Landschaften«, ein artenreiches Blütenmeer, das sie vorm Verhungern bewahrt, alte Bäume und viel Totholz, also eine gewisse Unordnung mit vielen verschiedenen Versteckmöglichkeiten.

Kamasutra der Wildbienen

Die Paarung von Wildbienen ist oft eine wilde Angelegenheit. Bei den Gehörnten Roten Mauerbienen zum Beispiel stürzen sich gleich mehrere Männchen auf ein Weibchen und umgarnen – oder besser umkrallen – es so lange, bis sich einer bei diesem Rudelkuscheln durchgesetzt hat und zum Zuge kommt. Die Blattschneiderbienen, die nicht ohne Grund ziemlich extravagante Beine haben, zelebrieren ein, sagen wir, sehr effizientes »Kamasutra« beim Liebesspiel, das der in Bonn lehrende Tierökologe Dieter Wittmann unter einem Elektronenmikroskop erforschte. Das Männchen versprüht nämlich einen ganz besonders bezirzenden Balzduft in einer Rille seiner Beine – einer Art »Duftdusche« à la: »Ich bin der Beste, Schönste und habe den größten …!«, mit der die Auserwählte angelockt werden soll. Diese ist nämlich durchaus wählerisch. Damit sie auch ja genug Duft abbekommt und sie gar keinen anderen Konkurrenten mehr wahrnehmen kann, fängt das Männchen mit seinen Beinen ihre Antennen-Nasen, hakt sie in dieser Rille seiner Beine mit einer Art Klettverschluss ein und hält ihr obendrein noch mit den Vorderbeinen die Augen zu. Halbblind und gefesselt hat sie keine andere Wahl, als sich seinem Balztanz zu ergeben. Betört von seinem Duft gleitet sie schließlich mit ihm durch die Luft, bis ihr Verführer sein Werk der Befruchtung vollbracht hat.

Doch ganz so hilflos sind die Weibchen den Männchen dann doch nicht ausgeliefert. »Die Bienendame alleine entscheidet, mit wem sie sich paaren möchte«, sagt Dieter Wittmann. »Wenn sie den Bienenmann nicht will, bockt sie und wirft ihn ab – und verschafft sich manchmal sogar mit dem Stachel Respekt.« Na, das beruhigt mich ja. Ähnliche Paarungsmechanismen konnten die Bonner Wissenschaftler inzwischen bei anderen Wildbienen und auch bei Wespen beobachten. Einige Weibchen werden sogar sanft mit Tausenden beweglicher Härchen massiert. Na, welchem Weib würde das nicht gefallen?

Den Körperbau der Wildbienen zu erforschen, kann auch – wie so vieles andere aus der Natur – Nutzen für die Industrie haben. Die Ölbiene zum Beispiel kratzt statt Nektar Öl von bestimmten Blüten. Mit den Vorderbeinen reißt sie die Drüse dieser Pflanzen auf und transportiert das Öl an die Hinterbeine, die ganz besondere Haare haben. Diese Haare nehmen nämlich kein Wasser auf, sondern einzig und allein das Öl. Könnte man damit nicht Ölteppiche auf Meeren bei Tankunglücken reinigen? Eine kühne Vorstellung, und erste Tücher wurden nach dem Vorbild der Ölbiene bereits entwickelt. Doch der Weg ist lang bis zu einem möglichen Einsatz. Noch haben die Forscher das System dieser Behaarung nicht ganz verstanden. »Bisher sind die Beine der Ölbiene noch dreitausendmal effizienter als das nachgebaute Tuch«, sagt Dieter Wittmann. Bei solchen Beispielen denke ich immer wieder: Welch ein Erfindungsreichtum und welche Inspiration gingen uns mit dem Aussterben der Wildbienen verloren!

Bienen in der Stadt – Hoffnung in der Not?

Der Hauptgrund für das Verschwinden der Wildbienen ist – wie bei anderen Lebewesen – die Vernichtung ihrer Lebensräume, vor allem ihrer Niststätten durch die industrielle Land- und Forstwirtschaft. Es fehlen Böschungen, offene Lehm-, Sand- und Kiesgruben, morsches Holz und ungepflasterte Wege. Selbst der Straßenverkehr kann unter Wildbienen erhebliche Verluste verursachen, besonders unter Hummeln. In der Stadt gibt es kaum noch verwilderte Areale, Gärten werden, wie gesagt, zu Domänen der aufgeräumten Ordentlichkeit und Sauberkeit.

Auch das Nahrungsangebot für Wildbienen, vor allem das der pollenliefernden Wildpflanzen, nimmt dramatisch ab: durch die beschriebene Vernichtung der Lebensräume, aber ebenso durch die industrialisierten Monokulturen in der Landwirtschaft. In der nördlichen Hemisphäre dominieren Raps und Weizen, in Südamerika die Sojabohne und Mais. Die Vielfalt und die Kleinteiligkeit von Feldern, die es früher gab, ist in vielen Regionen gänzlich verschwunden. Gleiches gilt für Wiesen. In meiner uckermärkischen Umgebung finde ich kaum noch richtige Wiesen mit all der Artenvielfalt, wie sie in manchen hügeligen Gegenden Bayerns noch erhalten ist. Die wenigen Nutzpflanzen der Menschen, die für Wildbienen in Frage kommen, sind obendrein mit Pestiziden verseucht – so manches Feld und manche Baumschule wird bis zu zwölfmal in einem Jahr gespritzt – mit den bekannten Folgen.

Vom Artensterben sind natürlich nicht nur die Bienen, sondern ebenso Tausende anderer Insektenarten betroffen. Denen geht es zum Teil noch viel schlechter als der Biene, insbesondere der Honigbiene, der wir durch die intensive Beziehung von Mensch und Tier so viel mehr Aufmerksamkeit schenken. Nehmen wir nur die kleine Köcherfliege, die fast schon ausgerottet ist und für unsere Flusssysteme und für die Fische als Nahrung eine ganz besondere Bedeutung hat.

Wir schauen eben nicht gerne hinab auf die kleinen, fragilen und uns oft lästigen Wesen, sondern mögen es lieber, in ein Gesicht hinaufzuschauen, das uns vertraut ist und von dessen Kraft wir beeindruckt sind. Dass bedrohte große Tiere, wie Nashörner, Elefanten, Eisbären oder Gorillas, sofort unsere Sympathie erwecken statt dieser Winzwesen, liegt vielleicht auch daran. Jede bedrohte und aussterbende Wildart ist ein Fanal, keine Frage. Dennoch unterschätzen wir die Bedeutung gerade der Insekten für unser gesamtes Ökosystem.

Es ist eine gute Nachricht, dass auf dem Land, aber auch in den Städten, immer mehr Menschen Bienen halten wollen oder Wildbienenhotels aufstellen. Insbesondere junge Leute spüren, dass ein »Weiter so!« keine Zukunft gebiert. Viele interessieren sich für ökologische Zusammenhänge. Sie unterstützen Stadtteilgärten, Urban Gardening oder Imkern auf den Stadtdächern. Es gibt Unternehmen, die gegen Geld anbieten, dass man auf der eigenen Terrasse, im Büro oder für zu Hause eine Bienenbeute anmieten kann. Für ein bis fünf Jahre kümmert sich dann ein Imker um die Bienen, und man bekommt den Honig. Selbst auf Regierungsgebäuden findet man neuerdings Bienenbeuten. Diese Hobbyimkerei hat enorm zugenommen und übertrifft mittlerweile die professionelle Bienenhaltung, die sich wirtschaftlich immer weniger rechnet. Noch bis vor ein paar Jahren wäre das völlig undenkbar gewesen.

Das Paradoxe ist, dass es mittlerweile den Bienen in der Stadt fast besser zu gehen scheint als auf dem pestizidverseuchten und an Pflanzenarten verarmenden Land. Trotzdem kann ich nicht verhehlen, dass ich immer ein kleines Bedauern habe, wenn ich in der Stadt bin und auf Dächern Bienenvölker stehen sehe. Ich schaue dann mit ihren Augen über die dicht gedrängt stehenden Häuser und Straßenzüge und sehe nur Beton und zugepflasterte Erde, dazwischen wenig Pflanzen, wenig Bäume und einige Blüten und Blumen auf Balkonkästen, Terrassen, Straßenrändern und auf Friedhöfen. Ich rieche die Abgase und suche nach dem Meer von Farben, das die Bienen zum Überleben brauchen. »Farbe« heißt: viele verschiedene und vor allem kleine Blüten. Für mich gehört die Biene aufs Land und nicht in eine Betonwüste. So gemütlich ein Exil auch sein mag, es ist die Flucht aus der ursprünglichen Heimat.

Es reicht nicht, einfach eine Bienenbeute aufzustellen und sie gegen Varroamilben zu behandeln, das Brutnest zu erweitern oder zu verengen, ihnen Zuckerwasser als Bienenfastfood zu geben und Honig zu ernten. Oder im Garten ein Wildbienenhotel aufzubauen. Das ist gut gemeint und auch wichtig, aber für eine wesensgemäße Haltung der Honigbiene, die Förderung der Wildbienen oder den Erhalt der Insekten allgemein braucht es mehr – vor allem ein ausreichendes und vielfältiges Trachtangebot für alle. Bedenken sollte man dabei auch, dass Honigbienen in vielen, eng nebeneinander aufgestellten Beuten nicht nur einander Konkurrenz machen können bei der Nahrungssuche, sondern auch den Wildbienen.

Deshalb ist es wichtig, Bienen und Insekten kleine, sich unkontrolliert natürlich entwickelnde Ecken zu gewähren. Die Natur ist stärker, gewaltiger und überbordender, wenn man ihr den Raum zur natürlichen Entfaltung lässt. Auch ich habe Mühe in meinem eigenen Garten, weil ich nicht alles kontrollieren kann, wie ich es gerne hätte. Doch wir sind nun einmal Teil der Natur und müssen uns immer wieder vergegenwärtigen, wie sehr unsere eigene Existenz von diesem faszinierenden Planeten Erde, seiner Schönheit und Vielfalt und Balance abhängt.

Hobbyimkerinnen und -imker haben dabei eine große Chance, denn sie können ihre eigenen Bienen anders halten als Berufsimkerinnen und -imker es notgedrungen oft müssen. Sie sind frei, mit ihren Bienen zu experimentieren und ihnen Freiheiten zu gewähren, wie es in einer Berufsimkerei kaum oder nur sehr schwer möglich ist. Sie sind nicht auf den (Höchst-) Ertrag von Honig, Propolis und Wachs angewiesen. Naturinteressierte Bienenliebhaber könnten auch die Wildbienen mehr fördern. Durch den abwechslungsreichen Anbau von insektenfreundlichen Pflanzen und so mancher »unaufgeräumter« Gartenecke. Wer einmal in das faszinierende Bienen-Universum eingetaucht ist, sieht seine Umgebung mit anderen Augen. Für mich gibt es eine eiserne Naturregel: »Alles, was für dich oder für die Biene wirklich gut ist, ist für die ganze Natur gut.« Man könnte das Wort Biene auch durch »ein Lebewesen« ersetzen. Und das sind wir selbst auch: Lebewesen, die in enger Beziehung zu ihrer Umwelt stehen.

Die Wundermittel der Bienen

Heilsames Gift

Ja, ich habe noch immer Respekt vor Bienenstichen. Befreundete Imker erlebten eine Bienenattacke mit über sechzig Bienenstichen. Das ist mir zum Glück noch nicht passiert. Wenn ich gestochen werde, habe ich manchmal überhaupt keine Schwellung, und manchmal schaue ich aus, als wäre ich zusammengeschlagen worden. Ich weiß nicht, woran es liegt. Mir kommt es vor, als würde im Frühjahr ein Bienenstich milder ausfallen als im Herbst, wenn die Bienen sowieso um ihr Überleben fürchten und tendenziell wilder und aufgeregter sind. Dann brennt es deutlich mehr, und der Stich hält auch viel länger an. Ich bin aber auch schon im zeitigen Frühjahr gestochen worden und habe davon nur einen harmlosen Pikser gemerkt. Die Giftblase der Biene muss dann noch ungefüllt gewesen sein.

Wenn man lange imkert und häufiger Angriffen ausgesetzt ist, schwillt der Stich gewöhnlich weniger an als bei Menschen, die sehr selten oder nie gestochen werden. Jemand, der nicht allergisch gegen Bienengift ist, kann wohl fast zweihundert Bienenstiche aushalten, auch wenn das für den Organismus sehr belastend ist. Eine ganz andere Sache ist es, wenn man allergisch gegen das Bienengift ist. Das kann einen anaphylaktischen Schock verursachen, und man muss sofort Gegenmaßnahmen einleiten, weil Menschen daran auch sterben können. Deshalb dürfen solche

Menschen nur sehr bedingt oder überhaupt keine Bienenprodukte aus dem Gift der Biene nutzen. (Aber: Bienengift-Allergiker vertragen Honig, Pollen, Propolis … nur eben kein Bienengift.)

Abgesehen von dieser allergieauslösenden Wirkung ist Bienengift, medizinisch *Apitoxin,* äußerst gesund und wurde schon von den alten Ägyptern zum Beispiel gegen Rheuma und Gelenkschmerzen allgemein eingesetzt. In China gibt es noch heute die Apipunktur. Da wird der Stachel der Biene zur Akupunktur benutzt. Auch in Deutschland wird diese Methode von Heilpraktikern, in der Homöopathie und von Kosmetikern praktiziert.

Frisch geschlüpfte Bienen produzieren erst nach ungefähr drei Tagen Bienengift, wenn sie noch als Ammen, Putzerinnen oder Heizerinnen im Innendienst sind. Am meisten Gift produzieren sie gegen Ende ihrer Innendienstlaufbahn, wenn sie als Wächterinnen arbeiten, kurz bevor sie als Sammlerinnen starten – um die 0,1 Gramm. Dann müssen sie sich wehren können, wie wir im Kapitel »Sanftmut oder Wehrhaftigkeit« gesehen haben.

Was ist eigentlich drin in diesem, oft heilwirksamen Bienengift? Was macht es so besonders? Neben verschiedenen Eiweißen besteht es zur Hälfte aus dem Wirkstoff Mellitin (der auch die Allergien auslöst), dem Enzym Phospholipase A2, das die Zellmembranen angreift, dem Nervengift Apamin; Hyaluronidase, das die Blutgefäße erweitert und durchlässiger macht, sowie aus einigen anderen Stoffen wie Histamin, Dopamin, Noradrenalin und Alarmpheromonen (die Bienen bei der Stockverteidigung auslösen). Die gesamte Palette der Bienenwirkstoffe ist noch nicht zu Ende untersucht.

Für die Gewinnung von Apitoxin bringt man am Eingang des Stocks eine Membran und darunter eine Glasplatte an und reizt die Bienen mit Strom. Die Tiere stechen dann in die Membran, und ihr Gift verteilt sich darunter auf der Glasplatte. Dort trocknet es, wird abgekratzt und gefriergetrocknet. Es sterben bei dieser Methode keine Bienen bei der Gewinnung des begehrten Gifts.

Dieses heilende Gift hat so einiges zu bieten: Es wirkt entzündungshemmend, durchblutungsfördernd, gegen Bakterien, Pilze und sogar gegen Viren. Es verdünnt das Blut, senkt den Cholesterinspiegel, und bei Neuralgien ist es schmerzlösend. Vor allem wird es bei der Therapie von Rheuma, Ischias, Hexenschuss oder bei Arthritis eingesetzt. Auch gegen Tumore soll es helfen.

Bienengift vitalisiert und fördert einen guten Schlaf. Die Schönheitsmedizin preist es als Wundermittel fürs Anti-Aging. In einer medizinischen Studie konnte nachgewiesen werden, »dass die Bienengift-Serumbehandlung die Gesichtsfalten klinisch verbessert, indem sie die Größe, Anzahl und die durchschnittliche Tiefe der Falten verringert«. Auch als Alternative für Botox wird es bereits eingesetzt, da es die natürliche Kollagen- und Elastinbildung des Körpers unterstützt. Die Hände langjähriger Imker, die immer ohne Handschuhe zu ihrem Bienenstock gehen, schauen oft unglaublich glatt und jung aus. Man muss es sich ja nicht gleich spritzen lassen wie so einige Hollywoodgrößen oder Royals, die auf Apitoxin schwören, es reicht auch eine einfache Apitoxin-Maske.

Aber immer gilt: Auf keinen Fall sollten Mittel auf der Basis von Apitoxin von Menschen mit Bienengiftallergie oder allgemein bei Unverträglichkeiten in Bezug auf Honig angewendet werden! Das versteht sich von selbst.

Universalmittel Honig

Nicht nur das Gift der Bienen ist Medizin. Der Honig selbst ist ein Universalmittel: Er enthält unter anderem Flavonoide, die Vitamine E, C und B-Komplex, Kupfer, Zink, Aminosäuren sowie Stickstoffmonoxid aus den Speicheldrüsen der Bienen. Dank seiner antibakteriellen Wirkung hilft er besonders bei der Wundheilung. Einfach einmal ausprobieren. Im Ersten Weltkrieg hat man Honig sehr oft zum Abdecken von Wunden benutzt. Falls Sie sich bei einem Sturz zum Beispiel am Knie verletzt haben, geben Sie einen Mullverband mit Honig und vielleicht noch ein paar frische Blätter Spitzwegerich darauf. Es heilt viel schneller.

Rund sechzig Arten von Bakterien, darunter so gefährliche wie Staphylokokken, können mit Honig besiegt werden. Was ihn besonders wertvoll macht, ist sein Erfolg beim Einsatz gegen antibiotikaresistente Bakterien. Durch Wundauflagen aus Honig können sie abgetötet werden. Deshalb behandelt man bis heute in zahlreichen Fällen Patienten, die sich wundgelegen haben, mit Honigverbänden.

Die Wirkung des Honigs gegen Bakterien ist vor allem den Enzymen zu verdanken, die die Bienen beim Wasserentzug des Nektars beifügen. Diese Enzyme bestehen insbesondere aus den entzündungshemmenden Flavonoiden. Die wohltuende Wirkung einer warmen Honigmilch kennt sicher jeder. Aber nicht nur bei Entzündungen im Hals, sondern auch im Magen oder Darm ist Honig hilfreich. Selbst als prophylaktischer Zahnschutz kann Honig dienen. Nicht zu viel, aber zum Beispiel ein Teelöffel Honig im Tee hat einen hemmenden Effekt auf das Wachstum von Kariesbakterien. Allerdings darf der Honig vorher nicht wärmebehandelt und auch die Milch nicht richtig heiß sein, denn bei über vierzig Grad verliert Honig fast alle seine heilsamen Wirkungen.

Ein anderer wichtiger Stoff ist Acetylcholin, eine Stickstoffverbindung, die unserem Herzen guttut. Sie vermindert die Herzschlagzahl, erweitert verengte Herzkranzgefäße und hat daher – übrigens ähnlich wie das Bienengift – eine blutdrucksenkende und herzschützende Wirkung. Wegen seiner antiviralen Wirkung wird der Einsatz von Honig auch in der Krebstherapie erforscht. Für unsere Nerven sind die reich enthaltenen Vitamine B1, B2 und B6 hilfreich. Ein hoher Anteil von Kalium und Kalzium sorgt für eine gute Kommunikation zwischen unseren Muskel- und Nervenzellen.

Einer der vielen medizinischen Meister unter den Honigen ist dabei der aus Neuseeland stammende Manuka-Honig. »Manuka« bezeichnet die Südseemyrte, deren Nektar die Bienen schlürfen, die diesen Honig produzieren. Er enthält hundert Mal mehr Methylglyoxal, kurz MGO genannt, als viele andere Honigsorten. Diese chemische Verbindung wirkt besonders intensiv antibakteriell, antiviral und antimykotisch.

Manuka-Honig hat sich vor allem auch als Mittel gegen Magengeschwüre verursachende Helicobacter und E. coli bewährt, gegen unangenehme und oft schwer zu behandelnde Nagel- und Scheidenpilze, bei Akne und ganz besonders bei Herpes. Studien belegen, dass der mit Manuka-Honig behandelte Herpes schon nach drei bis fünf statt sieben bis zwölf Tagen verschwindet. Man benutzt einfach einen in Honig getunkten Wattetupfer für die entsprechenden Stellen. Bei allgemein trockener Haut macht man dünne Honigumschläge oder mischt ihn in Cremes mit Quark oder Joghurt.

Medizinisch verwendbarer Honig sollte einen MGO-Wert, der das darin enthaltene Methylglyoxal anzeigt, von mindestens 400 aufweisen. Vereinzelt wird auch die sogenannte UMF-Skala genutzt, mit dem Unique Manuca Factor. In diesem Fall muss der Wert bei mindestens 15 liegen. Aber echter Manuka-Honig hat auch seinen Preis und kostet oft das Fünffache des üblichen Honigs. Ich denke, da ist wie so oft auch einiges an Marketing dabei. Für viele Leiden reicht der ganz »normale« Honig, dessen verschiedene Zusammensetzung je nach Trachtlage enormes Heilpotential entwickeln kann. Allerdings sollte man auch da schauen, woher der Honig kommt und wie er verarbeitet worden ist. Am besten kommt der Honig von einem regionalen Imker, den man schon mal gesehen hat. In Deutschland und der Schweiz zum Beispiel dürfen keine Antibiotika verwendet werden – das ist schon mal ein sicheres Qualitätskriterium. Ebenso sollte er nicht mit synthetischen Mitteln gegen die Varroamilbe behandelt sein.

Honig ist ein großes globales Geschäft geworden. Oft wird er gepanscht, zu hoch erhitzt und mit Zuckersirup gestreckt. Billiger Honig hat oft einen hohen Preis. Es wird global mit mehr Honig gehandelt als es rein rechnerisch geben kann.

Die Krönung der Bienenprodukte ist das Gelée Royale, der nahrhafte Weiselfuttersaft der Bienen. Vielleicht wirkt er ja bei uns Menschen auch lebensverlängernd? Japanische Wissenschaftler erforschen derzeit seine Wirkung bei Demenzkranken. Fünf Gramm Gelée Royale am Tag sollen angeblich helfen. Aber noch ist nicht wirklich erklärbar, was genau im Hirn abläuft, wenn es Menschen zu sich nehmen. Auch die Inhaltstoffe und deren Wirkung sind noch nicht restlos geklärt. Und auch hier gilt: Allergiker müssen aufpassen.

Stärkende Stockluft

So vieles bieten uns die Bienen. Wenn ich meine Bienen besuche und die Beute öffne, strömt mir eine stark nach Wachs, Honig und Propolis duftende warme Luft entgegen. Jedes Volk riecht ein bisschen anders. Auch Krankheiten kann man mit feiner Nase riechen und die Krankheitsbehandlungen auch. Selbst leichter Wachsmottenbefall macht einen scharfen Unterton in dem ansonsten süchtigmachenden Geruch. In gesunden Beuten hat diese Stockluft stark heilende, vor allem antibakterielle und immunstärkende Wirkung. Insbesondere Asthmatiker oder Menschen mit chronischer Bronchitis können davon profitieren. Auch gegen Heuschnupfen gibt es Therapieerfolge. Stocklufttherapie wird von besonders ausgebildeten Therapeuten von Mai bis August angeboten, wenn große Völker genügend Brutnester haben.

Auf der Beute wird ein Ansauggerät mit einem Netzfilter befestigt, um die Bienen fernzuhalten, und dann atmet man gemütlich in einem Sessel sitzend durch einen Schlauch, den man wie eine Maske aufsetzt, diese köstliche Luft der Bienen ein. Das dauert um die zwanzig bis dreißig Minuten. Nach rund zehn Minuten sollte allerdings das Therapievolk gewechselt werden, damit die Bienen nicht unter dem Luft- und Wärmeentzug leiden. Meist stehen hierfür zwei Völker zur Verfügung. Da mit der Stockluft auch Allergene mit eingeatmet werden, ist es unbedingt notwendig, vor der Behandlung einen Allergietest auf Bienenprodukte zu machen. Sonst kann es wie bei Bienenstichen zu einem anaphylaktischen Schock kommen und lebensgefährlich werden.

Antibiotische Propolis

Was ich neben dem Honig bei meinen Bienen am eifrigsten sammle, ist Propolis. Pollen beziehe ich von anderen Imkern. Davon lege ich ein, zwei Teelöffel zur besseren Aufnahme über Nacht in wenig Wasser ein und trinke das Gemisch in der Früh. Besonders im Herbst und Winter. Es dient der Stärkung des Immunsystems. Pollen können sehr unterschiedlich schmecken. Manche mag ich gar nicht. Ich finde, die haben einen leichten Fischgeschmack. Andere sind süß und köstlich. Was ich wiederum selbst herstelle, ist das von mir sehr geschätzte Propolis, das Knospenharz. Bienen sammeln das Harz von geschlossenen Baumknospen, Blättern oder der Baumrinde. Es ist so eine Art Frostschutzmittel und ein starkes natürliches Antibiotikum gegen Viren, Bakterien und Pilze, das die Rinde schützt und die Knospe, bevor sie aufspringt. In unseren Gefilden sammeln die Bienen es besonders von Birken, Buchen, Pappeln, Weiden, Kiefern, Fichten, Erlen und Kastanien.

Dieses Kittharz wird von den Sammlerinnen in den Stock getragen, ihre Schwestern streichen mühsam das zähe Zeug von ihnen ab, vermischen es mit Speichel, also allerlei Enzymen, Pollenöl und Wachs, kauen das Ganze ordentlich durch und: Fertig ist das Propolis. Es ist ein hervorragendes Abdichtungsmaterial jeder noch so kleinen Fuge und Ritze in den Waben und gleichzeitig der wirksamste Schutz gegen sehr viele Bakterien, Viren und Pilze. Ebenso nutzen es die Bienen, wie bereits beschrieben, zum Mumifizieren von getöteten größeren Eindringlingen wie Mäusen, die sie nicht aus dem Stock tragen können.

Man muss sich vorstellen, die Biene lebt ja auf engstem Raum, was natürlicherweise die Gefahr von Krankheiten und Seuchengefahr stark erhöht. Damit das nicht passiert, überziehen sie zum Desinfizieren jedes Fitzelchen in der Beute mit einem sehr feinen braunglänzenden Propolisfilm. Jede Wand, jedes Rähmchen, die ganze Beute wird »propolisiert«. Obwohl Zehntausende von Bienen über Jahre oder sogar Jahrzehnte am gleichen Ort dichtgedrängt wuseln und die Luftfeuchtigkeit bei relativ gleichbleibender Wärme hoch ist, schimmelt da nichts, kein Parasit setzt sich fest, Bakterien haben keine Chance. Es sei denn, ein Volk ist geschwächt und/oder zu klein geworden. Dann wird es sofort von Bakterien, Viren, Pilzen oder Parasiten attackiert und kann sehr schnell zugrunde gehen. Aber ein gesundes Volk weiß, wie es mit den Herausforderungen auf engstem Raum umgehen kann.

Abschaben von Propolis und Wachs

Propolis ist in unseren Breitengraden meist hell- bis dunkelbraun. Es kann aber auch grün oder fast schwarz sein. Man findet es verteilt an den Rähmchen und allen Wänden. Aber es ist mit dem bloßen Auge kaum erkennbar. So wie eine sehr dünne Lackschicht, die erst bei bestimmtem Lichteinfall glitzert. Man erkennt das Harz am ehesten noch mit der Nase. Es hat einen süchtig machenden wunderbar aromatischen Duft. Nur wenn die Bienen größere Spalten schließen müssen, wird Propolis durch einen höheren Wachsanteil ersetzt, dann kann man das in der Regel etwas dunklere Wachsgemisch gut sehen und als kleine Klümpchen oder gröberen Staub abkratzen und einsammeln.

Manche Imker sind spezialisiert auf Propolis. Sie hängen Plastikgitter mit Löchern in die Beute, die genau die richtige

Größe haben, damit die Bienen diese Schlitze dann noch mit überwiegend Propolis schließen können. Propolis ist auch für die Bienen kostbar. Ich kratze das Propolisharz meiner Bienen mit dem Stockmeißel mühsam von jedem Rand der Beute, den Rähmchen und von den Wachstüchern, wenn ich sehe, dass da ein bisschen drinnen ist, und sammele es in einem braunen Glas. Am meisten Propolis gibt es nach Johanni, der Sommersonnenwende. Ein wichtiger Tag im Bienenjahr. Wenn ich alle eineinhalb bis zwei Jahre um die dreihundert bis fünfhundert Gramm Propolis zusammenhabe, vermische ich es mit siebzigprozentigem reinem Apotheken-Alkohol. Oder mit gebranntem siebzigprozentigem Korn oder Biopflaumenschnaps einer befreundeten regionalen Brennerei. Dann schmecken die Tropfen je nach Alkohol anders, aber immer köstlich. Einige Wochen schüttle ich das Glas zwei- bis dreimal am Tag, filtere es dann und fülle es in kleine Violetfläschchen ab.

Dieser Propolisschnaps schmeckt nicht nur, er wirkt wahre Wunder. Wenn ich mich schwach fühle, eine Grippe im Anzug ist oder meine Nerven blankliegen, dann nehme ich zehn bis zwölf Tropfen von meinem Propolisschnaps auf einen Esslöffel Honig – denn pur wäre es zu stark – und lutsche das Ganze. Gleich fühle ich mich viel besser.

Propolis hat viele ähnliche Eigenschaften wie Honig, aber eine noch viel stärkere immunstärkende, antibiotische und antimykotische Wirkung. Wie beim Honig bilden sich vor allem keinerlei antibiotische Resistenzen, anders als bei immer mehr handelsüblichen Medikamenten. Allerdings hat Propolis einen kleinen Nachteil. Man muss sehr aufpassen und darf kein Tröpfchen verschütten. Die Flecken bekommt man nahezu nicht wieder aus der Kleidung raus. Selbst bei bestimmtem Geschirr habe ich es nicht mehr wegputzen können. Das Harz verschmutzt auch die Hände und Fingernägel auf unangenehme Weise und lässt sich mit Wasser und Seife kaum entfernen. Man kann zwar Waschbenzin nehmen, aber das trocknet die Haut aus und ist gesundheitsschädlich. Ein hautfreundliches und doch effektives Reinigungsmittel soll Sterillium sein. Manchmal hilft es auch bei Flecken auf T-Shirts oder Decken. Ohne Alkohol geht bei Propolis aber nix.

Ästhetisches Wachs

Im Schlafzimmer meines Hauses aus Mondholz habe ich neben meinem Bett, einem kleinen Nachttisch und einer Lampe nichts weiter als einen honiggelben, seidig gegossenen Wachsblock von meinen Bienen stehen. Köstlich duftend lächelt er mich jeden Tag und Abend an. Dieses Wachs riecht so gut, dass ich mir gesagt habe: In meinem Schlafzimmer will ich nur diesen Duft von diesem großen Wachsblock haben, der mich durch meine Träume begleitet.

Wachs zu sammeln ist einfach, es zu gewinnen etwas aufwendiger, wenn man keine Profiimkerei mit einem Wachsschmelzer hat. Ich gewinne meines aus alten oder zerbrochenen Waben. Meistens sind es alte schwarze oder überzählige Waben aus der Drohnenbrut, die ich leergeschleudert habe. Für meinen Hausgebrauch habe ich so eine Art »Sonnenwachsschmelzer«. Das ist ein Schubfach mit einem Abflussloch und einer Fensterscheibe obendrauf. Dahinein gebe ich die Wabenstücke, stelle es schräg in die Sonne und drehe den Wachsschmelzer immer nach der Sonne. Durch die Fensterscheibe wird das Wachs dann so heiß, dass es zerläuft und unten in eine kleine Schüssel abfließt. Alles, was nicht schmilzt, bleibt oben. Zwischendurch wird das Wachs entnommen und der Schmelzer mit neuen Waben nachgefüllt.

Das Ganze ist bis zum Endresultat des honigglänzenden

Wachsblockes ein mühsamer Vorgang. Eine richtige Batzerei, wenn man das Wachs nochmals verflüssigt, säubert und durch Siebe laufen lässt. Ein Sonnenwachsschmelzer ist nur das Richtige, wenn man wenig Bienenvölker hat. Profis haben einen Dampfwachsschmelzer, zum Beispiel aus Edelstahl, es gibt sogar welche mit einer eingebauten Wachszentrifuge, in denen das Wachs erhitzt und von allem nicht Schmelzenden getrennt wird. Es sieht zwar viel aus, wenn man so eine Wabe sieht, und man denkt: »O mein Gott! Da kommt jetzt richtig viel Wachs raus!« Aber am Ende habe ich in den letzten vier Jahren von sieben Völkern nur insgesamt vielleicht sechs bis acht Kilo Wachs geerntet. Das zeigt, wie hauchfein und dünn Bienenwaben doch sind, welch kunstvoll zarte Gebilde diese Baumeister erschaffen.

Diese feinen Qualitäten von Wachs haben sich schon die alten Meister der Antike zunutze gemacht, indem sie Farbpigmente in Wachs tauchten und damit besonders leuchtkräftige und dauerhafte Bilder malten.

Vor einigen Tausend Jahren hätte ich dieses Buch auf Wachstafeln ritzen müssen – und dazu sicher einige Zeit mehr gebraucht … Noch vor einigen Hundert Jahren wäre mein Vertrag mit dem Verlag mit einem Wachssiegel beschlossen worden, und beim Schreiben hätte das Wachs der Bienen meine Stube erleuchtet. Cremes werden auch heute noch mit Wachs gefestigt und angerührt. Bienenwachskerzen aus sauber gereinigtem Bienenwachs rußen nicht und duften wunderbar betörend. Die Bienen haben also auch hier Anteil an unserer kulturellen Entwicklung.

Draußen vor meinem Fenster in der Uckermark wirbelt der Herbstwind Blätter durch die Luft, die Bäume sind schon fast kahl, die Nächte manchmal schon unter zehn Grad. Immer weniger meiner *Oglalas* verlassen ihr Haus. Die Sommerbienen unter den Arbeiterinnen sind schon gestorben, und die Winterbienen werden sich bald mit der Königin in der Mitte zu einer wohlig warmen Traube zusammenziehen, werden sich eng zusammenruckeln und sich gegenseitig wärmen und bis zum Frühjahr kaum mehr auf die Toilette gehen, um ihren Stock nicht zu verschmutzen. An warmen Tagen ab zehn Grad, die es immer mehr gibt, fliegen sie raus zum Abkoten. Ab und zu werden sie den Stock ordentlich hochheizen und dann etwas Honig schlecken, um die minimale Temperatur für ihr Überleben zu halten. Dann wird diese in Intervallen wieder abfallen. Die kältesten Bienen außen an der Kugel werden in die Mitte kriechen, damit jede – außer der stets privilegierten Königin – ihre demokratische Dosis an Wärme und Kälte abbekommt. Auch der Honig wird schwesterlich geteilt und erst mal herumgereicht, bis die letzte Biene etwas hat. Ansonsten aber werden sie einfach mal nichts tun. Sich schonen. Sich vorbereiten auf die nächste Explosion des Frühlings. Und ich werde mich erleichtert freuen, wenn ich sie dann endlich wieder fliegen sehe. Meine Bienen.

ANHANG

Quellenverzeichnis

van Bebber, Cornel: »Vergleich von Bienen und Hummeln. Unterschiede und Gemeinsamkeiten«, in: *Hummeln. Biologie und Wissenschaft.* Aktion-hummelschutz.de (o. J.). Unter: https://aktion-hummelschutz.de/biologie/vergleich-von-bienen-und-hummeln-unterschiede-und-gemeinsamkeiten/ (aufgerufen am 12. 9. 2018).

Beck, Thomas: *Therapie mit Bienengift (Apitherapie).* Der-gesundheitsbrief.de (3. 8. 2009), unter: http://www.der-gesundheitsbrief.de/therapie-mit-bienengift-apitherapie/ (aufgerufen am 12. 9. 2018).

»Bienen – Die ganze Sendung«, in: *Planet Wissen.* ARD (2018).

»Bienenstockheizung zum Schutz vor Milben«, in: *Einfach genial.* MDR (2. 1. 2018).

»Bienenstockluft hilft gegen Asthma«, in: *Hauptsache gesund.* MDR (2. 8. 2018).

»Bienenwachs und Propolis«, in: *Hauptsache gesund.* MDR (17. 7. 2014).

Blüten locken auch elektrisch. Tagesspiegel-online (25. 2. 2013), unter: https://www.tagesspiegel.de/wissen/biologie-blueten-locken-auch-elektrisch/7831636.html (aufgerufen am 25. 8. 2018).

Bogdanov, Stefan: *Bienengift.* Schweizerisches Zentrum für Bienenforschung (2009), PDF-Datei unter: www.apitherapie.at/images/documents/Bogdanov_Bienengift.pdf (aufgerufen am 4. 10. 2018).

de Camargo, João Maria Franco/Vit, Patricia: » Historical Biogeography of the Meliponini (Hymenoptera, Apidae, Apinae) of the Neotropical Region «, in: Vit, Patricia/Pedro, Silvia R. M./Roubik, David (Hrsg.): *Pot-Honey: A legacy of stingless bees.* New York u. a. 2013.

»Das älteste Bienen-Fossil ist 100 Millionen Jahre alt«, in: *Forschung aktuell. Meldungen. Paläontologie,* Deutschlandfunk (27. 10. 2006).

Donner, Susanne: *Blutiger Machtwechsel.* DIE ZEIT 12/2012 (15. 3. 2012).

Eder, Anja: *Dirk Peters und Michael Römer. Wildbienenhelfer. Wildbienen & Blühpflanzen*. Rheinbach 2015.

Eitner, Kerstin/Morgenthaler, Katja: *Die Biene. Eine Liebeserklärung*. Hamburg 2015.

Feierabend, Birgit Sonja: *Biene und Honig im pharaonischen Ägypten: Eine Studie anhand schriftlicher und bildlicher Quellen*. Göttingen 2009.

Flügel, H.-J.: *Geschichte der Imkerei in der DDR*. Lebendiges Bienenmuseum Knüllwald (17. 2. 2010), unter: http://www.lebendiges-bienenmuseum.de/ddr_imk.htm (aufgerufen am 12. 9. 2018).

Friedmann, Günter/Sust, Angelika: *Bienengemäß imkern. Das Praxis-Handbuch*. München 2016.

von Frisch, Karl: *Aus dem Leben der Bienen*. Heidelberg 1993.

von Frisch, Karl: *Die Tanzsprache der Bienen*. Originaltonaufnahmen 1953–1962. Audio-CD. Wyk auf Föhr 2005.

García y Cantalejo, Raquel: »Sind Bienen wirklich fleißig?«, in: *Einstein*. SRF (16. 5. 2013).

Gerstmeier, David/Miltenberger, Tobias: Ökologische Bienenhaltung. Die Orientierung am Bien. Stuttgart 2018.

Geschichte von Gut Kerkow. Burgen-und-Schlösser.net (2018), unter: http://www.burgen-und-schloesser.net/brandenburg/gut-kerkow/geschichte.html (aufgerufen am 18. 8. 2018).

Gjorgoski, Nikola: *Wie wirkt Manuka Honig?* Alte-Hausmittel.com (28. 11. 2017), unter: https://alte-hausmittel.com/wie-wirkt-manuka-honig/ (aufgerufen am 12. 9. 2018).

Gurliaccio, Antonio/Mrohs, Mosen M. (Hrsg.): *Die Geschichte der Zeidlerei*. Bienenbotschaft.de (2018), unter: http://www.bienenbotschaft.de/zeidlerei.html (aufgerufen am 18. 8. 2018).

Han, Sang Mi et al.: »The beneficial effects of honeybee-venom serum on facial wrinkles in humans«, in: *Clinical Interventions in Aging*. Dovepress (1. 10. 2015), unter: https://www.ncbi.nlm.nih.gov/pmc/articles/PMC4598227/ (aufgerufen am 12. 9. 2018).

Hesse-Honegger, Cornelia: *Die Macht der schwachen Strahlung*. Solothurn 2016.

Hintermeier, Helmut: *Wie leben Ameisen und Bienen nebeneinander?* Bienen & Natur (08/2012).

Honig – goldener Saft, der Wunder schafft. Gesundheit.de (15. 6. 2018), unter: https://www.gesundheit.de/ernaehrung/lebensmittel/suesses/honig-gesund (aufgerufen am 12. 9. 2018).

Hubert, Martin: »Kluge Brummer«, in: *Wissenschaft im Brennpunkt*. Deutschlandfunk (1.5.2006).

Imhoof, Markus: *More than Honey – Bitterer Honig*. Dokumentarfilm D/Ö/CH 2012.

Jannoni-Sebastianini, Filippo: *History of Apimondia Congresses*. Apimondia.com (o.J.), unter: https://www.apimondia.com/the-federation/history (aufgerufen am 12.9.2018).

Jelkic, Silke: *Der Bienenmeister*. The Epoch Times Deutschland Nr. 37/08 (11.9.2008).

Kalt geschleudert. Die-honigmacher.de (o.J.), unter: https://www.die-honigmacher.de/kurs3/seite_44000.html (aufgerufen am 30.8.2018).

Klingbacher, Barbara: *Süss und falsch*. NZZ Folio, Bienen (08/2018).

Köring, Johannes (Hrsg.): *Kapstadts Fynbos und andere Vegetation*. Kapstadt.de (o.J.), unter: https://www.kapstadt.de/suedafrika/pflanzen/fynbos (aufgerufen am 12.9.2018).

Kugler, Hans Jürgen: *Tiere gegen den Terror*. Badische-zeitung.de (1.3.2014), unter: https://www.badische-zeitung.de/bildung-wissen-1/tiere-gegen-den-terror--81311769.html (aufgerufen am 31.8.2018).

Lehnherr, Matthias: *Der süsseste aller Stoffe. Der sozialste aller Staaten. Ein Jahr mit Bienenvolk und Imker*. Basel 2017.

Lessing, Nora: *Dem Insektensterben auf der Spur*. Campus.leben. Das Online-Magazin (4.5.2018), unter: https://www.fu-berlin.de/campusleben/vorgestellt/2018/180504-randolf-menzel/index.html (aufgerufen am 22.8.2018).

Lessing, Nora: *Vom »Gesang« der Bienen*. Freie Universität Berlin (9.12.2017), unter: https://www.fu-berlin.de/presse/publikationen/fundiert/2017-01/10-bienen/index.html (aufgerufen am 22.7.2018).

»Männliche Sterilität. Pflanzen ohne Pollen«, in: *BioSicherheit*. Bundesministerium für Umwelt und Forschung, Pflanzenforschung.de (19.2.2007), unter: http://www.pflanzenforschung.de/biosicherheit/basisinfo/358.pflanzenpollen.html (aufgerufen am 13.11.2018).

Maeterlinck, Maurice: *Das Leben der Bienen. Mit einem Essay über Maeterlinck und die Bienen von Gerhard Roth*. Zürich 2018.

Martin, Hans-Jürgen: *Wildbienen: »Bienensterben«*. www.wildbienen.de (o.J.), unter: http://www.wildbienen.de/wbf-bist.htm (aufgerufen am 22.8.2018).

Massholder, Frank: *Cremiger Honig.* Lebensmittellexikon.de (o. J.), unter: https://www.lebensmittellexikon.de/h0000240.php14 (aufgerufen am 12. 10. 18).

Mehr als jeder zweite Honig aus deutschen Supermärkten mit Pestiziden belastet. BUND fordert Ausstiegsplan für Ackergifte. Bund.net (19. 6. 2016), unter: https://www.bund.net/service/presse/pressemitteilungen/detail/news/mehr-als-jeder-zweite-honig-aus-deutschen-supermaerkten-mit-pestiziden-belastet-bund-fordert-ausstie/ (aufgerufen am 20. 8. 2018).

Mellifera e. V. (Hrsg.): *Bienen machen Schule.* Eigenverlag, Rosenfeld 2017.

Menzel, Randolf: *Was denken Bienen, wenn sie tanzen? Zur neurobiologischen Hirnforschung an Bienen.* Freie Universität Berlin (o. J.), unter: https://www.fu-berlin.de/presse/publikationen/fundiert/archiv/2001_01/2001_01_menzel/index.html (aufgerufen am 22. 8. 2018).

Menzel, Randolf: *Die Intelligenz der Bienen. Wie sie denken, planen, fühlen und was wir daraus lernen können.* München 2016.

Miller, Peter: *Die Intelligenz des Schwarms. Was wir von Tieren für unser Leben in einer komplexen Welt lernen können.* Frankfurt a. M. 2010.

Mündl, Kurt: Hummeln – *Bienen im Pelz.* Dokumentarfilm, 3Sat (27. 6. 2018).

Münstedt, Karsten: *Propolis: Wie kriegt man das bloß ab? Sterillium – eine echte Alternative.* Bienen & Natur (1. 8. 2012).

Nieh, James C.: »A Negative Feedback Signal That Is Triggered by Peril Curbs Honey Bee Recruitment«, in: *Current Biology.* CellPress (11. 2. 2010), unter: https://www.cell.com/current-biology/fulltext/S0960-9822(10)00075-8?_returnURL=https%3A%2F%2Flinkinghub.elsevier.com%2Fretrieve%2Fpii%2FS0960982210000758%3Fshowall%3Dtrue (aufgerufen am 31. 8. 2018).

Polle, Andrea: *Die Eibe – Starkes Gift und Volksmedizin.* Georg-August-Universität Göttingen (o. J.), unter: http://www.uni-goettingen.de/de/volksmedizin/60943.html (aufgerufen am 10. 10. 2018).

Ramsey, Samuel D./Ochoa, Ronald/Bauchan, Gary/Gulbranson, Connor/Mowery, Joseph D./Cohen, Allen/Lim, David/Joklik, Judith/Cicero, Joseph M./Ellis, James D./Hawthorne, David/van Engelsdorp, Dennis: *Varroa destructor feeds primarily on honey bee fat body tissue and not hemolymph.* PNAS (15. 1. 2019).

Raumklimatisierung: Meisterleistung der Honigbiene. DNB, Bd. 6., 2004. PDF unter: http://www.bienenmachenschule.de/pdf/Heizerbienen.pdf (aufgerufen am 12. 11. 2018).

Reitner, Joachim/Reich, Meike/Schmidt, Gabriele (Hrsg.): *Geobiologie. 24. Tagung der Paläontologischen Gesellschaft*. Göttingen 2004.

Rojas, Raul: *Die symbolische Kommunikation der Bienen*. Telepolis (22.3.2015), unter: https://www.heise.de/tp/features/Die-Symbolische-Kommunikation-der-Bienen-3370588.html?seite=all (aufgerufen am 30.7.2018).

Ruttner, Friedrich/Ritter Wolfgang: *Das Eindringen von Varroa jacobsoni nach Europa im Rückblick*. Allgemeine Deutsche Imkerzeitung. Bd. 14, Nr. 5, 1980. S. 130–134.

Sartorius, Christian: *Wie Blütenpflanzen Insekten zur Bestäubung anlocken*. Noz.de (30.4.2016), unter: https://www.noz.de/deutschland-welt/gut-zu-wissen/artikel/706552/wie-blutenpflanzen-insekten-zur-bestaubung-anlockengallery&0&0&706552 (aufgerufen am 12.9.2018).

Schranck, Detlef (Hrsg.): *Die Varroamilbe in der DDR*. Imkerzeitung.de (28.11.2010), unter: http://www.imkerzeitung.de/thread/5276-die-varroamilbe-in-der-ddr/ (aufgerufen am 12.9.2018).

Schröder, Bernd: *Neonicotinoide auf dem Prüfstand*. Telepolis (27.2.2017), unter: https://www.heise.de/tp/Neonicotinoide-auf-dem-Pruefstand-3635025.html?seite=all (aufgerufen am 10.11.2018).

Schwers, Oliver: *Akute Ernteausfälle durch Dürre*. MOZ.de (5.7.2018), unter: https://www.moz.de/landkreise/uckermark/schwedt-und-angermuende/artikel90/dg/0/1/1667364/ (aufgerufen am 1.9.2018).

Seeley, Thomas D.: *Bienendemokratie. Wie Bienen kollektiv entscheiden und was wir davon lernen können*. Frankfurt a.M. 2015.

Shao, Xusheng / Liu, Zewen / Xu, Xiaoyong / Li, Zhong / Qian, Xuhong: Overall status of neonicotinoid insecticides in China: Production, application and innovation. Journal of Pesticide Science, Bd. 38, Nr. 1, 2013. S. 1–9.

Staatliches Museum für Naturkunde Stuttgart (Hrsg.): *Die zweifarbige Schneckenhausbiene*. Naturkundemuseum Stuttgart, Archiv (1.1.2013), unter: http://www.naturkundemuseum-bw.de/aktuell/nachricht/die-zweifarbige-schneckenhausbiene (aufgerufen am 12.9.2018).

Stocklufttherapie. De-luettje-imkeree.de (o.J.), unter: http://www.de-luettje-imkeree.de/Stocklufttherapie.htm (aufgerufen am 21.9.2018).

Storch, Heinrich: *Am Flugloch*. Verlag Europäische Bienenzucht Ausgaben, (o.O.) 1951.

Tautz, Jürgen: *Das Festnetz der Bienen*. Spektrum.de (1.8.2002), unter: https://www.spektrum.de/magazin/das-festnetz-der-bienen/828988 (aufgerufen am 10.10.2018).

Tautz, Jürgen: *Der Bien. Superorganismus Honigbiene.* Audio-CD – Audiobook. Wyk auf Föhr 2007.

Tautz, Jürgen/Steen, Diedrich: *Die Honigfabrik. Die Wunderwelt der Bienen – eine Betriebsbesichtigung.* 3. Auflage, München 2017.

Tautz, Jürgen: *Honigbienen – talentierte Mathematiker?* Bee-careful.com (2018), unter: http://www.bee-careful.com/de/initiative/warum-sind-bienenwaben-sechseckig/ (aufgerufen am 11. 10. 2018).

Tautz, Jürgen: *Phänomen Honigbiene.* Heidelberg 2007.

Tautz, Jürgen: *Warum sind die Zellen der Bienenwaben sechseckig?* Bee-careful.com, HOBOS (2018), unter: http://www.bee-careful.com/de/initiative/warum-sind-bienenwaben-sechseckig/ (aufgerufen am 20. 8. 2018).

Töpfer, Christoph: *Bienenkönigin – Flügel schneiden.* Imkerpate.de (2018), unter: http://www.imkerpate.de/bienenkoenigin-fluegel-schneiden/ (aufgerufen am 22. 8. 2018).

Verein deutschschweizerischer und rätoromanischer Bienenfreunde (Hrsg.): *Das schweizerische Bienenbuch.* Appenzell 2011.

Viehweg, Martin: *Bienen fühlen mit Haaren elektrische Felder.* Wissenschaft.de (30. 5. 2016), unter: http://www.uni-goettingen.de/de/volksmedizin/60943.html (aufgerufen am 10. 10. 2018).

Vollmer, Jürg: *Thomas D. Seeley plädiert für mehr Bienenschwärme.* Mellifera.de (14. 8. 2015), unter: https://www.mellifera.de/blog/freibeuter/thomas-d-seeley-bienenschwaerme.html (aufgerufen am 22. 8. 2018).

Was machen die Bienen im Winter? Bee-careful.com (2018), unter: http://www.bee-careful.com/de/initiative/bienenvolk-im-winter/ (aufgerufen am 30. 8. 2018).

Westrich, Paul: *Die Wildbienen Deutschlands.* Stuttgart 2018.

Westrich, Paul: Wildbienen. Die anderen Bienen. München 2018.

Wildbienenarten. Deutschland-summt.de (o. J.), unter: https://www.deutschland-summt.de/wildbienenarten.html (aufgerufen am 26. 7. 2018).

Wie Bienen angreifende Hornissen töten. Welt.de (18. 9. 2007), unter: https://www.welt.de/wissenschaft/article1192445/Wie-Bienen-angreifende-Hornissen-toeten.html (aufgerufen am 12. 9. 2018).

Wörrle, Jana Tashina: *Geleé royale allein macht noch keine Königin.* Bienenjournal.de (7. 9. 2016), unter: https://www.bienenjournal.de/aktuelles/meldungen/gelee-royal-alleine-macht-noch-keine-koenigin/ (aufgerufen am 13. 8. 2018).

Wörrle, Jana Tashina: *Lithiumchlorid als Mittel gegen Varroa entdeckt.* Bienenjournal.de (15. 1. 2018), unter: https://www.bienenjournal.de/aktuelles/meldungen/lithiumchlorid-als-mittel-gegen-varroa-entdeckt/ (aufgerufen am 13. 8. 2018).

Wörrle, Jana Tashina: *Mysterium Drohnensammelplatz.* Bienenjournal.de (14.8.2017), unter: https://www.bienenjournal.de/aktuelles/meldungen/mysterium-drohnensammelplatz/ (aufgerufen am 12.9.2018).

Wörsching, Roland: *Drohnensammelplätze.* Apis-mellifera.de (Oktober 2010), unter: http://www.apis-mellifera-mellifera.de/621088a4000ac1601/621088a4000afdd31/index.html (aufgerufen am 12.9.2018).

Zittlau, Jörg: *Warum Honig bei der Heilung hilft.* Welt.de (13.5.2007), unter: https://www.welt.de/wissenschaft/article866597/Warum-Honig-bei-der-Heilung-hilft.html (aufgerufen am 12.9.2018).

Fotonachweis

Sabine Bergmann: S. 76
Mathias Bothor: S. 121
Norbert Poeplau: S. 32, 49, 99
Manuela Runge: S. 204
Dorothea Scheidl-Nennemann: S. 77
Milena Schlösser: S. 16, 30, 60, 61, 62, 73, 123, 136, 137, 157, 162, 197, 199, 213, 265. Alle Fotos von Milena Schlösser wurden auf Sarah Wieners Hof in der Uckermark aufgenommen und zeigen Sarah Wieners Bienenvölker.
Wildlife GmbH/Alamy Stock Foto: S. 184

Dank

An der Erstellung dieses Buches waren viele Leute beteiligt. Ich möchte mich hier stellvertretend bei einigen bedanken: Norbert Poeplau vom Mellifera e. V. an der Fischermühle, Manfred Zobel, Frederike (die lange in Südafrika geimkert hat), Sandra Grosset (Mellifera Berlin e. V.), Prof. Dr. Randolf Menzel, Professor Dr. Tim Landgraf und sein Team von der FU Berlin und Franziska Boenisch (FU Berlin, Schlafforschung Bienen).

Zuletzt möchte ich mich herzlich bei Manuela Runge, Melanie Wachter und beim Aufbau Verlag für die Unterstützung bei der Erstellung des Buches bedanken.

Stefan Schwarz
Der kleine Gartenversager
Vom Glück und Scheitern im Grünen
173 Seiten. Gebunden
Mit 14 Illustrationen von Katharina Greve
ISBN 978-3-351-03770-3
Auch als E-Book erhältlich

Wenn der grüne Daumen nach unten zeigt …

Garten ist, wenn du von Selbstversorgung träumst und mit einer halben Tasse schrumpliger Erdbeeren und zwei oberschenkelgroßen Hartschalen- Zucchini nach Hause kommst. Garten ist, wenn auf dem Nachbargrundstück die Kindergeburtstagsfeier beginnt, sobald du in den Liegestuhl sinkst. Garten ist, wenn Unkräuter dir Mathe-Nachhilfestunden in exponentieller Vermehrung geben. Garten ist, wenn du dir irgendwann wünschst, dass Obstbäume einmal und für immer beschnitten bleiben. Stefan Schwarz, seit zwanzig Jahren einer der erfolglosesten Kleingärtner Leipzigs, erzählt auf umwerfend komische Weise vom Glück des Scheiterns im Grünen und warum alles vergebliche Stutzen, Jäten, Sprengen, Zupfen dennoch glücklich macht.